博士论丛

城市形态的设计、发展与演化

——城市形态的双向组织研究

陈苏柳　著

中国建筑工业出版社

图书在版编目（CIP）数据

城市形态的设计、发展与演化——城市形态的双向组织研究/陈苏柳著. —北京：中国建筑工业出版社，2010.7
（博士论丛）
ISBN 978-7-112-12156-4

Ⅰ.①城… Ⅱ.①陈… Ⅲ.①城市规划-研究 Ⅳ.①TU984

中国版本图书馆CIP数据核字（2010）第100331号

本书从技术文化学与技术文化系统出发，力求建构一种适于分析和研究城市形态本质特征的双向组织理论。全书内容包括城市形态的历史组织特征；城市形态的双向组织内涵；城市形态的双向组织结构；城市形态的双向组织机制以及城市形态的双向组织模式等。

本书可供广大城市规划师、城市管理者以及城市规划理论研究工作者学习参考。

* * *

责任编辑：吴宇江
责任设计：赵明霞
责任校对：姜小莲　赵　颖

博士论丛
城市形态的设计、发展与演化
——城市形态的双向组织研究
陈苏柳　著

*

中国建筑工业出版社出版、发行（北京西郊百万庄）
各地新华书店、建筑书店经销
北京嘉泰利德公司制版
北京同文印刷有限责任公司印刷

*

开本：787×1092毫米　1/16　印张：$15^1/_4$　字数：366千字
2010年10月第一版　2010年10月第一次印刷
定价：48.00元
ISBN 978-7-112-12156-4
（19393）

前　言

在诸多复杂的城市形态类型中，我们发现造成城市形态整体性表现的因素是多方面的，包括自然、社会、经济、政治、军事、技术、文化等。本书主要从技术与文化两个方面进行研究，技术与文化同属于大的文化系统之下，并且形成了一种力的结构——技术与文化系统组织的关联性结构，这种结构之所以会引起我们的兴趣，不仅在于它对客观事物本身具有意义，而且在于它对一般性的物理世界和差异性的精神世界均有意义。当前中国城市理论界在很大程度上仍然延续着这样一种模式，即普遍的技术性特征与特殊的文化性特征相脱离。按照这种模式，中国城市建设显示出与西方城市建设极大的相似性，而自身的特殊性没有得到持续性的发展，影响甚微。因此，本书从技术文化学与技术文化系统理论出发，力求建构一种适于分析和研究城市形态本质特征的双向组织理论。

首先，本书力求“历史化”地对待问题。城市形态的建构是一个不断从低级水平向高级水平过渡的永无止境的发展过程，本质上是开放的。根据城市技术与文化系统的S曲线叠合的螺旋式上升的系统发展演变规律，以及技术与文化之间的相互协同和竞争的作用特征，将城市这一复杂系统的发展分为三个阶段性分期：同生共进期、交叉分化期、多元聚合期。正是城市技术与文化系统的阶段性分期特征，决定了城市形态的设计、发展和演化。

其次，本书力求“系统化”地研究问题。城市形态作为人类技术与文化之间相互关联和作用的“中介”，必然被赋予双向的组织内涵，并且被双向的标准所界定；反之，要以城市形态本体的价值标准来衡量技术组织与文化组织之间的关联作用，在有利的组织作用和不利的组织作用之间进行选择。

再次，本书分别以技术、文化、“技术—文化”、“文化—技术”作为城市形态组织的四种基本作用力，它们共同主导着城市形态的双向组织结构和双向组织机制。城市技术与文化组织作用力，分别以第一程序或是第二程序作用于城市，应用顺序的不同将导致不同的结果。在双向组织作用力的复合作用下，形成了分层次的城市空间网络形态。在设计中，设计主体需要针对不同的文化主体及现实状况，对设计途径、设计风格及设计决策作出选择。因此，本书建立了双向交互的主体选择过程。

最后，本书总结出城市形态的双向组织模式，这些模式都是以技术与文化形成的双向组织系统作为基础。通过城市技术与文化的双向关联性作用建构了三种城市形态的双向组织模式：异向复合模式、同向复合模式、双向否定模式。三种组织模式分别以城市空间、建筑和环境的本体性价值标准作为目标，整体性地建构着具有地方文化特色的城市形态。

本书在解读城市形态的双向组织特征和建构城市形态双向组织模式的过程中，应用了技术文化学、技术文化系统论、城市形态及其设计等多学科交叉的理论知识，建立了指导城市形态发展和设计实践的理论体系，为城市形态研究提供了新的方向和新的视角。本课题的多学科交叉研究尚处于初步探索阶段，有待今后的逐步提高和进一步加深。

目　录

第1章　绪论……1

1.1　课题背景……1

1.1.1　时代的进步……1

1.1.2　双重的危机……2

1.2　研究现状……5

1.2.1　国内外研究现状综述……6

1.2.2　国内外研究理论重点……10

1.3　研究基础……11

1.3.1　理论基础……11

1.3.2　核心概念……16

1.3.3　研究目标……18

1.3.4　研究方法……19

1.4　研究内容……20

1.5　研究框架……20

第2章　城市形态的历史组织特征……22

2.1　城市形态的历史分期特征……22

2.1.1　三个历史分期：技术与文化的竞争和协同……23

2.1.2　四个发展阶段：城市形态组织特征的更迭……24

2.2　城市形态的自然组织模型……30

2.2.1　聚集形态……30

2.2.2　防御形态……32

2.3　城市形态的文化组织模型……35

2.3.1　象征图式……35

2.3.2　制度图式……40

2.3.3　行为图式……42

2.4　城市形态的技术组织模型……43

2.4.1　模仿图式……44

2.4.2　科学图式……46

2.4.3　等级图式……47

2.5 本章小结 …………………………………………………………49
第3章 城市形态的双向组织内涵……………………………………50
3.1 城市形态的双向组织要素 ……………………………………50
3.1.1 技术之“器” ……………………………………………51
3.1.2 文化之“道” ……………………………………………54
3.2 城市形态的双向组织特征 ……………………………………57
3.2.1 双向协同性组织特征……………………………………59
3.2.2 双向复合性组织特征……………………………………60
3.2.3 双向偏离性组织特征……………………………………61
3.2.4 双向颉颃性组织特征……………………………………63
3.3 城市形态的双向组织思想 ……………………………………66
3.3.1 人文的双向组织思想……………………………………66
3.3.2 有机的双向组织思想……………………………………69
3.3.3 生态的双向组织思想……………………………………78
3.4 本章小结 …………………………………………………………82
第4章 城市形态的双向组织结构……………………………………83
4.1 双向并置的组织结构 …………………………………………83
4.1.1 技术组织结构……………………………………………84
4.1.2 文化组织结构……………………………………………88
4.2 双向复合的组织结构 ………………………………………… 100
4.2.1 均质性网络…………………………………………… 102
4.2.2 差异性网络…………………………………………… 104
4.2.3 表意性网络…………………………………………… 107
4.2.4 功效性网络…………………………………………… 116
4.3 本章小结 ………………………………………………………… 119
第5章 城市形态的双向组织机制…………………………………… 121
5.1 双向交互的形态转换机制 …………………………………… 121
5.1.1 “技术—文化”组织动力 ……………………………… 121
5.1.2 “文化—技术”组织动力 ……………………………… 139
5.2 双向交互的主体选择机制 …………………………………… 152
5.2.1 感知的交互…………………………………………… 154
5.2.2 想象的交互…………………………………………… 155
5.2.3 利益的交互…………………………………………… 160
5.3 本章小结 ………………………………………………………… 164
第6章 城市形态的双向组织模式…………………………………… 165
6.1 异向复合的组织模式：以空间作为中介 ……………………… 165

6.1.1 均质性网络的异向复合…… 166
6.1.2 差异性网络的异向复合…… 173
6.2 同向复合的组织模式：以建筑作为中介 …… 188
6.2.1 功能要素的同向复合…… 188
6.2.2 形式语言的同向复合…… 200
6.3 双向否定的组织模式：以环境作为中介 …… 208
6.3.1 “反语言”的表达 …… 208
6.3.2 “非语言”的表达 …… 213
6.4 本章小结 …… 223
结　论…… 224
参考文献…… 227
后　记…… 235

第1章　绪论

1.1　课题背景

我们这个现代的世界本来自于两种想象的资源，一种是技术想象，另一种则是文化想象[1]。虽然技术以其支配性的社会地位帮助人们解决了各种繁芜的问题，实现了种种愿望，但是，历史证明，技术正把我们带入一个普遍性的世界，我们的城市、建筑以及身边的事物逐渐地失去了个体的差别、特殊性和多样性，从而导致了想象的无意义和无家可归的生存状态。这就必然要求它接受各种文化的约束和校验，以对抗由无限的技术想象带来的"全球化图景"。

1.1.1　时代的进步

"从古希腊神话中普罗米修斯盗火拯救世界，从列维·斯特劳斯对技术的概念分析，到卓别林在《摩登时代》中对技术之于社会的赌注思考，技术作为社会发展的动力，它的多方面影响一直为世人所关注。"[2]当人类迈进21世纪—— 一个现代技术迅速膨胀、传统观念急剧更新的时代，技术进步直接且根本地推动着社会经济的发展，每一次技术革命都极大地开阔了人们的眼界，丰富了人们的物质文化和生活。可以说，正是一次次新技术革命的到来，为城市文化的发展，提供了前所未有的契机。

首先，新技术的应用不仅为人们提供了高质量的社区，良好的环境和休闲设施，提高了城市装备技术的水平，同时也为人们的生活带来了全新的面貌（图1–1）。

图1–1　柏林波茨坦广场音乐剧院与娱乐场
图片来源：刘松茯教授提供

其次，现代化的交通工具和通信网络仿佛瞬间时间就缩短了我们与世界之间的距离，使人们可以感受到不同

图 1-2　伦敦格林尼治地区鸟瞰图[3]

的异域文化。

再次，交通技术与城市规划理论的探索有着直接的关联，同时也对城市结构有着直接的影响。舍尔达在《都市化的一般理论》一书中提出，运输是确定城市结构形式的科学依据。交通技术的进步带来了城市交通形式和交通路线的改变，导致城市土地利用形式的改变，而且还带动了城市结构向着多中心的方向演变。伦敦格林尼治地区在三年内建成了一条高架的轻轨系统，通过隧道从泰晤士河下面穿过直达伦敦的南部地区，在未来的规划中还将延伸到更远（图 1-2）。可以说，城市整体交通系统的建立主导了城市的结构形态，并确立了该地区前瞻性的形象。城市交通系统的整体改进以及高智能化的管理系统，不仅减缓了城市交通的压力，同时也为人们的出行提供了极大的方便。

最后，技术创新影响着城市规划理念的形成，而技术背后的哲学思考也有助于培养城市规划师和建筑设计师的职业素质。技术进步不仅为这些设计人员的创作提供了更多的科学的理性精神，而且还拓宽了他们的创作视野，并为实现各种各样的创作理想提供了更多的创新素材和现实条件。

基于技术在城市及社会发展中日益重要的作用，它对于城市文化发展的决定意义也日益重大。技术进步带来的不只是物质上的丰富和生活上的便利，还会使人们的世界观和价值观得以转变，形成一定的规则、规范，应用于人们的城市生活中，进而形成诸多人类生活的社会定律，并促成一次又一次城市文化的转型和发展。

1.1.2　双重的危机

1.1.2.1　现实的危机

正如利奥塔所指出："科学技术作为一种话语将大大改变技术的地位和世界的图景"[4]，新技术带来了新的视野以及新的技术文化图景，同时也造成了新的断裂和延续，并导致了人与自然之间的两种危机。

第一种是生态危机。随着技术的不断进步，人类对自然无限制的开发和掠夺导致了严重的生态危机。长期不合理的资源开发，以及快速的城市化进程，造成了城市交通的拥挤、城市环境污染、疾病的恣意产生和生态环境的破坏，进而导致城市居住环境质量严重恶化。雷切尔 · 卡逊在《寂静的春天》一书中以大量的事实描述了各种污染对自然界的危害，并阐明了现代工业社会以及工业技术的发展如何对城市环境荷载产生日益加剧的影响（图 1–3）。第二种是异化危机。随着社会工业化进程的不断加剧，人们对技术的过分关注与信赖导致人与宗教、艺术等文化世界的分离，这种分离使人的精神世界日益萎缩，最终导致全面异化的文化危机和社会危机[5]。

图 1–3 19 世纪工业城市高密度的建筑区块[5]

城市技术对文化的影响主要体现在两个方面：第一是技术发展和创新直接影响着城市物质文化形态的变化；第二是技术通过对深层文化结构中的经济体制、社会组织等中间变量来实现对文化观念的影响，进而间接地转换到对城市物质文化形态的影响。不可否认，新的材料技术、结构技术以及营造技术带来了丰富的建筑形式以及多样的城市空间形态，但是当新世纪的刺激和梦想变得平淡无奇和习以为常，当现代城市高效、时髦、艳丽、浮华的空间变得枯燥和乏味，我们开始意识到了精神世界的空虚、内心的茫然，并开始怀念起“枯藤老树昏鸦，小桥流水人家，古道西风瘦马”这样中古时代的亲切情怀（图 1–4）。

图 1–4　巴黎新老城区形象的鲜明对照

如今，我们正面对着由技术带来的城市文化趋同的现象和城市特色的危机，以及人类城市文化发展面临的许多繁杂的新问题。首先，城市交通工具的发展，信息技术、通信技术和传播技术的进步，促进多元文化相互融合的同时也带来了虚幻的影像世界与真实的生存世界并不和谐的共存。经过长时期的探索人们终于明白建设或者拓宽道路不仅不能够缓解城市交通的拥塞现象，还滋长了人们继续向着幻想世界开进的欲望。曼谷长为 23 公里的两条相交的高架轨道线路让我们不禁想起了雷利 · 史考特的电影《银翼杀手》中的市区场景，它像一条时空机器，穿行于城市的建筑之间，未来主义者幻想的镜头一步步地拉近[3]。不能否认它的存在解决了原本的街道拥堵问题，但是，在这里生存的人们真的喜欢这样的场所空间吗？而且，乘坐这样的交通工具，他们需要支付昂贵的票价，这也使得大部分人望而却步（图 1–5）。其次，全球化的技术和生产方式带来了人与传统地域空间的分离，地域文化的多样性和特色逐渐衰

图 1-5　曼谷高架轨道线路[3]

图 1-6　马来西亚“槟榔屿环球城中心”

（图片来源：http：//www.kkpic.com）

图 1-7　世界著名文化遗产布达拉宫

微、消失。第三，城市和建筑物以及城市设计和建筑设计的标准化和商品化致使城市和建筑特色逐渐衰退，城市文化和建筑文化出现趋同现象和特色危机。第四，随着全球一体化进程的加快，商品经济对城市的影响越来越大。“文化的产生与传播日益依赖技术，越来越多的文化蜕变为一种假属性的产品与附属品，出现‘文化产业化’现象。”[6]城市和建筑渐渐地变成了商业信息的载体，城市规划师和建筑师的设计和创作也日益成为商品化的行为，这些都直接影响着城市文化的发展。

1.1.2.2　设计的危机

1）设计主题的过度空灵化　现阶段世界各地都存在着大量以为运用各种空灵化的概念、象征性的图式或者是隐喻性的符号，就是与文化相结合的设计观念。例如，在渐近线建筑事务所设计的马来西亚“槟榔屿环球城中心”项目中，吸取了中国、印度和阿拉伯在槟榔屿的文化遗产，并从阿拉伯的图案中获得灵感。设计负责人罗西德宣称：“我们设计的项目是历史和文化与当代流行风格完美的结合。”如图 1-6 所示，方案中好像并没有如设计者的预期显示出与文化有机结合的效果，而是几何形体与自然之间并不和谐的搭接，在如此自然化的环境中又出现了一个现代所谓的“标志性”建筑——一个具有高技术特征的建筑。这与图 1-7 所示的与自然环境有机融合的世界著名历史文化遗产布达拉宫对照鲜明。这样的现象的确应当引起关注。

2）设计主题的过度自由化　目前，我国的城市规划与设计似乎不经意地步入了一个误区：假借技术与文化之名，实则既非“文化的”又非“技术的”。许多城市规划和设计工作，追求的仍然只是城市空间片面的利益化和权力化、城市形象的时尚化与复古化，以及城市环境的表面化与装饰化；传统技术不能满足现代文化的需求，而现代技术的发展及传统符号“门面化”的装点，又使得传统文化不断地消逝于全球化的浪潮之中，城市的“文化身份”因此而丧失。到处都是以道路及新型的交通设施限定下的空间网络结构，以及为追求片面形式化的“机械的建筑组合体”，在统一的秩序之下，每个部分都要求与众不同或者说都争取形象出众、醒目。在这样一种功利性的价值观的引导之下，城市成了诸多建筑师、政府官员和有能力实现目标的个人的试验场。这种看上去的多样和“有机”，实际上缺乏人情味、亲切感及整体和谐的气氛，并不是富有生命活力、富有民主氛围的真正的“有机”。事实上，任何一项开发和设计都存在着大量的约束条件，设计并非出自设计师个人的嗜好、直觉和偏爱，也不必总是寄希望于某种灵感的闪现，而应该是各项复杂性因素综合评估的结果。

3）设计理论的两极化偏向　目前，国内关于城市形态的研究不是徘徊在以西方为首的崇尚行动效率的科学模式和迎合大众生活的艺术模式之间，就是游移在以东方古国为首的以历史形象、历史符号、形式语义的研究之中，着意于让历史之物重现于今天的城市。第一种极端化的偏向，导致中国城市走向了全球性的文化“失语症”，一个人无论走到哪里，遇到的都是同样的空间；而固执于第二种倾向的做法，却又使得我们的城市由“失语症”走向了“过语症”——在过度强调语言表面化、隐喻化的作用下，渐渐地迷失了真正的自我。用库哈斯的话来说就是：“假如你把这样的两个死亡拿来相乘，得到的还是死路一条。”[7]世界是不断向前运行的，城市是不断向前发展的，对于城市形态的研究应该是建立在不断进步的技术基础之上的本土化研究。在全球化的浪潮中，各个地区都会转变成新的形态，同时也会产生新的明确性和独特性。对于高速发展、快速建设的中国城市来说，应该切实坚守的一个基本问题，同时也是我们在设计中想方设法想要表达的内容，即“如何既成为现代的而又回到自己的源泉；如何既恢复一个古老的、沉睡的文化，而又参与到全球文明中去”[8]。

1.2　研究现状

研究技术与文化关系的书籍数量非常多，内容也非常广泛，相关的文章更是不胜枚举，而关于城市技术与文化关系的理论书籍则数量有限。概括来说，有从城市技术研究的角度出发来研究城市文化，也有从城市文化的角度出发对于城市技术进行分类研究及对其发展规律进行研究。就目前掌握的资料和信息来看，国内外的研究中，主要从科学技术与文化、建筑技术与文化，以及城市技术与文化三个角度进行研究。以城市技术与文化的系统关系为主线来研究城市形态发展规律及其设计模式尚属罕见，尤其是技术之于城市文化的多元发展及城市文化之于技术的多层次建构之间的内在关联及其规律性尚没有系统的研究论著。本书以相关资料的收集和研读作为基础，在获取大量的理论知识的同时，还发现了相关理论研究的不足之处，这些都为本课题的研究提供了必备的条件和有效的支撑。从系统的角度出发，研究城市技术与文化的互动关系，将是本论文研究的重点。

1.2.1 国内外研究现状综述

关于技术与文化的关系问题古已有之，并且一直都是学术界谈论的热点问题。尤其是在科技高速发展的今天，这一问题更是备受各个研究领域的学者们的关注，在城市和建筑设计领域也是如此。

1.2.1.1 科学技术与文化的研究

对于“技术与文化”的关注，最早源自于哲学理论研究。早在18世纪的西方，以狄德罗为代表的百科全书派就把“技术”看作是人类文化领域之一并对其展开研究，为技术作出了人类文化上的第一个定义，但始终未将其融入“社会结构”的研究当中。马克思也很早就注意到了“技术”因素的重要性，但同样也没能将“技术”研究深入到探讨文化发展问题的核心视野。20世纪50年代，斯诺完成了一本震惊世界的著作《两种文化》，这可以说是关于“两种文化”即“科技文化”和“人文文化”（斯诺称之为文学文化）问题的正式提出。斯诺认为，科学文化与人文文化分裂的原因，最主要是我们对专业化教育的过分推崇和我们的社会模式固定下来的倾向。20世纪中期之后，技术对社会及文化的影响及其带来的后果得以彰显，追问技术、反思技术以及技术与文化的关系问题开始受到人们关注，并引起了广泛的讨论。美国技术史学会出版了《技术与文化》刊物，以倡导进行这方面的研究。法国的让·拉特利尔在著名的《科学和技术对文化的挑战》一书中，提出了科学技术对文化既有破坏效应，也有诱导效应，在这两种效应的综合作用下，人类很难保持对技术的清醒判断，因此常常在技术的狂热或是“反科学”运动的两极中摇摆；并且阐述了科技对伦理和美学等两个方面的影响。美国未来学家托夫勒在《三次文明浪潮》一书中指出，技术的每一次重大变革都将被作为考察社会发展和变化的重要维度。他认为人类经历的每一次技术的大变革都标志了一次新的文明浪潮，渗透到现代人们生活的方方面面，从而使得技术成为影响文化发展以及界定世界历史阶段性发展的历史分期的一个重要因素。在日本，关于技术与文化关系的思想，大都在他们的“技术论”（亦即技术哲学）中体现出来。其中，相川春喜的《现代技术论》、三木清的《技术哲学》等都对这一问题进行了论述。就哲学领域而言，该论题大都围绕着技术与哲学、技术与社会、技术与政治、技术与伦理等若干专题进行。

在我国，无论是春秋时代的《考工记》、道家文化的技术人类学思想，还是明代的《天工开物》等，都阐述了技术与文化的关系。许明与花建主编的《文化发展论》一书，从时空的维度展开了对文化发展的整体性与差异性、先进性与落后性、稳定性与时代性、常态性和危机性等矛盾关系的分析。文化发展与技术革新的关系并不像想象的那么简单，技术的发展被证明是呈加速发展，甚至是呈指数发展的，它表现为物理、数学或化学、天文学等学科意义上知识的求索，为现代社会提供了物质基础和保障，如交通、通信、交易、休闲的自由和便捷。可以说，现代物质社会很大程度上正是建立在科学技术的基础上。中国社会科学院博士刘满强在李京文教授和郑友敬教授共同指导下于 1993 年完成的博士学位论文《技术进步系统论》中，阐释了技术进步系统的概念和主要功能，把技术进步系统作为经济分析的中心加以研究，进而对我国市场经济体制下的技术进步实践问题进行分析。

特别要指出的是北京化工大学文法学院的张明国教授撰写的学术专著《技术文化论》一书，从文化学角度研究并阐释了技术与文化的关系，技术发明、创新和转移以及网络技术、西部开发中的深层次问题，填补了我国当前技术文化学领域的研究空白。对于城市领域的技术与文化关系以及相关问题的研究应当从第三个方面——“技术—文化”系统论的观点入手，在技术与文化的关系以及它们与城市之间的关系问题上运用学科交叉的方法进行研究。大连理工大学人文社会科学学院王续琨教授在 2003 年由大连理工出版社出版的《交叉科学结构论》的专著中论述了各相关学科交叉的层次和结构，并对交叉学科的次级子系统作了初步的认定。其中包括生态科学、建筑科学、环境科学、技术学、技术哲学、技术文化学以及城市科学等诸多与城市技术及文化研究相关的学科。

科学技术哲学研究中心赵乐静的博士学位论文《可选择的技术：关于技术的解释学研究》(2004)，从人文科学的角度考察了技术在社会发展中的若干问题，并从阐释学的视域对技术“本文”进行认识和“理解”。柴绪亮的硕士论文《分立与汇合：对科技与文化互动关系的理性审视》(2004)中，提出科技与文化的关系绝非人们所设想的那样进行着简单的叠加，而必须在整体的动态运行中形成“必要的张力”。作者在评价二者“分合”关系时，既看到科学技术体系的宏观结构、微观结构的不同划分，又看到由此造成的不同文化系统在不同历史时段、不同社会功能的发挥。马会端执笔并发表于 2004 年《东北大学学报》第 4 期的《技术传播与文化整合》，以及狄仁昆于 2002 年发表于《毛泽东邓小平理论研究》的《关于现代化的可选择性——从安德鲁·芬伯格说起》等，这些论文和文章都为本书的选题和研究提供了对于技术与文化研究的开阔视野和重要的理论基础。

1.2.1.2 建筑技术与文化的研究

建筑技术与文化是紧密相关的两个方面，正是这种关系为建筑的发展作出了贡献。对于建筑技术与文化关系的研究著作颇丰，而且角度多样。1990年，国际建协第17次大会的主题为“文化与技术”，该会议发表的《蒙特利尔宣言》中的开头一行便是：“建筑是文化的表现，它反映了一个社会的形象。”宣言还强调建筑师的历史任务和基本任务是促使环境中文化、技术、象征和经济因素的综合。1999年5月国际建筑师协会第20届世界建筑师大会在北京通过的《北京宪章》中，明确地提出了关于走向全面的技术思想，充分显示出人类对技术的认识又向前迈出了重要的一步。它站在系统的高度，并以变化、发展的观点去审视技术，审视技术为人类带来的巨大的物质利益以及技术的发展所面临的新的挑战。现代技术已经发展成一个庞大复杂的系统，有着多层次的功能、多元化的构成要素以及全新的美学特性，而且被作为文化系统中的一个重要的组成部分。

克里斯·亚伯在《建筑与个性——对文化和技术变化的回应》(2003)一书中，对各种建筑技术、信息技术、智能技术，以及建筑的社会心理学到哲学，进行了一系列的交叉研究，深入地分析了技术和文化发展的积极本质，即在承认全球化发展趋势的基础上，建立文化及生物多样性的“生态—文化”的轮廓。

常钟隽在《建筑技术的文化表现》(1995)一文中，从建筑技术与艺术融合出发，对新技术建造的建筑所蕴藏的文化内涵及体现的文化延续进行了阐述，并认为文化对建筑技术具有促进与制约作用，一些新技术在建筑创作中的应用很大程度上取决于人类文化的水平。

刘仲在《建筑创作中技术与艺术结合的构思》(1993)一文中，通过建筑技术与艺术有机融合的历史来阐述其建筑创作中重要的理念。

吴伟枢的文章《建筑中的未来技术》(2000)通过当代高新科技在建筑中的应用，对未来世纪建筑技术发展的走向进行了预测，并指出未来时代中技术全球化与文化地域性结合将创造未来的建筑文化。

王薇的《走可持续发展的道路——从多层次技术角度看地域文化的发展》(2003)一文，从国内外生态建筑的成功范例上，说明了运用多层次的技术观念不仅能够发扬地域文化，赋予新世纪传统建筑可持续发展的理念，还能够推动新的建筑艺术的创造。

西安科技大学高静的博士论文《建筑技术文化的研究》(2005)中，阐释了建筑技术与文化的密切关系，既阐释了建筑文化体现出的技术逻辑性、时代性和地域性特征，同时也揭示了建筑技术的本质矛盾性是建筑文化产生趋同、多元现象共存的根源。该论文对技术与文化之间的关系给予了充分的肯定，并借此揭示了建筑文化本质的内在逻辑性，以及技术在全球化背景下对建筑文化多元发展的真实意义。

1.2.1.3　城市技术与文化的研究

关于城市技术与文化的研究视角非常广泛，有对于城市本体的研究、城市规划及设计思想的研究、城市美学的研究，还有从哲学层面及意识形态上的研究，当然对于城市历史的解读和阐释是所有研究的基本。美国著名的城市理论家、评论家、社会哲学家刘易斯 · 芒福德在其重要的两部理论著作《城市发展史——起源、演变和前景》和《城市文化》中，从政治、经济、社会以及物质实践对城市进行了全方位的、综合性的历史研究。在《城市文化》一书中更是将“城市发展史”本身就作为“城市文化”研究的最为重要的部分加以探讨和阐释，书中所谈的是广义的城市文化概念，这两部巨著为本书的撰写提供了翔实而又深刻的理论基础。20 世纪末，英国城市学家彼得 · 霍尔在完成了《明日之城市》之后，又撰写了《城市文明》一书，书中选择了西方 2500 年文明史中的 21 个城市，细评其发展源流、文化与城市建设特点，指出城市在市政创新中具有四个方面的独特表现：①城市发展与文化艺术的创造；②技术的进步；③文化与技术的结合；④针对现实存在的问题寻找答案。除此之外，城市发展史方面的理论书籍还有：美国学者斯皮罗 · 科斯托夫的《城市的形成——历史进程中的城市模式和城市意义》、美国著名的建筑大师及理论家伊利尔 · 沙里宁的《城市——它的发展、衰败与未来》等。

联合国人居署编著的《全球化世界中的城市——全球人类住区报告 2001》（2004）一书记录了人类住居状况和发展趋势，并将全球化视为一个同时具有积极和消极含义的过程，在肯定了全球化以及信息通信技术带来的积极影响的同时，也反映出了许多由此带来的紧迫而又尚未解决的社会文化问题。收入乌尔利希 · 贝克主编的《世界社会的前景》（1998）一书中的拉尔夫 · 达伦多夫撰写的《论全球化》中指出全球化涉及社会、经济、文化、政治、技术等人类生活几乎一切的领域，从益处方面来说，全球化为千百万人开辟了一种出乎意料的生活机遇。

国内学者徐苏宁教授在《城市设计美学》（2007）一书中，在梳理国内外城市设计发展历程及各历史时期美学内涵与意义的基础之上，提出城市设计美学作为技术美学的一个门类，既应当满足人类的文化需求，又应当符合技术美学的基本原理。这本著作为本书的研究提供了重要的理论基础。还有国内学者洪亮平编著的《城市设计历程》、张京祥编著的《西方城市规划思想史纲》等书，分别从不同的角度对西方城市设计及城市规划的历史进行了梳理，也都作为本书探讨城市技术与文化关系的阶段性历史演变的重要参考书目。

国内学者段进教授在《城市空间发展论》（1999）一书中，以发展理论的基本原理和方法为指导，遵循由宏观到微观的逻辑思路，对城市空间发展的社会文化结构、经济技术结构、建设环境结构、政治政策结构进行了整体的论述。

段进教授主编的另一本书《城市空间研究 3——城市空间句法与城市规划》中，以伦敦大学巴利特学院的比尔 · 伊利耶（Bill Hillier）教授的空间句法理论作为研究基础，对中国城市及城市规划进行了多方面的阐释和解读。空间句法理论正是建立在技术与文化双重视角的基础之上，要寻求创造一种技术，使其遵循一种有意识的文化规则，进而将空间形态的构形提高到有意识思考的层面，传统文化和社会本性才能够得以言说。

国内学者汪德华先生在《中国城市规划史纲》（2005）一书中，以史为鉴，系统地阐释了中国城市规划技术的发展和演化，其中包含了许多中国城市现实问题的深刻剖析以及大量的图片和资料。这本书是本书研究的重要参考读本。还有国内学者洪亮平编著的《城市设计历程》、张京祥编著的《西方城市规划思想史纲》等书，分别从不同的角度对西方城市设计及城市规划的历史进行了梳理，也都作为本书探讨城市技术与文化关系的阶段性历史演变的重要参考书目。

东北师范大学艾华的博士学位论文《城市文化与城市现代化进程研究》（2000）从城市现代化动力系统的研究入手，系统地研究了城市文化的内涵、构成要素、存在形式、作用状态、发展规律等，并进一步揭示了城市文化与城市现代化进程的内在逻辑结构关系，提出了城市文化与城市现代化的同步发展、城市文化现代化与城市现代化进程、城市创新环境与城市现代化的四大趋势等重要的关系命题。

天津大学邓庆尧的博士学位论文《科技与城市》（2000），在正确认识科学技术的重要价值的基础上，结合我国的实际，探索了科技进步与城市发展及城市设计理念的关系，对于加强城市规划设计的科学性具有重要的理论价值和实践意义。

东南大学张勇强的博士论文《城市空间发展自组织与城市规划》（2006），对城市空间的主体性、城市的物质空间形态以及城市人文生活中的“空间性”给予了高度的重视，并指出城市空间发展自组织与他组织的双向复合是走向实效性的城市规划的关键。

1.2.2 国内外研究理论重点

1.2.2.1 本体研究

城市本体研究主要着眼于城市空间的自身规律来研究城市空间的结构及形态的完美性和生动性的创造。研究者用完全客观和冷静的方法来观察和掌握设计，从事物的真实性质出发，建立起“客观”的设计和建造标准。城市本体研究虽然也考察作为人类活动空间结果的城市空间结构，但是忽视了作为城市空间形成机制的人类活动本身，属于一般性行为研究。把人看得过于机械化和一般化，忽视了人类活动背后的传统文化因素的影响[9]。

1.2.2.2　主体研究

城市主体研究是以人类文化学和环境行为学作为基础的，强调深入一个特定的文化环境中来探知如何从生活在其中的人们的角度进行设计。此类研究重视“人类行为的意义和功能”以及“居住在其中的人们体验环境的方式”[10]，重视单独事件或者是小数量的事件，包括对情境进行整体性的探索。

1.2.2.3　过程研究

城市形态的发展演化作为一种过程，既包括创造性的技术过程、集合科技信息的技术过程，也包括适应性的社会文化过程。日本横滨市的规划专家田村明先生提出的城市创造理论，就是将城市看作是由“物质方面”的硬件和“社会组织系统”、“市民生活系统”的软件共同组成，二者处在动态的交互过程之中。

1.3　研究基础

1.3.1　理论基础

1.3.1.1　“两种文化”的角色认知

技术文化学研究表明，技术与文化并不是两个完全对立的概念，而是存在着“相关差异”的两个方面[11]。从文化的角度看技术，技术是以“技术文化”的形式存在，即以技术为本体形成的文化关联；从技术的角度看文化，文化是技术产生的源泉，并借助技术发挥其自身的组织力量。这里的文化是指人类的精神创造，着重于人的心态部分，是狭义的文化概念，即某一社会集体（民族或阶层）在长期历史发展中经传承积累而自然凝聚的共有的人文精神及其物质体现总体体系，关注的不仅是全人类的普遍共性，而且更注重不同民族、阶层、集团人文精神的特点。二者之间通过互动作用，构成了一个有机整体——“大文化”系统。“大文化”系统是指人类在长期的历史发展中共同创造并赖以生存的物质与精神存在的总和，它涵盖人类技术创造和文化积累的全过程，是一个传承发展的综合概念。对技术与整个“大文化”系统，以及技术与狭义的“文化”，或者称之为“小文化”之间的关系，进行有机的整合和系统的研究，如图1–8所示，既有助于确定“技术在文化中的位置及其所承担的角色，又排除了以技术替代文化的技术决定论和以文化统治技术的文化统治论的形而上学偏见，从而在一定程度上做到了对技术与文化关系的科学阐释”[12]。

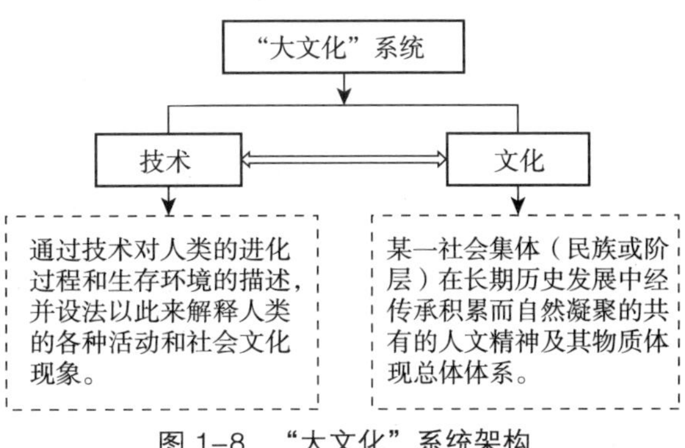

图 1–8　“大文化”系统架构

1）“两种文化”的彰显 世界上的每一座城市都代表着一种独有的“身份”，它是一种社会角色的象征，为了使“身份”得以延续，就必须保持各自独特的风格。曼纽尔 · 卡斯泰尔斯的论著《身份的权力》中将“身份”解释为指向人的生存意义与生活经验的来源，以及个体在自我建构的过程中逐渐达到的集体认同[13]。斯图尔特 · 霍尔在他的论文《文化身份与放逐》中则是通过两个层面对“文化身份”进行阐释：首先，“身份”是一项通过建构而来的产物，是经由历史、文化、社会、哲学的发展和沉淀而来的结果，是人为的考量，非自然的现象；其次，“身份”的建构，永远存在于动态的进行过程中，而非静止的。换言之，“身份”的含义，存在于不断的递变与构筑之中。基于这两个前提，我们认为确定一个城市的“身份”主要来自于两个方面的力量：一个是文化，代表着与其他城市之间的差异；一个是技术，代表着进步和更新的力量[14]。

2）“两种文化”的关联 技术作为一种文化，自身具备两种特性，一个是本土性，一个是现代性，这就使得技术与文化之间产生了两个方面的本质关联。

（1）连续体：“技术文化”与“行为文化”。迈克 · 费瑟斯通在讨论本土主义、全球主义及“文化身份”的关系时指出，“文化身份”的追认是建立于对“空间”与“地方”的归属问题基础之上的，透过人群日常的接触，便可把一个自然的空间转化成一个（人为的）地方。在此过程中，“本土性”与“本土主义”是其中不可缺少的影响因子，就是说，个体或社群的认同建基于他们对某一个地方，以及这个地方牵引和发展而来的血缘、生活模式、日常经验等归属性；换言之，当一群人聚居于某个“空间”，在“时间”的进程上逐渐建立或沉淀彼此共有的社会习俗、法律条文、文化历史的记忆、情感与情绪上的认同等，这个“空间”便会转变为一个“地方”。同时，正如费瑟斯通一再强调的，一个地域性社群的建立，还源于一系列的技术规范：工业化、都市化与规范化的进程[15]。

（2）两分体：“技术文化”与“历史文化”。我们的世界源自于“两种想象资源”[16]：一种是技术想象，一种是历史想象。

技术想象：面向未来，技术想象以一切与科学的真理相一致的理论为基础，把自然和人作为客体对象，赋予解决问题的心理态度以优越性。技术以其作为目的或是手段的理性发挥着重要的作用，它崇尚进步并相信知识的积累，重视功力与效率并喜欢辞旧纳新。

历史想象：对于一个城市来说，历史想象是确定城市文化身份的重要根基。一个地方或一个城市的从无到有——从历史的“无”到“有”、从文化身份的“无”到“有”，以达到理想城市“乌托邦”的境界。历史想象实际上就是历史文化的“储存”和“记忆”，是对抗日益同质化与技术化的现代世界的主要力量[11]。

在赫勒看来，两种想象的力量是相互对立和相互制衡的关系。芬伯格同样认为，“现代化本身就是经受激烈变化的种种技术与文化因素的偶然结合。在各种可选择的现代性出现过程中，文化可以和科技一道发挥作用”。按照马尔洛特拉的理解就是：“虽然技术呈现为一种作威作福的力量，但是它能够被公众的审美与伦理标准进行管理和修正。”[17]

3）“两种文化”的聚合 “聚合”,英文可译为“Complex”或“Polymerization”，同时具有两个方面的含义。“Complex”意指由相互关联交织的部分组成的整体，各体系之间因相互交错而错综复杂，具有复杂的、多元的、综合的性质;而“Polymerization”则意指由两个或更多的单体形成一个聚合物而发生的联结。中国古书《说文》中有云:“聚，会也。”有会合、聚集之义。而在《汉书》中则曰:“聚曰序。”意为有秩序的会合。“聚合”不同于“组合”或“混合”，它是复杂相关的各相异的体系之间，相互并置、并列、交融而形成的一个大系统。“聚合”的城市“技术—文化”系统，各体系自身具备着完整的结构、层次和功能，并形成具有不同作用的子系统。各体系之间的“关系”、“关联”，或称“联系”，所构成的大系统具备着超越各自体系以外的意义。

工程主义技术哲学主要倾向于工程技术本身，强调对技术本身的性质进行分析：它的概念、方法论程序、认知结构及客观的表现形式，同时强调技术对文化的控制作用，试图运用占统治地位的技术术语解释更大范围的世界。而人文主义技术哲学则倾向于洞察技术的意义，即它与超技术事物——艺术和文学，伦理学和政治学，宗教等的关系，他们更看重文化对技术的决定作用，主要体现在社会、经济和政治三个方面因素的影响和选择。首先是“社会—技术”，技术发展过程是在具体的社会结构中进行的，特定的社会形态决定了技术的运用，而由技术发展所导致的社会变革往往是意外的，甚至是不可避免的。其次是“经济—技术”，经济依赖于技术的进步而得到发展，技术的发展又必须以经济发展为目的和后盾。最后是“政治—技术”，任何技术的使用和推广都与一定的政治决策有关，进而影响到城市形态的设计和控制[18]。

两种哲学研究的文化根基是不同的，一个主张“技术中心”，一个主张“文化中心”，学者们对技术的认知必然地存在着差异和不同的评价，甚至是完全相反。但是，以满足人类整体需求为前提和目标——既要满足人类基本的生理需求也要满足心理需求，使得技术与文化之间建立起了整体性的关联。

1.3.1.2 “两种文化”的思想体系

和谐的理想反映了古代人类普遍的审美意识层次和审美理想[19]。有人说，中国的传统思想是“天人合一”，而西方的传统思想是“天人二分”，这只是阐释了二者思想路线的不同，而“和”却是二者共同追求的最高境界。如表1-1

所示，中国哲学重文化以及事物的内涵，体现的是一种“合”的艺术以及“统一之和”的审美理想；而西方哲学重技术以及事物的外延，体现的是一种“差”的艺术以及“对立之和”的审美理想，殊途而同归。

中西方思想的对照[20] **表 1-1**

中国	西方
重文化	重技术
“合”的艺术	“差”的艺术
注重事物的内涵	注重事物的外延
主观标准模糊性	客观标准规定性
模拟性和多维性	抽象化
模糊思维	形式逻辑
柔性的	刚性的
老子“道家思想”，孔子“儒家思想”	亚里士多德《工具论》

1）中国的“统一之和”思想 中国传统哲学思想讲求的“和”是一个综合的体系，是把自然和人作为一个整体来对待，是性质不同的多种事物共同构成的互济互补、均衡协调、和谐有序的有机统一体。老子有云：“道生一，一生二，二生三，三生万物。”“天人合一”的观点认为“天不变，道亦不变”，自然衍生之道规范着社会之道。依从于自然并顺应于自然构成了中国古人的生存之道，也因此决定了我国传统城市设计思想反对人与自然的分离和对抗，不允许科学同伦理学和美学相分离。在审美体验中，人的主观情感与城市形象在天地万物的境界中交融为一体。首先，在古代城市规划理论中，人与自然的和谐被看成是一种既定的原初秩序，而不是通过人的实践活动所达到的一种生存境界，因此要实现人与自然的和谐主要不是通过变革自然的实践，而是依赖于人的“顺天”、“无为”的艺术修为。其次，人作为自然景观感受的主体得到了高度的重视。城市与自然的和谐使人产生愉悦和快乐，自然与城市的和谐之美因人的体验而更美。再次，中国传统文化“有着历史回视性与因袭传统的倾向”[21]。对人与自然和谐统一观点的强调，是对原始的、未分化的、自在的“天人合一”关系的体悟。

在中国传统思维模式中，人与天地万物所构成的整体系统往往是朦胧、混沌而非精确化的系统，“这样的整体往往成为一种没有具体内容的整体，从而也就只是没有内容的整体性，或者也可以说是暧昧不清的整体性”[22]。在这种整体性的指导下，城市规划设计完全顺应于自然，在一定程度上压抑了人的创造才能的发挥，限制了技术力量的发展，从而无法实现人、城市与自然三者在更高的共同进化水平上有机统一，也无法成为解决现代城市危机的有效方法。人与自然矛盾的现实解决，本身是一个实践性的问题，需要在观念转变的前提下诉诸一定的技术手段和创造性活动才能得到落实。

2)西方的"对立之和"思想 "天人二分"的观点源自于古希腊的自然哲学，也正是古希腊人将自然哲学从实际技术中剥离出来[23]。"天人二分"的观点首先明确了天、人、物、我之间在认识过程中的区别和界限，并主张把认知的主体和被认知的客体分离开来。用二元分叉的方式分割世界是他们发现知识和信仰的根基。这种"二分"仅仅是认识和掌握事物规律的方法，而不是最终的目的。古代西方人是在分离、差异和对立中走向统一的，而且用一种近乎于科学真理的方式对事物的内部和外部进行整合。

外部之和趋向于数理之和，是由外部构造运动的合规律性形成的，是一种浅层次的和谐。为了把握自然界的规律，古希腊哲学家们创造了一整套的数学语言和物理结构。通过对数的研究，人们对客观事物的认识渐渐从感性上升到理性。毕达哥拉斯学派认为数才是万物的本原。在他们看来，数不仅有量的多少，而且有几何形状。有了点才有线、面和立体，有了立体才有火、水、气、土这四种元素，从而构成万物。毕达哥拉斯学派甚至将数学和宗教联系起来，想通过数学去探索永恒的真理。他们认为，自然界的一切现象和规律都必须服从"数的和谐"，天体运动和音乐甚至是人也应该服从数学规律，即服从数的关系。之后的一些艺术家确定了人体的黄金分割比例关系 1：1.618 为最美，至今受用。

内部之和趋向于内在规律之和，是事物内部有机性的运动形成的，是更深层次的和谐。在亚里士多德看来，事物萌生、发展、完善的运动越具程序性、规律性、必然性，就越富于内在的和谐，同时，存在着三种模仿事物的方式：照事物本来的样子去模仿、照事物为人们所说所想的样子去模仿、照事物应当有的样子去模仿[24]。亚里士多德更为推崇第三种模仿，他要求艺术能够书写出内在运动的完备性和事物更完备的本质，这也是实现事物内部和谐的理想途径。

1.3.1.3 "两种文化"的理论视域

1）以技术变量为参考——克里斯 · 亚伯《建筑与个性——对文化和技术变化的回应》 克里斯 · 亚伯在《建筑与个性——对文化和技术变化的回应》一书中，以科学和技术的新思想及设计师的知识结构作为研究的基点，对于技术化的设计标准体系与社会文化心理之间存在的多样性和复杂性给予肯定，并从多个层面对它们之间产生的"必要的张力"进行了阐释。最终提出应当以全球化的生态环境作为中介性的价值标准，在"自上而下"和"自下而上"两种决策制定结构之间建立平衡的关系，将那些常常被设计者忽视的传统文化方面的问题整合成一个与技术时代“变化”的主题相符合的完整体系[25]。

2）以文化变量为参考——阿摩斯 · 拉普卜特《文化特性与建筑设计》

阿摩斯 · 拉普卜特在《文化特性与建筑设计》一书中，以本土文化环境及使用者的情感结构作为研究的基点，提出设计应当以“更美好”的居住环境为目标，随着“生活方式、行事规则、社会分工、文化适应阶段，以及新的社会机制、价值观、准则、理想等的发展”而发生改变。他认为，“设计就应该由使用者来主导，设计师不过是代其行事而已”，也就是说，文化主体将决定着技术标准的选择和应用的方法[26]。

1.3.2 核心概念

1.3.2.1 城市形态

“形态”一词，最初是来自生物学的术语，是研究生物机体的内在结构和外在形式的科学[27]。从广义上看，城市形态是研究城市这一复杂机体的内在结构和外在形式的科学。广义的城市形态由城市的物质形态和非物质形态两部分组成。前者与城市的物质空间环境直接相关，即城市中各种有形要素的空间布置方式；而后者的内涵则更为丰富，包括了行为空间、社会空间、象征空间、心理空间和文化空间等多重含义。从城市形态的本质特性上看，包括有形形态和无形形态。有形的城市形态即狭义的城市形态概念，一般是指由城市各有形要素的空间布置方式以及“呈现于人们知觉的全部表现形式”[28]。无形的城市形态主要是城市在某一时间内，“社会、文化等各无形要素的空间分布形式，如城市生活方式、文化观念和价值观念等形成的城市社会精神面貌、社会群体、政治形式和经济结构所产生的社会分层现象和社区的地理分布特征，以及由此而构成的城市生态结构”[26]。从形态学研究的角度出发，如果将城市作为有机体，那么，正如凯文 · 林奇所言，城市形态的有机生成并非对其有形的要素进行反复的推敲和机械的设计，而是通过对各种无形的要素进行自然的组织，使其与有形的要素之间紧密相连，进而相互适应[29]。

城市形态的双重属性构造了城市空间结构的表层和深层，与表层的空间对象发生关系的结构形态反映了外在的结构形式及有形的形式秩序；而与深层的社会文化要素发生关系的结构形态反映了结构的意义及无形的结构关联。可以说，城市形态就是内在结构和外在形式的统一，就是深层与表层相连接的过程—— 一种双重的构造过程。如果说内在结构是指事物要素之间“形成或发现的关系，如人与人之间、事物与事物之间、思想与思想之间、网络与网络之间、地区间和地点之间的关系”[30]，那么外在形式则强调城市本身的平面形式、布局结构、建筑风格等非常具体直观的表象特征。城市形态是内在结构的外在表现，同时反映着结构的内在特点。对于外在形式和内在结构的综合研究使形态学同时涉及技术与文化两个方面的内容。

那么，在这里我们认为城市形态既是城市结构的外在空间表现，涉及城市的各种社会文化关系，空间分布的模糊性和不连续性使得城市形态的空间关系表现为不确定性和抽象性；同时又是指城市物质空间的构成方式，包括建筑及其空间、建筑及其空间的组合方式，以及把建筑及其空间组织在一起的城市环境[25]。

1.3.2.2 双向组织

“向”，即向度，是指价值取向及评判尺度的意义。在自然界和人类社会中，组织现象普遍地存在着。在复杂的城市系统中，既存在着文化组织向度，同时也存在着技术组织向度。文化组织向度和技术组织向度构成了城市系统存在和演化的整体性过程。

首先，本书的“双向组织”概念，是对“技术与文化”所存在的诸多关系进行整合。朱莉亚 · 鲁宾逊用“科学”和“神话”两个词来形容这两种组织思想和知识体系[9]。技术组织向度对城市空间进行的是一种“科学的”解释，它以经验性的知识原则对实体环境进行建构，然后对人们的行为产生预期性的和普遍性的影响规范。复杂的整体被认为是由特定的简单元素构成，从局部元素到整体的分析方法是适合的并可以达到最终客观结论的途径。从技术组织向度出发，城市形态从有形到无形、从局部到整体，接受着科学的真理性检验，以及技术性分析和建构；文化组织向度类似一种“诗意性的”解释方法，它是一个连续性的、发散的以及生成性的整体组织过程。从文化组织向度出发，城市形态是从无形到有形、从简单到复杂，强调客观事物的演变在文化适应性过程中生成，强调城市形态在时间上的连续意义。

其次，本书的“双向组织”是以整体论思想作为基础的，同时它又构成了城市形态整体设计的理论基础。“双向组织”作为一种城市形态的设计途径，是将两种或几种相互对立甚至是相互矛盾的对象从不同层面、多种角度进行整合，以形成新的结合方式和方法。第一，“双向组织”是一种科学的思维，主要反映在城市物质形态层面上。城市形态作为复杂系统相互作用的结果，具备着两种重要的特性：一个是“形成网”的整体性；另一个是“部分转换”的多样性和复杂性[31]。“形成网”是系统形成的根本特征，系统各个要素之间彼此相互作用形成一个和谐的网，才使得系统呈现出整体的相关性和整体的规律性；“部分转换”是系统产生活力以及趋向复杂的根本原因所在，系统的每一个部分都起作用，只要改变系统中的某一个部分，就可能带来与众不同的结构。第二，“双向组织”是一种多样的思维，体现在从社会生活到文化心理的层面上。“双向组织”的城市形态倾向于“整体为美”的思想意识，中国的“统一之和”的思想为城市设计提供了一种“整体为美”的审美意识和设计原则。但是，面对科技高度发展和文化高度分化的现实情况，“统一之和”的思想并不能够从现实层面解决问题，所以，需要与西方的“对立之和”思想相结合，形成“分解—综合—分解”的整体意识。第三，“双向组织”的城市形态倾向于“广义建筑学”的观点。从“广义建筑学”和人居环境科学的角度来看，通过城市形态的双向组织的核心作用，“从观念上和理论基础上把建筑、地景和城市规划学科的精髓整合为一体”[32]，将城市形态设计的关注焦点从单纯的工程技术设计、城市物质空间形体和效果设计，转向关注社会、经济、生态等综合要素的整体设计。

1.3.3 研究目标

1.3.3.1 解读城市形态的双向组织特征

回顾历史，城市设计的发展总是在“技术”和“文化”两个向度之间徘徊或交替着向前发展。在二元分离价值观的指导下，二者渐行渐远。在科技高度发展的今天，我们通常认为文化是人性的，而技术是非人性的。其实不然，真正的现代科学技术，并非大多数建筑师头脑中简单的规则，相反，应该是对复杂的人类环境更加负责，又比传统的现代主义者或后现代主义者的理想更加深奥。“只有接触到这些知识和其他文化相交流的实质，更有价值的、未来的、杂交的城市和建筑才会出现，而这些都是无法从任何风格的变化中寻找出来的。”[23]技术自身的规则体系，也可以是人性化的，能够建构出符合人性特点的城市空间和建筑，关键在于我们如何把握这种人性化的创作。

本书拟从技术与文化两个方面对城市形态阶段性发展过程，双向组织的思想、内涵及特征进行解读，对城市形态双向组织结构及机制进行认知，进而指导城市形态双向组织与整体设计模式的建构。

1.3.3.2 建构城市形态的双向组织体系

在科技高度发达、全球文化一体化的现代社会里，技术与文化角色走向冲突已经成为不争的事实。仅仅期待传统文化，或者是现代技术来解决现实的矛盾和危机，都是于事无补的。那么，结合现实状况，在城市的技术与文化之间建立一种和谐、共生的结构关系，使高品质的设计技术与高水平的主体文化素质结合起来，才是我国城市问题得以在更高层次上获得解决的根本性途径。

本书拟从城市形态的双向组织特性进行研究，分别从技术性和文化性两个方面对由技术和文化组织生成的双向的城市结构进行整体性的设计。从这个角度上说，技术作为文化产生、形成、发展的物质基础、手段、动力和源泉，不仅体现在物质层面上，而且还存在于现代人的思考方式之中。新的技术理念和技术价值观带来了新的文化意识形态以及社会的现代性，进而改变着我们的生活方式和价值理念。那么，在城市空间和建筑创作中建构一种整体、完善而又相互协调的双向组织体系，是当今城市及建筑设计师在创作中应当着重思考的问题之一，也是本书的主要研究内容。

1.3.4 研究方法

1.3.4.1 二元相关联的方法

从城市形态发生学的角度来看，技术与文化是城市形态发生的共同起源以及发展的主导因素。从城市形态的研究方法来看，也存在着两种不同的方法。一种是从技术的角度，对城市空间形态进行研究，从不同规模层次分析城市的基础几何元素，其目的是试图描述和定量化这些基本元素和它们之间的关系；另一种是从文化的角度，对城市历史及环境行为进行研究。历史研究是通过现象的描述得出一个普遍性的“适用法则”；环境行为的研究建立了人类行为与物质环境关系的理论，包括人类如何感知特定的环境并且产生行为反应，进而如何在设计实践中利用这些规律。这两个方面作为影响城市形态的重要事物同时存在，难解难分。

因而，本书决定采用一种分离和合并的二元思维方法展开研究，有两个方面的问题需要加以强调：其一，在本书中不是采用将技术与文化截然分开的方法，而是采用能够使这两个方面持续地相互影响的研究方式；其二，技术与文化都是广义的概念范畴。技术以“技术文化”的方式包含在广义的文化之中。

1.3.4.2 比较与分析的方法

比较研究方法是文化人类学研究的一种基本方法。按照心理学的观点，比较就是确定两种以上事物的异同点的过程。比较分析是比较研究的最重要的一步，在这个阶段要对收集到的材料逐项按一定的标准进行比较，并分析其之所以产生差异的原因，而且要尽可能地进行评价。比较时应以客观事实为基础，对所有的材料进行全面的客观的分析。

1）纵向比较——历史比较与分析方法 历史，记载着人类社会成长和演变的过程，一直是一种记叙和描述性的东西。研究历史，可以揭示社会及事物演变的内在规律。历史比较研究方法是对历史现象进行比较和对照，并分析其异同及缘由，从而寻求历史规律的一种方法。本书以广泛的城市历史形态为研究对象，探讨比较在不同阶段所展开的差异性的城市形态。

2）横向比较——类型比较与分析方法 类型比较法需要和分类与归纳工作一起进行，同时还要建立起一般的法则及规律。事物不仅有现象的异同，更有本质的异同。就是说我们要透过现象抓住事物的本质。要进行本质的比较就要通过大量的、典型的材料分析其内在关系，从历史、社会、经济、社会风俗等多角度进行探讨。

1.3.4.3 实证与实践的方法

城市形态双向组织的理论研究成果需要在实际案例中加以验证。那么，结合理论研究的需求，选择有代表性的国内外实例进行跨学科的分析研究，以及通过亲身参与的实践案例研究，更能够突破以往城市历史或设计理论纯学术研究的局限性，增强论文理论的实证性和直观性。

1.4 研究内容

本书引入技术文化学的研究视角，将城市技术、文化及城市形态作为具体的研究对象，试图通过技术文化学与城市形态设计的交叉研究，从新的角度解读城市形态的双向组织特征，进而整体性地建构城市形态的双向组织体系。

第 1 章为绪论。通过课题的背景研究、国内外研究现状，以及“两种文化”的角色认知、思想体系及理论视域的研究，确立了本课题的研究目标及研究方法。

第 2 章为城市形态的历史组织特征。透过城市形态表面的形式，从技术与文化系统的角度进行分析，得出了城市形态的三个历史分期和四个发展阶段。提出现阶段城市形态的发展正进入双向组织的发展阶段，并对前三个发展阶段的城市形态组织模型进行了详细的论述。

第 3 章为城市形态的双向组织内涵。通过城市技术与文化系统要素以及系统发展规律的研究，总结城市形态的双向组织特征；通过对人文城市、有机城市、生态城市等理论的研究，总结城市形态的双向组织思想。

第 4 章为城市形态的双向组织结构。通过技术与文化组织作用力各自的潜在特性，总结城市组织结构的层次和特征；两种组织程序作为构造性的原理起作用，指导着系统的行为。通过强调某一组织程序的主导性作用，同时强调城市空间的某种结构在网络层次组织过程中的“中心作用”。

第 5 章为城市形态的双向组织机制。通过对“技术—文化”组织动力和“文化—技术”组织动力，来研究二者对城市形态的转换作用和机制；通过对城市技术主体和文化主体之间交互作用的研究，来形成完整的城市形态设计和决策的过程。

第 6 章为城市形态的双向组织模式。通过城市空间、建筑和环境等三个要素的本质特征和价值标准的研究，以及城市技术与文化之间的系统关联性研究，相应地建构了三种城市形态双向的组织模式：异向复合的组织模式、同向复合的组织模式以及双向否定的组织模式。

最后为结论，对本书研究成果进行总结，提出创新点和不足之处。

1.5 研究框架

本文研究框架如图 1–9 所示。

基础理论研究
科学技术与文化的研究
建筑技术与文化的研究
城市技术与文化的研究
历史研究
现实研究
技 术
文 化
自然组织
文化组织
技术组织
技术之“器”
文化之“道”
双向协同
双向复合
双向偏离
双向颉颃
双向组织结构
双向组织机制
双向组织模式
技术组织结构
文化组织结构
均质性网络
差异性网络
表意性网络
功效性网络
动力机制
选择机制
双向交互
双向交互
技术动力
文化动力
技术主体
文化主体
技术组织
文化组织
异向复合
同向复合
双向否定
空 间
建 筑
环 境
整体的城市形态是经过
双向组织的城市形态
研究基础
特征解读
体系建构
结论

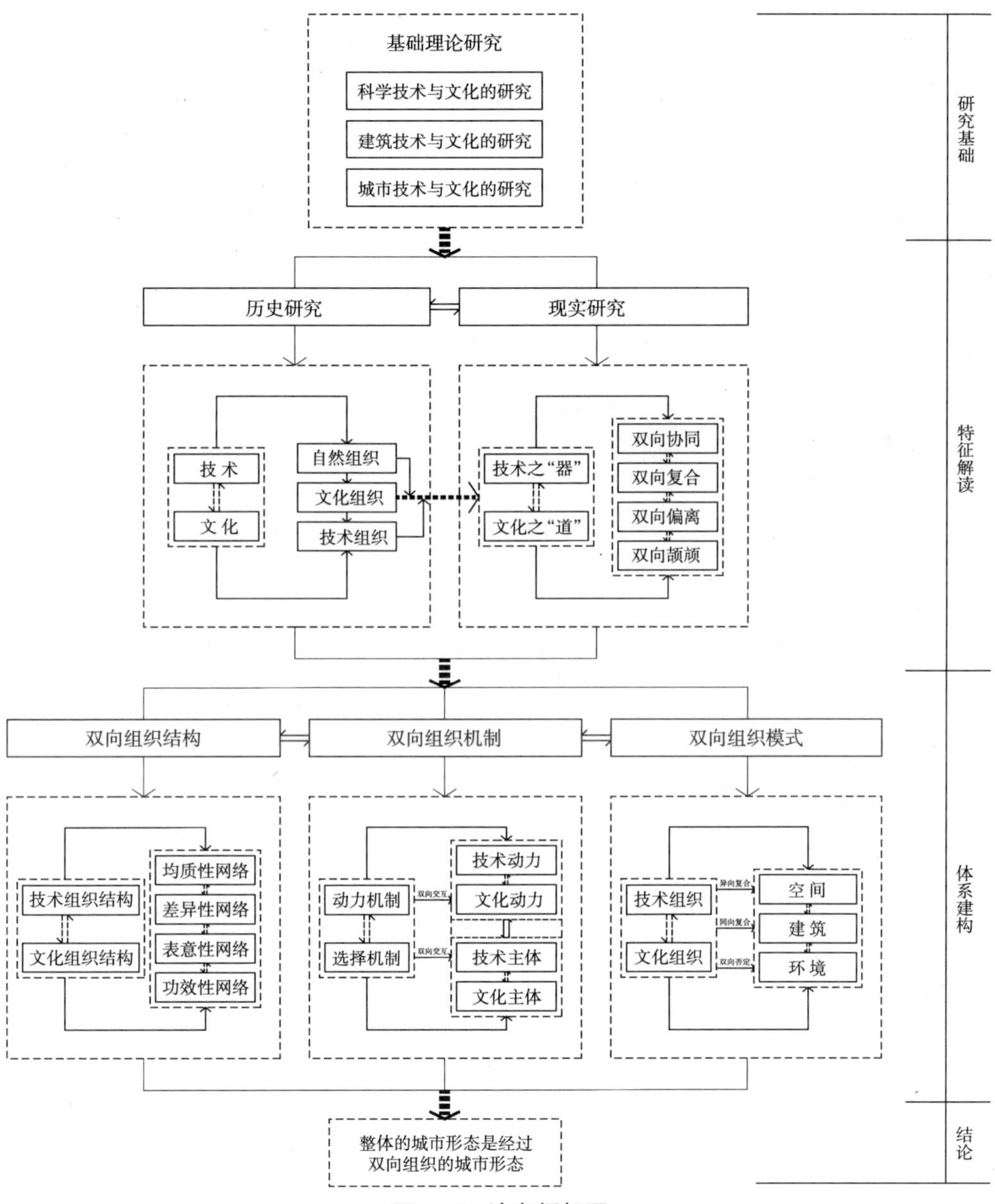

图 1–9　论文框架图

第 2 章　城市形态的历史组织特征

人们常说，古代城市是人性化的，形式多样而且各具特色。然而，从工业革命之后一直到技术高度发达的今天，多样化的城市形式渐渐地走向趋同，并且失去了人性化的内涵。那么，到底是什么决定了城市的演变，又是什么主导着城市独特的空间肌理和形式？我们不能仅看到体现出城市建造技术水平的视觉层面上的形式，因为“形式本身并不能充分说明其背后的意图。只有当我们熟悉了产生这种形式的文化时，才能正确地解读这种‘形式’”[5]。那么，追寻历史的线索，由聚落到村庄再到城市形成的过程中，我们可以凝练出城市形态的组织模型以了解城市的初始机能和阶段转向。

2.1　城市形态的历史分期特征

任何事物的发展都是有规律的，并呈现出阶段性的发展特征。认识事物发展的分期特征，是认识事物的本质及变化规律的重要方法和途径。根据系统演变的基本规律可知，世界上万事万物的运动都是循环往复和螺旋式上升的圆圈，是一系列首尾相连的 S 曲线叠合的螺旋式演变过程[33]。系统的演化由同生状态到分化状态，再到聚合状态，最后到达理想状态，这是一个逐渐进化的过程（图 2–1）。城市系统亦是遵循这一演变规律进行规律性的发展和变革，城市形态的建构是一个不断从低级水平向高级水平过渡的、永无止境的发展过程，本质上是开放的。所以，城市形态的建构过程同样也不是一条直线或是一个封闭的圆圈，而是一个上升螺旋体，对于这一规律的研究将有助于对于城市形态设计及城市问题的研究。

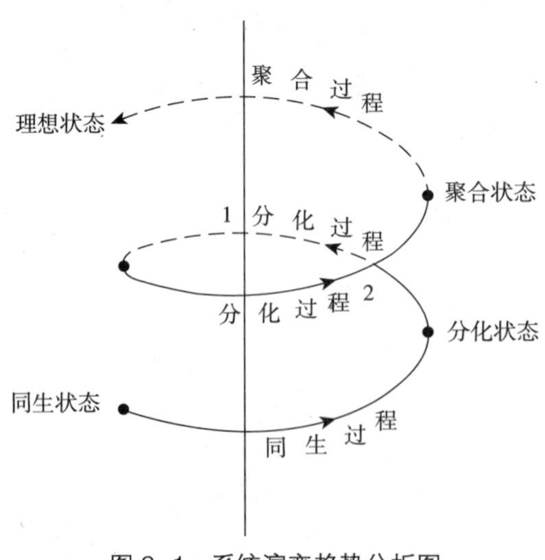

图 2–1　系统演变趋势分析图

2.1.1 三个历史分期：技术与文化的竞争和协同

从“技术—文化”系统内部各子系统（元素）间相互作用的角度来看城市的演化，我们会发现这里始终存在着两个既相互矛盾又相互补充的方面。一方面是技术与文化之间的协同，另一方面是技术与文化之间的竞争。子系统间既协同又竞争是使系统得以构成一个有机整体，并使它得以保存和发展的必要前提。系统内部的竞争与协同必然导致城市技术与文化之间“主从”关系的出现，这种“主从”关系决定着城市设计中“人化”的技术观念及“化人”的文化观念的主导地位，进而决定着城市形态的分期特征。

2.1.1.1 第一历史时期：技术与文化的同生共进期

从原始的意义上看，技术与文化是同一的。文化作为人类的生存方式及其知识和意义系统，是伴随整个社会和历史的发展而变迁的。而技术则与文化有同样长久的历史，它作为人类改造自然的生存方法和手段，一经产生就客观地存在着，并且作为一种改造自然的能力和文化而世代流传。技术作为人类文明的最主要标志之一，是文化的重要组成部分。在人类发展的初始阶段，技术与文化相伴而生并相互促进，表现为一种“同生状态”，这也正是系统演化的起点。人、技术与自然三者之间最早的表现形式是“自然→人→技术”，就三者的隶属关系来看，人是自然的创造，技术则是人的创造。技术仅仅是实践活动的副产品，没有形成独立的体系，从属于自然的人。例如，获取与生产食物是古代人迫切的生存需要，于是与农业生产相关的技术成就最为突出。

2.1.1.2 第二历史时期：技术与文化的交叉分化期

复杂系统的演化是一个从简单到复杂的过程，而所有的演化过程都是通过不断地分化来实现的。分化后的元素要结合成一个整体，往往需要一个组织核心，起着吸引、支持和建构三重作用。在系统中有没有这样的核心，往往是系统形成的关键，因为它担当着系统演化的“基本动力”这一重要角色。根据韦伯斯特的理论，“基本动力”是用来借喻“任何事物中最初的和最有效的力量”[34]。如果以“基本动力”来解释进化中的种种现象时，这种“基本动力”本身必须也是一个变项，所以它并非永远是主导型的力量，也有可能转换为辅助性的力量。系统核心发生演变的来源一般有两种情况，一种是内部的突变，另一种是外部的变革。

文化的进化主要来自于内部的突变。古代希腊哲学的产生带来了人类文化的巨大变革和加速发展，人类的精神世界远远地高于技术的实践。城市技术与文化系统进入“分化状态”。文学、艺术、戏剧、仪式活动乃至自然的生活方式等一切文化，都自然地影响着城市的建筑特色和布局特征。人们在改造自然，变天然自然为人工自然的过程中，体现的是一个民族的知识水准、风俗习惯、行为模式、价值观念和道德伦理等特征。

技术的分离主要源自于外部的变革。由文艺复兴时期开始直至工业社会之后，人类通过自己的实践活动和聪明才智，创造了改造自然和征服自然的技术体系，使得三者的关系和地位发生了变化，形成了“人→技术→自然”的关系序列。“技术的自律性思维”在这个过程中逐渐形成，科学主义、理性主义和未来主义在城市的设计和建设中占主导地位。在现代性的进程中，作为人造物的科学和技术越来越脱离人的控制，向着自律性的方向日益逐渐强化，并按照自身的逻辑前进。“随着机器的出现，文化一旦失去了和技术物体的真正联系，那么它也就失去了文化的真正特性”[11]。工业技术文明就是建立在日益频繁和强化的持续性革新的基础上的，其结果就是造成文化进化节奏和技术进化节奏的离异，技术比文化进化得更快。科学技术作为理性的主要载体，逐渐地成为人类文化的重要内容。技术“指令”和“程序”支配着社会和文化的发展，并成为社会变迁的主导性力量，它开始染指于人类历史的根基，而且正在向人类历史注入极不稳定的因素[35]。科学技术对文化的作用，首先是对文化的物质层次发生作用，然后对文化的制度层次发生作用，最后对深层的文化观念层次发生作用，从而形成新的价值观念和社会文化，这就是技术文化。

2.1.1.3 第三历史时期：技术与文化的多元聚合期

事物发展的过程就是分化与结合交替进行的过程，分化和结合既是发展之源，同时又是发展之必然。技术与文化的分化，带来了各个领域的相对独立化和专业化，“科学以工具理性处理真理问题，道德以实践理性处理有关善恶的问题，艺术以美感表达理性及美的自主性问题”[36]。这种专业决定论和片面化、极端化的思维方式及现实实践，给现代社会和人们的生活带来了众多的弊端和负面效应。在不断的批判和反思的过程中，技术与文化系统走向了“聚合状态”，并在不断的交互作用下，逐渐地走向系统多元聚合的“理想状态”。

2.1.2 四个发展阶段：城市形态组织特征的更迭

无可否认，自然的颠覆性力量或者是战争的毁灭性力量构成了古代城市断代和分期的强制性因素，然而，随着宗教、哲学、科学、技术、伦理等在文化系统中的分化与独立、竞争与协同，却生成了不同的阶段性发展主题。威廉·麦克高希在《世界文明史：观察世界的新视角》一书中，根据文化信仰的阶段性更迭将世界文明分为五个阶段[37]：

文明第一阶段：是从自然崇拜到对有组织的政治集团的崇拜的转变，两种信仰体系共存。

文明第二阶段：哲学思想融入宗教，并倡导一种先进的价值标准——善良、正义和真理。这种积极向上的精神影响了从中国到希腊的社会。

文明第三阶段：由文艺复兴开始，高扬个人的尊严和功利性价值。继而到 20 世纪初，科学知识明显地改变了世界的面貌。

文明的第四个阶段和第五个阶段：是电子媒介和信息化时代。

人类文明的前两个阶段涉及三个崇拜对象：自然、人类社会以及哲理性的最高存在，它们都与宗教相联系，而在文明的第三、第四和第五个阶段，人类文明已经超越了宗教信仰的阶段，转向了对规律的信仰以及对生命的信仰。本书以技术与文化关系更迭的历史分期为基础，根据历史与哲学相结合的部分观点，将城市形态的发展和演变划分为四个阶段（表 2–1）。

城市形态组织发展的阶段分期特征[37] **表 2–1**

历史分期	技术与文化同生共进期	技术与文化交叉分化期		技术与文化多元聚合期
发展阶段	第一阶段	第二阶段	第三阶段	第四阶段
组织形态	自然组织	文化组织	技术组织	双向组织
信仰	政权 + 自然宗教信仰	自然哲学 + 政权宗教信仰 务实哲学 + 政权宗教信仰 神圣哲学 + 政权宗教信仰	规律信仰	生命信仰
理性	自然理性	演进理性	建构理性	综合理性
价值	生存价值	道德价值	功利价值	审美价值

2.1.2.1 第一阶段：自然组织发展阶段

在遥远而又朦胧的原始时代，人类的生存和生活主要依赖于自然，他们以各种方式表达对自然的想象、顺从和敬畏。人类生长的初始态是从无到有，从制造简单的工具开始，到能够为自己建造一个栖身的“处所”，一直到形成城市意义上的“居所”，经历了漫长的历史过程。如果说捕食充饥、穿衣蔽体是出于人类生存的本能，那么，定居就已经是人类理性的初始表现。伴随着城市的诞生，政权组织核心的出现及社会阶层的分化，使得人类文明从原始社会简单地对自然的崇拜转向了对有组织的政权集团的崇拜。继而，城市这一理性的产物，也由人对自然的利用和支配的理性，转向了与人对人的统治和支配理性的并存。汤因比写道：“在埃及，我们看到对太阳、谷物和尼罗河的崇拜与行政区的自我崇拜肩并肩地共存。在苏美尔和阿卡德，我们看到对沙玛什和伊丝达的崇拜与城邦的自我崇拜肩并肩地共存。在中国，……新的宗教不仅已经强加给旧的宗教，而且在许多情况下，它实际上已经征用了旧的自然神祇中的一个，作为新的地方集团势力崇拜的代表。”[37] 所以，在城市发展的第一阶段，城市形态表现出了双重特征，一个是自然组织特征，一个是政权组织特征。

2.1.2.2 第二阶段：文化组织发展阶段

整个文化组织发展阶段，城市主流的设计思想是由宗教信仰、文化思想观念及制度规范共同主导的，技术作为辅助性的因子是实现文化理想的必要手段，并决定着城市建筑的建造手段、材料特征、结构形式等微观的形态构成。

1）西方：哲学与宗教 自然哲学的出现，是技术与文化相分化以及文化走向主导作用的重要标志。正是古希腊人将自然哲学从实际技术中剥离出来，并以自然哲学的思想控制着技术的运用及其发展方向，进而主导着文化组织发展阶段的“真、善、美”三位一体的思想范畴（图 2–2）。

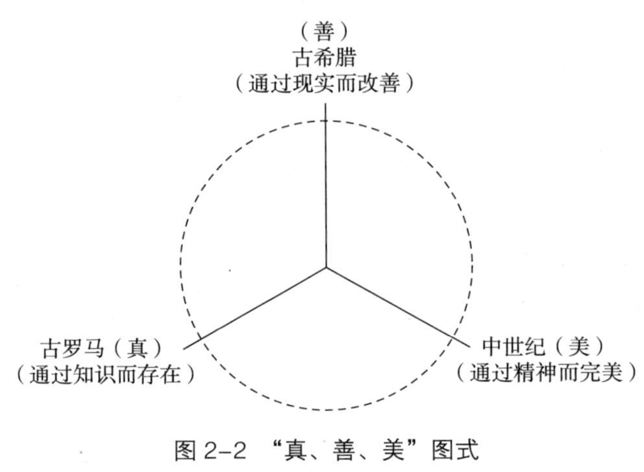

图 2–2 “真、善、美”图式

（1）古希腊：“通过现实而改善”。在柏拉图的著作《对话录》中提到：“时下的真正秩序是运用现实之美，恰如沿着行进之路的脚步……从好的形式，到好的实践，从好的实践到好的观念。”[38]古希腊人把自然界看成一个有规律的，其规律可以为人们所把握的对象，“好的形式”正是源于对自然的模仿。为了把握自然界的规律，他们创造了一整套的数学语言和几何图式。正如哲学家毕达哥拉斯所坚持的：“每一个事物最终都将归结为一些简单的数字。”而柏拉图也试图将物质世界中的大地、空气、火与水等物质元素分别分解为立方体、四面体、八面体及十二面体等理想的形式；他们的实践与生活直接相关，美德与健康是“好的实践”的两项重要的标准；对于古希腊人来说“好的观念”其实更为主要，它集聚了人类高贵的智慧、知识和心灵。他们把“为什么”看得比“怎么样”更重要，认为自然界是有规律的，并始终照一定的秩序运行。这样的思想直接催生出了古希腊贵“劳心”贱“劳力”的社会价值观，亚里士多德甚至认为技术难登大雅之堂。这样一来，思想文化的发展速度远远地超越了技术的发展速度。后来，哲学家 F · 拉普在分析古代西方“为什么会忽视技术”时指出：“……除了具体的历史情况以外，这还跟西方哲学注重理论的传统有关。……由于哲学从一开始就被规定为只同理论思维和人们无法改变的观念领域有关，它就必然与被认为是以真理的技术诀窍为基础的任何实践活动、技术活动相对立。……人们曾认为技术就是手艺至多不过是科学发现的应用，使知识贫乏的活动，不值得哲学来研究。”[39]

（2）古罗马：“通过知识而存在”。在古罗马，宗教思想仍然是控制着城市建设和城市发展的根源所在。在继承古希腊人的部分思想传统的同时，古罗马建筑师维特鲁威提出的“坚固、实用、美观”的建筑三原则，以物质的结构、功能以及形式等三重属性高度地概括了古罗马时期“真、善、美”的思想范畴。古罗马与古希腊的巨大不同点之一，就在于它十分重视实用技术的开发和利用，因此也获得了实用科学的收获。他们自身的实用主义的学习态度和质朴务实的生活态度，使得技术也有了较大的发展，尤其展现在城市建设上，包括城墙修筑、水道建设、拱形运用和道路开辟。要将一切知识和研究的目的都建立在实践应用的基础之上——这种质朴务实的精神正是古罗马特有的民族文化精神，也是罗马技术长足发展的最深厚的根源。脚踏实地、讲求实效的罗马古风深入至百姓生活，并缔造了古罗马人文化气质的精髓，以及“伟大的罗马”帝国深厚的文化底蕴[23]。

（3）中世纪：“通过精神而完美”。在黑暗的中世纪的城市建设中，维特鲁威的“坚固、实用、美观”的建筑三原则在宗教的目的下加以改变，一切都更加强调服从于宗教的信仰和精神的世界。中世纪哲学家费西诺在前人的基础上，整合出了用来反映“圣父、圣子、圣灵”等的“真、善、美”的三个原则：本质的原则、生命的原则以及真理的原则。美的事物就是一种“整体性的存在”，通过大小、形状、比例、色彩等来表征；善则是集事物的形式、功效及品质于一体；真代表着与宗教的精神相一致，运用能够引起人的记忆和想象的象征性的符号及风格进行表达。中世纪早期的一些城市的布局形态相对来说是整体的、自由的，这也正体现了宗教的存在精神以及基督教徒的自主及宿命的思想。在宗教思想的抑制之下，中世纪的城市建设技术没有获得较大的发展，尤其是在后来的一些较小城镇的设计和建设上，专业化的技术甚至彻底被遗忘。但是，却自发地形成了一些流露自然风情和展现自然生活形态的中世纪城市，它们具有亲切宜人的特质和别样的风采——也是今天我们刻意想追求的那种“原生”的境界。

2）中国:《周易》和《周礼》 在中国，周代是思想文化发生转折的重要时期。《周易》的哲学思想和《周礼》的礼制思想使文化的发展产生了质的飞跃，同时对城市规划与设计产生了重要的影响。这一时期已经初步地形成了一种基本的城市形态设计模式，不仅仅是关于数理、逻辑、演绎、占卜等形式规制的问题，而且还涉及政治、文化、社会、伦理、艺术等众多方面的综合影响。《周易》

的哲学之“道”对于古代中国城市规划与设计具有突出的影响。“道”即是规律和事理，它是在观察自然和归纳自然的过程中形成的，如观物、取象，然后进行数理化的排列组合和推演。《周礼》引入了周易哲学的基本观念，是自然规律和伦理向社会伦理的转换。《礼记 · 礼运》中有云：“夫礼必本于泰一，分而为天地，转而为阴阳，变而为四时。”这里就贯穿了社会之礼始于自然规律和秩序的思想。《周易》和《周礼》都是影响古代中国社会的重要理论思想，它们所反映出的“和于自然”的深层思想境界，同时也突出地表现在古代中国城市规划与设计中[40]。

在整个文化组织发展阶段，城市规划和设计技术以及人们对于这一技术的认识虽然也已经发展到了相对完善的程度，但是，它的发展仍被政治、法律、经济、文化、道德、宗教、管理、习俗等各种因素所左右。这些社会的制度与秩序，都不是预先设计的产物，而是以一种累积性发展的方式逐渐形成的，这种演进的特征同时也体现在城市的建设和设计上。

2.1.2.3　第三阶段：技术组织发展阶段

文艺复兴时期是一个过渡性的时代，它既是以“艺术走向自律”为标志的走向现代性的转折点，同时也是维护传统文化的伟大旗帜[41]。许多历史研究学者都认为，文艺复兴时期是文化再生的历史新阶段，“它改变了文化的方向，只因对世间事物的关注，与以前的文化截然不同”[37]。从那时开始，宗教的世俗化以及人性的自由化进程，使得人类开始了透过技术看世界的发展时期。“人是万物的尺度”是文艺复兴人本主义思想的基本准则。文艺复兴拒绝哲学思考，赞成一种经验理性和实验理性的态度，即建立在对自然的和历史的观察之上来寻求规律和知识。现实与自然不再具有一种有机的结构，而是被机械地构成。一方面，艺术与伦理、生活等许多其他的文化领域呈现出日渐脱离的趋势，并表现出自律的特征，即“服从于自身的规则和准绳”[42]。这仅仅是个开始，呈现出“未完成的状态”。另一方面，艺术与技术紧密结合，“在变化的技术条件下工作”并“在工艺技巧的基础上发展”[41]。可以说，从文艺复兴开始，人类文明就已经逐渐向着技术组织的方向发展，并体现出了建构理性的特征。人们相信理性能力的至上性，设计并改造不合时宜的制度，为人类社会发展指路。

文艺复兴时期城市开始由自然发展转向有序的规划，并倾向于形体环境的设计。城市中重要的公建、广场和街道形成的空间形体结构体系控制着城市形态的特征。城市设计者一方面坚持崇尚抽象理性和永恒的、绝对的美，形式上尊崇“神圣的比例”和以“和谐”为最高美的信条；另一方面又极力推崇模仿，模仿古代、模仿自然，认为真就是美，最“自然”就是最真。18世纪工业革命的开始，以技术作为最高动力标准来发展社会的经济模式对城市产生了强大的冲击，城市产业结构发生了极大的变化，更是引起了城市生活的重大变革。这些变化不可避免地在城市的物质秩序中反映出来。大片的工业区、仓库区、铁路、港口及汽车的出现改变了马车时代的城市道路格局，新的建筑材料、建造方法，以及追求新功能、追随功能的新形式的理论和实践，极大地改变了原有的城市面貌。一直到19世纪，城市体现出了功用型的秩序形态，由最基本的物质需求和实用水平所决定。以“简单性原则”为主导的科学理论以及技术的审美样式，在很大程度上替代了传统意义上的民族审美样式及审美定律。在工业生产价值体系的影响下，形成了格栅式的空间结构，造就了一系列简单的机械重复的街道，同时弱化了城市更为复杂的社会角色。19世纪末，工业城市的生硬刻板已经不能适应时代的发展，新的城市秩序渐露端倪。以汽车交通和先进的信息手段为基础，高度的机动性、个体的独立性和公共脉络的离散性是其主要特征，而且城市的现代化程度越高，这种特征越明显。城市被理解成单纯的功能与物质的聚合体，并开始走向分散、开放的空间秩序。

2.1.2.4　第四阶段：双向组织发展阶段

20世纪下半叶，信息化时代的开始，把人类带入了一个全新的境界。先进的信息处理技术、计算机技术、人工智能技术、网络技术等不仅改变了工业社会传统的生活方式和交往方式，也使得人们的价值理念呈现出多元化趋势（图2–3）。现代社会不仅正发生着史无前例的重要变化，而且这种变化正孕育着一个大的矛盾——技术和文化。随着技术主导下的城市发展和现代主义城市设计理论和方法的弊端日渐显露，人们也不断地进行着反思，学习历史并检讨现实。从20世纪60年代开始，现代主义理想化的城市设计思想与后现代主义批判化的城市设计思想同时并存，并逐渐催生出了相互结合而又互为补充的城市设计美学思想[43]，如表2–2所示。正是在同一时期，发达国家把改善内城的生活环境放到了首要的位置，而且将评价城市好坏的标准转向了“历史、文化和环境”的质量，从注重空间转为注重场所和地方，其含义包括地域、时间、认知、

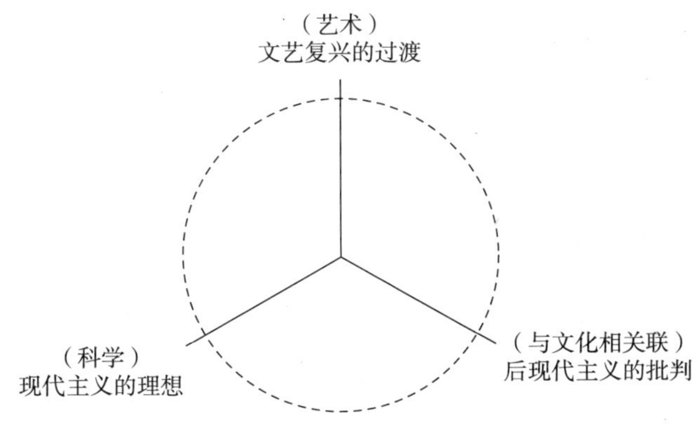

图2–3　三位一体的思想图式

交往、活动意义等综合内容[44]。在这样一个双向组织的发展阶段，两种城市结构的同时并存，以及两种城市设计思想的并举，催生出了一种复杂的城市设计方法及设计思想——“双向组织”的设计思想，城市体现出了技术与文化相结合、理性与浪漫相交织的形态特征。

城市设计美学的艺术范畴[43]　　表 2-2

范畴	真	善	美
领域	城市形态	城市环境	城市意象
凭借能力	知性力	理性力	判断力
遵循规则	合规律性	最后目的	无目的的合目的性
心理功能	认知（知）	欲求（意）	情感（情）

2.2 城市形态的自然组织模型

世界上最早的城市出现在埃及、美索不达米亚、印度河流域、黄河流域和中美洲等五处。据研究表明，原始城市诞生的基础主要是人们按照需求参与到有组织的活动中，进行交易、获取信息和资源，以及安全防御的需要。在这个过程中，人类文化伴随着技术的进步一同成长。可以说，文化是建立人们得以认同的环境的基础以及城市形态得以丰富多样的主导因素，而技术则是人们同一时间出现在同一地点的初始条件和影响聚居形式的有效方法。

2.2.1 聚集形态

2.2.1.1 技术引发的聚集形态——原始的驱动

1）向心力 人们积极的聚集行动，是形成聚落进而形成城市的根本原因，这种原始的聚集也许是为了争取一种防御力量、商业、贸易或者是其他方面的优势，也许是来自于人们的一种有意识的愿望，当然这一切都离不开技术进步的阶段性引导[5]。

在原始社会，技术作为人类作用于自然的工具和手段尚处在萌芽阶段。人类制造工具的本领使之区别于其他的动物，神话传说中将其归功于为人类盗取制造技术和火种义举的普罗米修斯。神话也许并非是一种虚妄的臆测，而是基于现实的幻想或者是转换。经考古学发现，人类的用“火”技术的确是迄今为止最早的聚居生活的典型标志，人们的活动及生活的物品都是围绕着用火的地方，建筑也是以火为中心搭建，聚居的人们因此而相互关联。在靠近法国尼斯的泰拉阿马塔发掘的一个旧石器时代原始人类聚居地中，我们看到这一时期古老的人类住所是一些茅屋或者帐篷，其选址主要是受到地理状况、自然环境以及原始宗教信仰的影响。如果说用“火”

技术引发了人们的聚集活动，那么，构筑防卫系统技术的出现，则意味着“有序地建造”的开始。

进入农业社会时期，农耕技术和畜牧技术系统的不断进步和更新，使得人们进入了永久的定居生活，公元前5000年在美索不达米亚和伊朗等地初步地形成了村落的模式。随着技术的不断改进，人类社会历经了三次社会大分工，城市于公元前4000年诞生，整个社会发展的计划逐渐地纳入到了城市的建造和规划之中。例如，发明新的耕地工具（如犁）与使用河水灌溉，或驯化与培育出一种新的作物等技术都为城市的出现提供了基础。有学者认为，大规模开发灌溉系统是城市出现的动力。因为，灌溉使农业获得较高的产量，有了大量剩余的食物，就能维持大量的非农业人口的生活。古代苏美尔人或玛雅人都是由于利用灌溉和建立人工种植园系统而使粮食增产，以供养更多的人口，为城市文明的出现创造了基本的物质条件。

可以说，技术的进步和创新形成了人类聚集活动的基本条件，推动了社会交往空间的变革和发展，随后带来了文化意义上的城市本质。

2）辐射力 城市一旦出现，就立即显示出不同于农村的特殊功能，这就是中心集聚和辐射作用。交通和通信技术的发展状况极大地影响着聚居地的形式和本质，对于改变城市空间活动分配和空间形式都起着关键性的作用，这种作用随着技术的不断进步而增长。在古代，作为地区政治、经济和文化中心的城市，城址的选择必须重点考虑水陆交通条件，因为交通运输技术的优势，能够为城市推行政令及物质交换提供方便。交通技术的发达程度将直接影响城市辐射力量的强弱以及城市文化的发达程度。桑弘羊（公元前152~前80年）——西汉时期杰出的经济学家，科学地解释了中国早期城市选址与道路交通的关系，《史记·货殖列传》和《汉书·地理志》中也有记载，西汉以前全国著名的经济都会大都位于水陆交通道路之上，或处于海港、河港的地位。可见，交通通信技术对于城市中心地位的重要影响。

2.2.1.2 人性自由的聚集形态——利益的驱使

村镇聚合是乡村向城市转化的最普遍的途径之一，人们为着某种共同的“事物”——信仰和利益，自发地组织或者是被组织在一起。一般来说，村镇之间的联合可以表现为两种基本的方式：第一种方式是主动性的行为，人们离开原来居住的村庄，搬到吸引他们前往而建造的新城镇中去；另一种方式是被动性行为，人们受到权力的唆使，使得村庄集合成为城镇[5]。无论是哪一种方式，城市的形成都受到利益的驱使并遵循着利益化的原则，是“权力与集体文化的最高聚集点”[45]。

1）主动性行为 城市的形成是以一种互惠的原则为基础自然而然地凝聚而成的，包含着人们自愿的行为。从聚落到乡村再到城市，人们为着共同的利益走向聚集，为了生存，为了更多的剩余产品，为了生产活动顺利地进行，人与人之间的这种互惠原则是随着定居的发展程度而开始以不同方式起作用。这种由村镇聚合而成的城市主要是来自于人们的一种有意识的愿望，即以自由和持久的城邦体制来替代过去部落和宗族的不成文法，作为民主试验和公平法则建立的基础。亚里士多德和柏拉图倾向于支持一种具备相互尽责的道德观的没有陌生人的小型聚落，费迪南德 · 腾尼斯同样认为，城市的形成是来自于人们的愿望和实际需要，但是，他所支持的城市是一种通过共享空间、基础设施等，形成一种陌生人之间具有极度的、无法避免的相互依赖关系的地区[5]。美索不达米亚早期的城市大多体现出不规则的自由形式，它们是建立在自然经济基础上的农村公社的中心。乌尔城就是其中之一，城市平面为卵形、道路布置自由随意。

2）被动性行为　在实际情况中，村镇的联合常常存在着一些非自愿的强制性因素，这些强制性因素通常是来自于某个统治阶级或机构为了权力的集中控制和主观支配，他们构成了城市的组织核心。“组织核心是领导整体生长及有机分化的本质因素”[45]，它制约并影响着城市发展的方向和个性。政权组织和宗教的出现，使得社会开始在一个完善的信仰下运转，而这个信仰就是：“某一位人类的代理者——无论他是国王、皇帝或是教主，掌握着宇宙的关键。这个人坐在人类金字塔的顶端，有了他的操控，一切将井然有序。”[4]

2.2.2　防御形态

在自然组织发展阶段，尚未产生出现代意义上的技术和工具，那时的自然界是未经人类活动影响和改造的原始自然。城市建造技术作为人类生存的本能尚处在萌芽阶段，不足以超越自然的管束，在城市的选址和建设上往往体现出顺势而为。除了天然的自然屏障之外，“序列化”的城市内部空间以及边界性的防御措施都是城市安全防卫的重要诉求。对内的支配体系依存于对外部的防御体系，两种体系相辅相成维护着城市共同体的生存[46]。

2.2.2.1　区域化——空间边界的围合

城市空间形态是通过在城市与自然之间、城市与城市之间、城市内部各区域之间不断地进行分隔而形成的整体性的边界形态。根据城市布局理论，可以将城市边界系统划分为两个层次：一个是将整个城市内部区域与外部区域相分隔的外部边界系统；另一个是城市区域范围内部的间隔性边界。克莱把这种分隔称为固定的界线（图 2-4）：“即视作内部的、紧密的、熟悉的、天生的、习惯的与外部的、不熟悉的、未尝试的、正在挑战的、危险的、痛苦的和可能是灾难性的两者之间的流体形的划分。”[47]根据存在的状态，可以将城市边界系统分为明确的边界和模糊的边界。明确的边界一般是可视的，包括城墙、堡垒、屏障、栅栏、壕沟、实体、道路等；模糊的边界是指没有用具体的线、面和实体进行明确的划分，只有区域内部的人能够察觉得到。这样两种完全相反

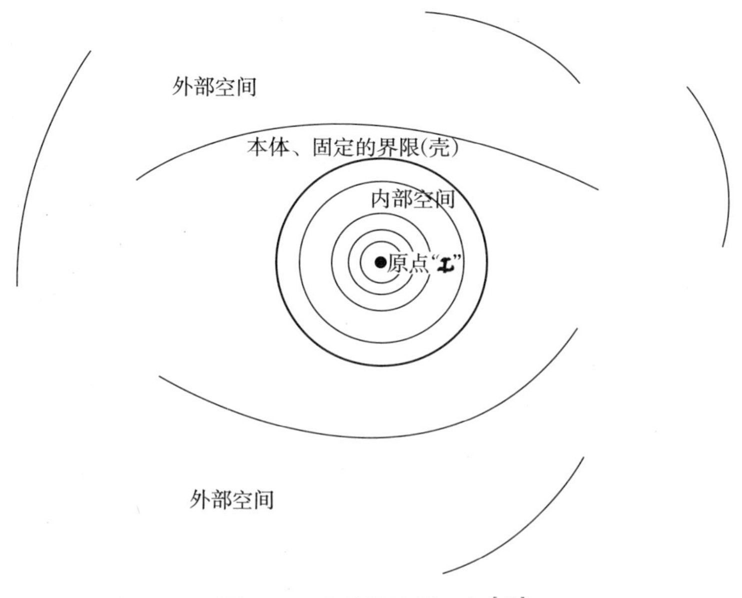

图 2-4　克莱的边界图解[47]

的边界围合方式都形成了以防御为宗旨的边界体系，而且都同时带有信仰和统治两种印记。

自从人类社会产生以后，人类就开始了征服自然的斗争。为了生存，除采集食物和学会生产外，还要维护自己的安全。早在新石器时代，为了防御自然、野兽的侵袭和不同部落的骚扰，人们就开始在较为集中的居民点的周围挖掘深沟，以保障自己的安全。从挖沟到筑城经历了很长时间，就是筑城技术兴起后，挖沟并未绝迹，仍然是防御的一种手段。筑城兴起以后，城墙的修筑越来越广泛，不仅首都、省、府、州、县衙门所在地修筑城墙，就连一般的村寨、堡寨也往往修筑城墙。尽管挖沟防御的技术并未绝迹，但却越来越少了。这是因为壕沟再宽、再深，也容易架桥横越，而且守卫困难，使自己充分暴露在敌人面前。城墙则不然，它有一系列防御设施，不仅攀登困难，而且易守难攻，能充分保护自己和杀伤敌人。正因为如此，尽管城墙修筑困难，但终于取代壕沟，成为防御工程的主要形式。

除了城墙以外，古代的城市选址时就充分考虑自然地形防卫条件，来防止敌人的进攻和自然的破坏。人类是在改造自然和利用自然的过程中设计并建造城市，自然为人类的繁衍生息提供资源，这一观点是毋庸置疑的。在近代之前，城市的布局结构、空间形态以及建筑实体受环境的影响较大，人们以各种方式表达对自然力的顺从和敬畏。城市选址的正确与否，能不能使地理防御优势得到充分发挥，会长期影响一个城市的发展。历史研究表明，由于生活和防御的需要，河流、海洋、山谷、山川常常是城市选址的主要地段，河流上的聚落、自然的港口、山顶的城镇，如希腊时期以圆形剧场式的城市平面而闻名的自然港口哈利卡纳苏斯、山与海湾紧密相连的里约热内卢、与山势良好结合的意大利的山城，城市根据各自地形的特点分别采用了不同的形式类型。除了选择良好的防御地势以外，古代城市的防御据点往往设置在人工的高台上。例如，为了防水患，古埃及的城市均筑于高地或人工砌筑的高台上，这些土台有时高达 13 米；乌尔城的山岳台第一层基底高 9.75 米，第二层基底高 2.5 米，层层向上收缩，共七层，总高约 21 米；雅典卫城也是建在全城的高处，整个雅典城是围绕卫城而发展起来的。同时，人类与生俱来的生存本能和控制欲望使得城市建造的过程中，填平溪谷、削平山头、封湾筑坝等改造自然、建造人造地形的现象也比比皆是。

2.2.2.2 序列化——等级秩序的形成

在古代城市建设史中，城市的序列化如何进行是决定城市形态特征的重要环节。首先，无论是西方还是东方的一些有据可寻的主要城市，大都表现出中央集权的形式特征。古埃及城市最早运用了分区的原则，将帝皇统治中心、高级官吏的府邸以及劳动人民的居住区等不同阶级使用的空间相分离。其次，大型建筑的出现是阶级分化及神权和王权物化的主要表现。古埃及的前两个时期——古王国时期和中王国时期，陵墓和庙宇作为政权组织核心及主要建筑物，常与城市相分离。金字塔的建设位于远离尼罗河泛滥区的西岸高地，而城市则位于尼罗河的东岸。到了新王国时期，中央集权与祭祀死者的金字塔或崖墓等相脱离，并与宫殿和庙宇结合在一起。也正是从这一时期开始，宫殿建筑和庙宇建筑成为城市的中心和建设的核心。在古代西亚的乌尔城中，厚厚的城墙环抱着宫殿、庙宇和贵族僧侣的府邸，并盘踞于高台之上，而普通平民和奴隶的居所则环绕于城墙之外自由布置，没有统一的规划。再次，建筑的规模、材料、建造方法以及装饰等存在着显著的阶级差异，即使在没有明确分界线的区域之间，通过不同性质的建筑及“差异化”的外在形式，也可以感知到这种“隐藏性的”、“暧昧性的”边界线。

2.2.2.3 符号化——宗教信仰的表征

“敬畏是人性中的最好部分，无论世人多么蔑视这种感受，禀有它，就会彻悟到非常之事。”[48]对生命、宇宙和自然的敬畏是人类文明的基础，是建立城市的初始动力。古代城市总是带有某种形式的纪念寓意，这使得它们能够与其他地方相区别。

首先，原始城市是为了满足膜拜价值的艺术品，是宗教礼仪的展示工具，所以，在宗教建筑及一些重要的建筑上都在不同程度上带有宗教符号的韵味。其次，原始城市是为了满足政权阶级需要的艺术品，是统治阶级权力的展示工具。正如哈桑所说：“如果没有对权威的尊重、对某种场所的依附及对他人权力的服从，城市文化就不可能存在。”[5]在大多数城市中，宗教和政权往往是相互结合的，宗教建筑和代表统治阶级最高政权的宫殿建筑常常代表着城市最高的艺术和技术成就。如：在古代埃及，神学系统、宇宙秩序是城市与建筑设计的决定性因素，而神学者、法老和建筑师则是城市建设的主导力量。伊斯兰早期的游牧文化向后伊斯兰阿拉伯城市文化的转变，主要是来自于一种新的社会组织的理论基础——宗教的产生，宗教信仰远比家族信仰更能够巩固社会团结及控制居民间的社会性交往，是一种矢志不渝的力量。从宫殿建筑、清真寺建筑、公共建筑、私人住宅建筑的设计、高度控制，到细致的装饰题材和内容，都受到了宗教的严格控制。可兰经就是中世纪之后控制伊斯兰城市发展最有效的工具，并形成了伊斯兰特有的城市规划及建筑设计体系。

2.3　城市形态的文化组织模型

城市形态是指各种各样的城市要素呈现于人们知觉的全部表现形式，而其整体的性格是由其边界所决定，这种边界就是空间“关系”的基本图式。在古代城市中，城市边界系统孕育着城市发展的潜在能力，是由城市的文化信仰、社会及家族制度以及物化的建筑形式直接转化而成，每一个边界图式都内在地隐藏着某种“差异性的”功能和特殊的文化含义。古代城市建设者通过对边界系统原型“关系”的探索，让城市平面成为宇宙和人类之间、统治者与他的子民之间、民众之间以及更大范围的同代人之间的一种媒介，进而在城市布局形态中形成一种既相互隔离又相互关联的整体关系。人们一方面探索着宇宙苍穹的神秘力量和“完美”的形式，另一方面，在自然的世界中顺势而为，自行演变，相应地形成了两种形式特征：一种是理想和理性控制的“有序”，另一种是自然选择的“无序”。

2.3.1　象征图式

哲学家W·海森伯认为“自然界是几乎异常简单和相互联系的整体”[49]，并且世间万物的创造都要与宇宙和谐一致，这样的理论在今天也许是不适用的，却是古代城市的最高审美理想。在古代的文化中，宇宙的信仰和宗教的秩序是主导城市整体布局形态和建筑形式的主要力量，任何一个永久性的空间形态都应该是宇宙和神的魔法图式，这就是“完美”的“宇宙模型”——古代城市设计的最高理想。不同地域及不同文化体系的人们，以其对于宇宙的不同理解，建构着他们各自不同的城市形式以及最高理想。

2.3.1.1　整体性象征图式

首先，圆形是构成古代城市理想图式的主要根源。古希腊人以研究自然为出发点，强调逻辑地分析和认知世界，以及直觉地把握事物本质的理性精神。他们把自然界看成一个有规律的对象，并创造了一套数学语言和几何图式力图把握自然界的基本规律。出于对宇宙的信仰，古希腊人通常认为天空是最完美

图 2-5　帕提亚埃克巴坦那

图片来源：http：//news.qq.com/a/20080219/003071.htm

的世界。哲学家亚里士多德同时宣称，既然天空是最完美的世界，而且各行星的运动是圆形的，那么，圆形应当是最完美的几何图形。柏拉图在《理想国》中提出，理想的城市是按照"社会几何学家"的规则图形设计出来的，如"圆形 + 放射"。为了实现这一理想，柏拉图甚至认为可以牺牲市民的生活，或是人类与生俱来的天性[50]。这种思想和图式不仅存在于古代西方城市，同时也可见于一些古代的东方城市之中。如图 2-5 所示，兴建于公元前 147 年的帕提亚首都埃克巴坦那，今天伊朗的哈马丹市，城市的整体形态体现出了"圆形 + 放射"特征。维特鲁威从工程防御的角度出发，认为："城市不应当被设计成为正方形或者是突出棱角形，而应当被设计成为圆形，以便能够在各个角度眺望敌人。"根据工程防御逻辑的修正，维特鲁威最终绘制了八角形平面作为理想的城市边界图形。后来，在圆形的基础之上又衍生出了多种样式的理想城市图形，对于文艺复兴时期、现代主义时期的理想城市图形的绘制以及现代的城市设计都有着极为重要的影响（图 2-6、图 2-7）。

图 2-6　丹麦某社区规划设计

图片来源：http：//news.qq.com/a/20080219/003071.htm

图 2-7 美国太阳城规划设计

图片来源：http：//news.qq.com/a/20080219/003071.htm

其次，方形也是古代城市最主要的理想图式之一。在中国古代的传说中，圆与方分别代表着自然界整体的两个方面：人类自我和宇宙万物，二者一直处于矛盾的对立与统一之中。在中国，“天圆地方”的认识被赋予了高度的象征意义，从而在精神文化层面成为人们居住的理想模式，进而反映到城市的整体结构和形态上，奠定了中国古代“方形城市”的思想基础（图 2-8）。古代中国城市与西方城市有着截然不同的秩序形式，但控制这种形式的力量却是一致的——对宇宙万物空间形态的基本感知。

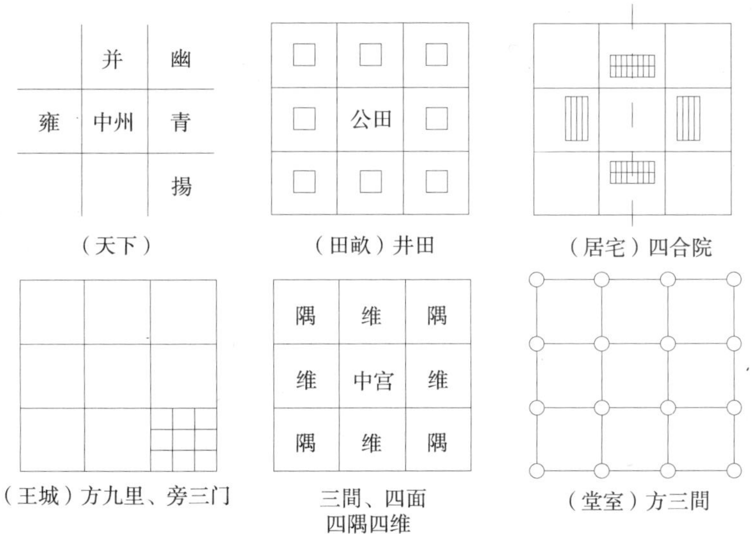

图 2-8 以风水理论为基础的中国古代城市空间布局形式[46]

再次，曼陀罗形同样是构成古代城市的基本图式之一。曼陀罗的典型式样是一个包含有正方形的圆，它涵纳了中心、圆形、方形、三角形及十字形宇宙奥秘的五个原型母题，它们都是具有绝对中心而又最简约的图形。曼陀罗形的城市基本形式是以东、南、西、北的方位轴为基准进行布置的，并以曼陀罗的基本图式为基础，形成了多种多样的空间布局形式（图 2-9）。曼陀罗的各种变体形式常出现于神话、艺术、梦境，乃至中世纪炼金术上的方程式中，而且出现于城市建设的各个领域，包括宗教建筑和世俗建筑。曼陀罗图式的象征性内涵已渗透到古代人类最深层的心理结构之中。在古代印度和中世纪的印度，每个重要的建筑，从庙宇到整个城市，必须遵守曼陀罗准则，并创造出多种形式。在古代印度教的寺庙设计中，建筑基部通常为正方形，正方形的尺寸向上逐层递减，通过方锥式或叠涩密檐构成弧形方锥体，屋顶最终收敛于圆球体。外立面通常以纵向的中轴线为中心，将方形、三角形和圆形有机叠置，最终形成了一个完整的曼陀罗式的空间布局和建筑形态。这种人为空间与宇宙秩序的重合与叠加，既实现了印度教的小宇宙，保证了土地的安宁，同时也形成了各个地域之间的差异。

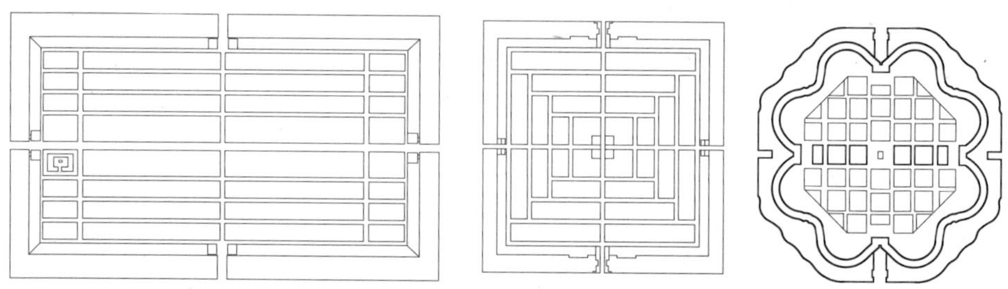

图 2-9　以曼陀罗基本图示为基础的空间布局形式[46]

2.3.1.2　中心性象征图式

早在原始社会中，人们就认识了中心这一位置的重要性，原始聚落中的人们为了抵御野兽和其他部落的侵扰，常把聚落中的重要设施放在聚落中心位置，因为从防御的角度来看，中心这一点相对于其他位置更为安全。文化组织城市发展和建设时期，对“中心”的认识有了进一步的发展，主要是在于人们精神信仰的需求和感官逻辑的掌握。

1）等级秩序中心图式　对于“中心”的重视，中西方的认识是一致的。在城市设计和建设中，中心起到全局性的精神统领和社会秩序的控制作用，并且形成了许许多多中心性的象征图式（图 2-10）。在古代中国城市设计和建设中，“居中”不仅具有功能上和景观上的优势，而且还具有沟通天地的精神价值。位于城市中心的是宫城——国家统治者工作和居住的场所，这种把宫城放在城市规划结构的中心其实是有着特殊意义的——集权形态的象征。在古代西方城市中，圣地中心的神庙、宫殿建筑及广场不仅在精神上起到了统领中心的地位，在视觉审美和艺术构图上也统率着全局。从视觉上看，位于中心的宗教建筑和市政建筑不仅是平面构图的中心，也是“天际线的主旋律”[5]，它们既照顾到远处观赏的外部形象，同时又照顾到内部各个位置的观赏。

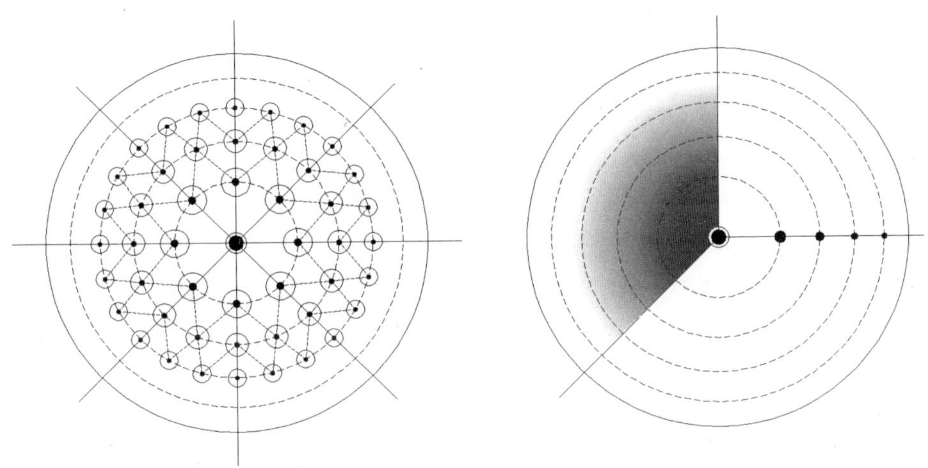

图 2-10　极域控制与梯度支配图式

2）自然山水中心图式　对于“自然山水”的崇拜，在古代中国和西方也是一致的，但是，表现方式上却有着极大的不同，都包含着各自的宗教信仰。在西方，最重要的宗教建筑一般都位于群山之巅，除了安全防御的需求之外，还与宗教信仰和神话传说相关。神话与宗教是原始的哲学和宇宙观，是人类早期的一种文化思想，对人文领域的文学、绘画、建筑、雕塑、生活形态等都有着重要的影响，它们同所在地理环境中人类对生活实践的认识和经验紧密联系。在古希腊神话传说中，诸神都聚居于群山之中，凡人所不能及。主神宙斯居住在陡峭的奥林匹斯山峰顶，其余诸神居住在各峰之巅，都居于空间重要位置，强调对制高点的占有和视控点的控制。作为一种对于居住环境的最高期望和美好理想，每种文化都对理想景观有独特的理解和想象，神话传说中的理想生活模式是人类早期生存经验和智慧的结晶，在城市设计和建设中有其不可替代的价值。在古代中国城市规划和设计中，风水学理论的运用，既表达了人们向往自然的美好愿望，同时又表现出了对神秘的自然和事物的崇拜与模仿。风水学是中国特有的一种文化，它讲求“象法天地”、遵循“阴阳法则”，是民间文化与哲学思想相结合的产物。传统山水城市通过古人的文化信仰的追求，被赋予了陶冶人的特殊意境，集中表现为：天人合一和物我交融的意境升华。

2.3.2 制度图式

在古代城市建设中，网格是一种最常见的土地划分及规划模式，规范化的网格模式体现出的是一种由内而外的结构控制力和秩序性。在古代城市网格的研究中，学者们得出了一个重要的结论：网格是一种极具可塑性和多变性的规划系统，看似僵化的网格布局形式之中，存在着丰富多变的内容和多样的外在形式，它们是社会制度的规范理性与自然共同作用的结果和综合表现[5]。

2.3.2.1 规范理性——网格的形成

在不同的地域及不同的时间，古代的西方和中国同样形成了一种最为普遍的城市规划形式——网格，这种正交的街道系统从表面的形式上看是多种多样的，街块的尺度、形状及内部组织情况都各不相同，但是，决定其形成的主要原因却是一致的——那就是制度。殖民主义政治制度催生了古代西方城市网格的形成，而“井田制”这一早期农耕经济制度则是造就中国古代城市方格网的特征的主导性规范。公元前 5 世纪，西方古典城市规划之父希波丹姆斯在遵循古希腊哲理之下，提出了一个完整的城市规划模式，控制城市建设的规模，并进行规整的棋盘式的布局，如米利都城、普南城、古罗马的营寨城市以及之后的许多城市，都沿用了这种规整的布局方式，尤其是新建的殖民主义城市。中国古代的《周礼 · 考工记》中对城市的营建原则也有记载“匠人营国，方九里，旁三门，国中九经、九纬，经涂九轨，左祖右社，面朝后市。”由此，奠定了中国古代城市方格网状的总体空间格局。无论是希波丹姆斯的棋盘式结构，还是古代中国《周礼 · 考工记》中以井田为单位的方格网式结构，它们的结构的共性在于所体现出的是一种整体性的、公正性的和管束性的组织模式。

2.3.2.2 自然理性——网格的转换

在近代之前人类的技术力量仍不足以超越自然的管束，在城市的选址和建设上往往顺势而为，城市网格也通常是随着自然地形条件的变化而进行调整（图 2-11）。与此同时，也存在着一些为追求严格的网格布局形态或者一些不得已的原因，而填平沟地、挖平山头、改变河道、封湾筑坝等改造自然景观、建造人造地形的现象。如荷兰位于欧洲大陆地势几乎最低洼的地方，经常会遭遇河流季节性泛滥的侵袭，所以，荷兰人需要想方设法堆积土垒、修筑堤岸、加筑水坝，并将地面填高至周围郊野平面之上后，才能够进行城市的建设。但是，这种现象并不多见，古代城市的选址常常会选择在良好的防御地势。希腊化时期的普南城建于一个自然的高地上，所以城市街道顺应自然的坡度而呈现为阶梯状。在古代中国，城市所处的地理位置及其周边的自然环境因素对城市网格的影响尤为明显。大多数城市中，由于惯常要求的坐南朝北的住宅布局方式，街道网格也大多是正南正北向的。但是，有些城市根据自身的特点也发生一些改变。至今仍保留着西夏王朝故都兴庆府的网格状格局的银川老城（图 2-12），其街道网格不是正南正北的，而是整体地偏转了一定的角度，这种整体性的变化并非随意的，而是有意识的改变。位于古城东西两侧的贺兰山和黄河的主导方向均是偏东 10 度左右，正好与城市网格偏转的方向相一致。在中国古代的风水学中，城市格局与自然山水相联系是非常重要的，很显然，银川古城的网格形式是中国古代风水学和礼制思想综合作用的结果和反映[51]。

图 2-11 随自然地形条件变化的网格形态[5]

图 2-12 银川古城局部方格网布局平面

图片来源：http：//mrwlwan.blogspot.com/2007/01/34.html

2.3.3 行为图式

自然界喜欢尽可能多种多样的变化，在自然的选择中，我们的世界不能够始终如一地保持着“完美的宇宙统一”及“无缺陷的对称”[47]。因为，不完美的生命原理和出其不意的事件发生才是人类自然演化的潜在能力。通过达尔文称作“自然选择”的过滤，人类在获取有限资源的过程中，由局部到整体不断地壮大和完善。在古代社会主流的文化背景下，古代城市常常带有神圣的宗教信仰和集中的政权组织两种印记，并表现出经过严格规划和设计的几何性规则或是线性格网的城市形态特征。与此同时，还存在一些遵循着特殊秩序的城市或者城市空间片段，偏向于自然情境或是不同的空间运动章法，而呈现出不规则的城市形态特征。部分城市延续了乡村及古代聚落的自然演化的布局特征——没有明确的章法和固定的规则可以遵循，所以区域的边界形态通常表现出极强的可延伸性的发展特征和暧昧性的状态特征。这些自然生长的空间正是古代城市动态演进的活力因子和独特个性所在。

2.3.3.1 连续型的建筑群体布局

连续型的建筑群体布局方式形成了一种具有延伸性的自由的、非线性的城市布局形态。建筑布局随着地形的走势而变化，由建筑联合形成的各种弯曲的、连续性的沿街界面，共同构成了一种可延伸性的、不规则的轴线形边界图式。由于街道两侧建筑界面的平行围合及较长的延续，所以，街道空间的封闭性较弱，而流动感较强。希波战争之前的希腊城市、中世纪西欧的一些城市和伊斯兰城市大都表现出了“自然演进的”、“生长而成的”、“本能性发展”的原始聚落式的形态特征。居住建筑参差拥挤的布局方式，形成了不规则的、弯曲的街道空间（图2–13）。单体建筑之间、建筑簇群之间及各沿街的建筑界面之间的“间隙”，不单纯是行为活动的场所，同时还肩负着“防御”这个关系到共同体延续存亡的重要使命。这些尺度“一般仅能供一人牵一驴或一人背一篓行走”的狭窄的、无系统、无方向性的街道[57]，不仅有利于巷战阻敌，同时还可以抵挡冬季的寒风和夏季的曝晒。居住建筑通常以均等的间距紧密地布置，其他类型的建筑也均等地散布其中。这样一来，在保证住居私密性的同时，也

图2–13 中世纪锡耶纳索普拉街[5]

能够保持居民能够在视觉上和听觉上互相联络，还可以有效地达到监视和管理的目的。

2.3.3.2 离散型的建筑群体布局

离散型的建筑群体布局方式形成了另外一种不规则的、非线性的城市布局形态——模糊性、暧昧性的边界图式。虽然我们无法从表面上找出一种确切的边界，但是内里却存在着一种等价性的元素，连接着区域内在的关系网络。这种布局方式与一些生产力低下而有大面积农耕地的离散型聚落有许多相似之处，但是，其内在的组织内涵却有着本质上的差异。在古希腊共和制城邦的圣地建筑群中，竞技场、旅社、会堂、敞廊等公共建筑无序地散布在圣地的周围，形成了空间的外部边界。这一边界并非连续性的，而是间断性的，从而使圣地的内部空间获得了与外部自然环境相交融的机会。在希波战争之前的雅典卫城中，庙宇、雕像、喷泉及临时性的商贩摊棚自发地布置于广场的周围或其中，与自然之间形成了一种暧昧的、模糊的边界。这种看似随意的布局形式之中，也包含着人们对赴雅典卫城的朝圣路线的考虑。希波战争之后重建的雅典卫城仍然延续了自由活泼的布局方式，但此时的设计中，已经融汇了人们长期的步行观察和实践的理性分析，以及整体性的视觉美学观念。离散型的建筑布局形态通过发挥“间隙”空间的多重作用，使不同的建筑布局方式巧妙地转化为活跃的空间图式和自然的生活屏障（图 2–14、图 2–15）。

图 2–14 雅典卫城鸟瞰图

图片来源：http：//www.gdcic.net/photo/

图 2–15 雅典卫城复原图

图片来源：http：//www.gdcic.net/photo/

2.4 城市形态的技术组织模型

技术对城市形态组织的主导作用，主要是源自于文化系统内在的分化和技术性特征的逐渐形成。技术文化的价值和魅力能够超越时代、超越国界，并且对城市形态同样具有直接的塑造作用。技术体系与人类的感性生活方式之

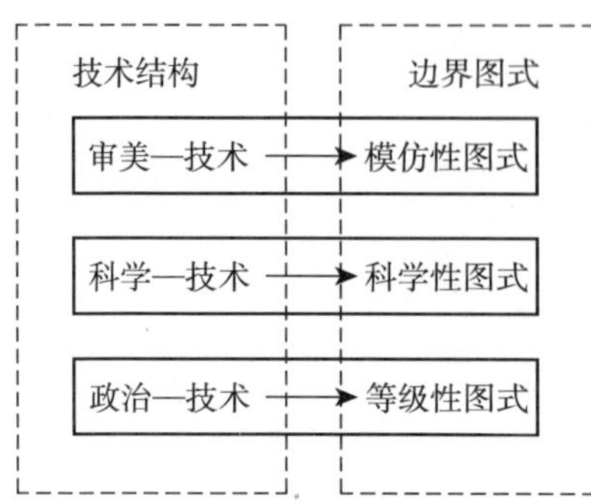

图 2-16　技术结构与空间边界图式

间存在着紧密的相互回馈关系，每一种新技术的产生，都在一定程度上更新和重组了人类的感性生活方式和内容，同时导致不同的社会组织方式，新的城市形态在此基础之上孕育生成。透过城市形态演进历史脉络的鲜明之处，我们可以清晰地探查到技术组织发展阶段的城市形态的整体特征。

从文艺复兴时期开始，在城市设计领域，艺术的模仿和创造将技术的地位推向了高处，渐渐地取代了文化的主导性地位。城市设计作为一门艺术语言得到了规范性的发展，表现出技术性的组织特征（图 2-16）。赫勒将文艺复兴时期走向自律的艺术总结为三种基本的模式特征：第一种，艺术是模仿（复制）；第二种，艺术是科学（技术）；第三种，艺术是等级的，有高、低之分，并带有政治的色彩。艺术的这三种模式化的特征在文艺复兴时期的城市设计中显露出了强大的规范性力量，改变着城市设计的运作方式以及城市设计理论的发展方向。17 世纪末至 18 世纪初开始出现的新的理性主义精神与科学质疑的态度，在科学法则与艺术法则之间建立了一条平行的“规则”——对于一种特殊的目的或者是特定的效果，一定会有一种确定的方法和手段去使其实现。几何性的语言、标准化的手段、科学化的模式、指令性的程序在城市和建筑设计中迅速蔓延，最终取代了地方文化的特质和自发的创造性。现代范畴的“真、善、美”原则主导着城市形态的基础特性（表 2-3），相应地形成了三种规定性的技术图式——高贵而简单的形式模仿性图式、深思熟虑的科学性图式，以及反映社会不同阶级的真实鉴赏能力的等级性图式，它们共同反映出了一种基于单一、标准、纯粹的秩序原则而构建出来的城市“整体设计”模型。

真、善、美的现代范畴[38]　　　**表 2-3**

帕拉第奥（1570 年）	戈尔德曼（1696 年）	祖尔策（1776 年）
美	形式	美学　“高贵的简单”
善	平面（功能）	道德　“深思熟虑的关系”
真	装饰（风格）	智力　“真实的鉴赏能力”

2.4.1　模仿图式

这里所说的模仿并不是对事物内在精神和本质的模仿，而是对古典形式规律的描述性的模仿[41]。正是这种模仿第一次为后世表达了某些不朽的艺术形式；正是这种模仿理论给出了一个更具有科学基础的明确表达形式，创造性的城市设计艺术逐渐地走向了模件复制性的技术语言。

2.4.1.1　形式模仿

为了能够模仿自然与现实，艺术家必须成为一个自然哲学家和一个自然科学家，并且是一个技术革新者，从文艺复兴开始，城市及建筑设计师渐渐将其作为一种真理性的信仰去遵从。他们发明了三维透视技术，以便为城市及建筑设计提供一种获得确切的空间感知的方法，同时也为后世开启了科学之门。随着哥白尼的《天体运动》以及牛顿的宇宙观的产生，科学主义的世界观开始以主导性的态势进入了人们的思想和视野。其后，伽利略、开普勒、达尔文等人又进一步地发扬了这种科学主义的时空观念。受到科学主义哲学的影响，城市设计师企图运用几何学公理的方法来建立起规范性的设计模式和语言。在文艺复兴时期，著名的建筑师和城市设计师阿尔伯蒂、帕拉第奥、卡塔尼奥瓦萨利等分别提出了几何性规则的理想城市边界图式，包括正方形、八角形、圆形、同心圆、棱堡形等多种形式。这些图式并非纯粹的艺术想象，而是根据前人的经验，从城镇环境、地形地貌、水源、气候和土壤等方面入手，以安全、便利和美观为基本原则，提出的一种标准化的图形模式及理论原则，供后人进行模仿和参考（图 2–17）。这些模式后来被城市设计师和理论家作为提出设计方案和理论模型的基础模式来运用。例如：伯金海姆的正方形的“模型城”、罗伯特 · 欧文的方形的“新协和村”、埃布尼泽 · 霍华德的同心圆形的“田园城市”等。

图 2–17　阿尔伯蒂的理想城市[43]

2.4.1.2　程序模仿

在城市技术组织发展阶段，城市设计的技术性特征占主导性地位。城市外在的形式秩序通过对城市片段的指令性复制过程得以编织，并表现出了同质化的特征。按照技术系统的层次结构，可以将整个城市设计的过程划分为输入、运作和输出等三个指令性的过程，而这三个过程都始终如一地强化着一种单一的、常规的秩序。第一，输入过程——政权机构的指令。输入过程是政府机构所确定的有目的的技术活动的起点，他们以一种指令式的方式对城市规划与设计进行强制性干预和规定，而这一指令性过程正是政权组织部门实现目标的运筹和决策过程。第二，输出过程——设计人员的指令。输出过程本来应当居于运作过程之后,输出的“结果”应当是对输入的目标和运作的过程作出的反应。但是，在这一阶段，设计专家对设计结果的复制过程却成为控制运作这一中间过程的主导因素，包括通用的语言、标准的方法、普适的原则和个人的形式游戏。第三，操作过程——电脑设备的指令。在实现专业设计人员及专家定制结果的过程中，电脑设备扮演着关键性的角色。所有的操作环节都是为了处理某个预先确定的结果，包括某个特定的图像目标和有限用途而产生。计算机使用简单的非线性公式或算法，对审美图形和科学数据进行分析和计算，随着公式的迭代进行，不断产生设计的成果。这些设计成果往往是模式化的、标准化的“机械模式”。

2.4.2 科学图式

现代西方社会以科学为主体的思想催生了现代主义城市规划与设计思想中“有效的功能模式”—— 一种“科学性的功能规范”的形态。科学技术的进步，使人类聚居的发展建设逐步摆脱了自然生态环境的制约。城市技术与文化之间不断地进行着分化，并且逐渐地形成了以技术为核心的整体。在科学的整体设计图式中，美是从功能中衍生出来的，存在于需要之中，而美的线条则是完美经济性的结果[38]。

2.4.2.1 实用图式

经济技术主导下的实用主义城市规划“忽略了城市与城市之间的特殊差别，以一种按部就班的方式将规划的功能问题与行政控制等同起来，于是形成了一种均一性的特征”[54]。19 世纪末期，在西班牙出现了一名偏爱技术的城市研究学者索利亚 · 马塔，他对技术的研究没有停留在装饰性的层面，而是将一种真实性的工程技术研究运用到城市设计中。1882 年，索利亚 · 马塔提出了一个“线形城市”的模型—— 一个旨在符合各种技术性要求的城市构想。城市沿着一条高速公路向前延伸，在新型的交通运输模式的驱使下，城市衍生成为长长的带形，可以与原有的城镇相联系以形成城市网络。电气铁路运输线及供水、供电等各种地下工程管线都可以沿着道路主干的两侧布置。这些充足的技术性条件从城市延伸到乡村，而自然的景致也从乡村一直延伸到城市，俨然一片欣欣向荣的美丽图景。托尼 · 戛涅同样也是一位关注社会及技术进步的学者，与索利亚 · 马塔不同的是他更致力于如何使 20 世纪的城市结构适应于现代社会及技术的进步。1901 年，戛涅向巴黎提交了一个叫作“工业城市”的规划模型，这个模型中承载了许多技术革新的思想。在“工业城市”中，戛涅将工厂及工业企业与居住小区及辅助设施分开布置，并以绿地相间隔，所有的建筑地段都是开敞的，整体看来像是一座大公园。各种类型的建筑根据自身的特点围绕着一条河流布置，水路运输被作为主要的交通工具。这样一来，既避免了相互之间的污染和干扰的问题，同时又有紧密的联系。在建筑设计上，戛涅将古典主义的语汇与现代性的技术语言相结合，以保持他的“怀旧式”信仰及相关历史的延续。马塔在“线形城市”中展示的与现代交通工具相符合的城市结构模式和技术性调节手段，以及戛涅在“工业城市”中展现的“科学性的布局方式”和“类型学的技术语言”[43]，后来都成为现代城市设计的有效依据和重要标准。

2.4.2.2　标准图式

在城市形态的设计上，城市空间与建筑的大规模复制成为人居环境的发展与建设的主要手段，表现为机械的功能分区和标准化的生成。标准化的语境、统一抽象的时空，掩蔽了文化组织发展阶段城市形态的多元化特征和特色的文化语言。机械化的功能主义思想占据了主导地位，人们像对待机器一样来对待城市。在近于绝对一致的空间复制过程中，城市风貌失去了个性和特色。对于现代主义的城市设计师来说，网格已不再是社会平等发展的结构基础，而是将现代交通工具的无障碍设计放到首位，作为分隔居住社区的框架和主要的交通干道[5]。1933 年发表的现代主义城市宣言《雅典宪章》中，明确地提出了功能分区及其交通联系系统的思想，并建立了一种简单而明确的模式。一是各功能之间互不干扰、相互隔离，功能分区内部以集聚效应和规模效应为基本原则；二是不同城市功能的联系和完成都要通过城市道路网来实现，以可达性为基本的布局原则。从经济角度看，这种模式将道路、土地的经济价值发挥到极致，并使城市空间呈现出类似工业“产品”形式进行生产的机械化特征。在这种集自然科学及经济学理论为一体的设计模式下，似乎人的一切活动都显得微不足道，都要受制于这种预制的框架和规定的秩序。勒 · 柯布西耶主持的昌迪加尔城市规划以及科斯塔主持的巴西利亚的城市规划都是如此，追随其后的范例比比皆是、不胜枚举。

2.4.3　等级图式

对于文艺复兴之前的城市来说，统治阶级对于民众的精神统治占据着主导性的地位，将城市形态自然地导向了一种象征性的形式秩序；而文艺复兴之后的城市更注重城市形式的自律性，即形式自身的“合法化”和“合规律性”，并以此形成了反映政体形式和秩序的典范[5]。对城市和建筑设计师来说，仅仅学习艺术的法则是不够的，他们还必须意识到在艺术中应该体现的现实规律和权力法则。正如约翰 · 拉斯金所说：“如果我们有好的法则，那么这些法则的时代并不重要……高尚的建筑是某种政治的、生活的、历史的和一个国家的宗教信仰，在某种程度上的具体体现。”[54]

2.4.3.1　政权阶级的理想

文艺复兴特别是在其后期的城市规划设计已经成为政权阶级的专有物，城市设计师们妄图以一种永恒的平面形式和严密的组织空间来维护统治阶级的形象，并实现对他们的政治意图的表达。巴洛克风格和古典主义风格的城市都是为了君主们炫耀其统治地位而创造的，一切城市的生活内容都将从属于城市外在的形式表现。凡尔赛的城市规划和建设是这一风格的典型代表，强调轴线对称、突出中心、严格遵守建筑的主从关系及宏大的尺度，城市物质形态的设计注重围合、方位、道路与出入口的意义，形成了一种普遍性的等级秩序和规划格网（图 2–18）。在两次世界大战期间及其后的一些设计中，古典主义艺术原则作为一种等级性的图式得到了推崇和延续。这种古典主义的平面布局形式及建筑形式的复兴现象，有的人称之为“新古典主义”，也有的人称之为“伪古典主义”。城市规划与设计被作为体现政治理念和艺术主张的控制工具，规划师不过是替政权阶级实现心中蓝图的艺匠，公众的需求和平民的生活经常被置于无人问津的地步。中世纪城市设计的很多有益经验都被抛在脑后，特别是建筑与街道的亲切尺度和紧密关联。

图 2–18　凡尔赛总平面图[43]

2.4.3.2　设计大师的理想

现代主义设计大师所遵循的城市功能分区原则代表了另一种等级图式。功能分区思想的实施使得城市结构表现出各种由大至小的中心体系组织下的等级化梯度，城市道路也根据各中心的等级相应呈等级化的梯度变化。在勒·柯布西耶的“整体设计”观念中，明确地体现出了这种等级化的特征。他最初的设计思想是以资本主义作为现代创作的构思源泉，并将资本主义及其上层社会视为解决现代社会与现代城市规划问题的理想答案，在他的“300万人口的现代城市”方案中已明确显示出强调集中的权力中心，并按照等级差异进行分区的做法。后来，由于他的政治信念由资本主义上层社会转向对社会主义工人村的关注，他的设计思想也从此转向了所谓的“平等分区”的社会理想。在“光明城市”的设计方案中，勒·柯布西耶希望通过平等规整的土地分区来创造平等的空间秩序，通过大量生产建筑物来创造出细部的统一和特点，从而实现民主的政治内涵。但是这种做法并未如他以及其他一些拥有同样主张的现代主义设计师所愿，城市空间和土地走向了公有和私有、贫穷和富有等相分离的两极分化状态[55]。第二次世界大战之后，以功能分区和“等级式”组织思想规划的城市及城区大量出现，突出表现在一些新建城市上，如克里斯托弗雷恩主持的伦敦改建规划，设计师以自我的方式再现了一个“凡尔赛”，鲜明地体现出了这种等级化的城市空间组织结构和功能分划特征（图 2–19）。

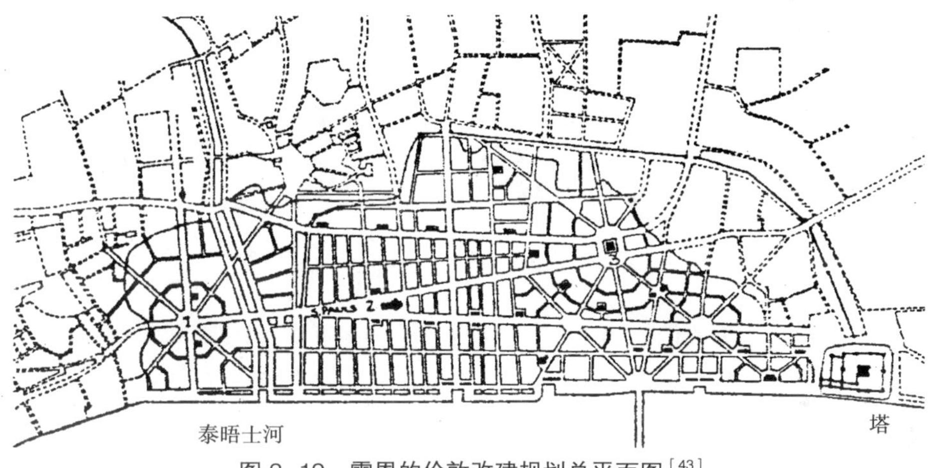

图 2–19　雷恩的伦敦改建规划总平面图[43]

2.5　本章小结

根据技术与文化之间的相互协同和竞争的作用特征将系统的发展和变革分为三个阶段性分期：同生共进期、交叉分化期、多元聚合期。城市技术与文化系统的阶段性演进，决定着城市形态的分期特征：由自然组织发展阶段→文化组织发展阶段→技术组织发展阶段→双向组织发展阶段。城市技术与文化的“主从”关系，对城市形态起着决定性的作用。每一个阶段都显示出了主导性要素的重要作用，并演化出了相应的城市形态组织模型。城市形态的自然组织模型，体现着人类的原始需求和自然状态；城市形态的文化组织模型，主要体现出人类的宇宙信仰、理性规范和自然选择特征；城市形态的技术组织模型，表现出的是一种规范性的艺术形式语言、经验性的功能规范，以及以统治阶级理想为导向的社会性形式秩序。各种单一性组织模型带来的种种不足和弊端，使其不能跟随和适应新时代的发展，由此，转向了当前的“双向组织发展阶段”。那么，本文进一步认为完整的城市形态应当是在城市技术与文化之间的双向关联和组织作用下形成的，具有双向的组织特征，并引发了本文接下来对于城市形态的“双向组织”研究。

第3章　城市形态的双向组织内涵

复杂性来自分化和综合过程的相互渗透，来自同时“自上而下”和“自下而上”进行的过程的相互结合，它们从两方面造就了等级层次。……这种互补性标志着一种开放的进化，……在形态发生的标准出现之前，这种进化在策略上倾向于选择动力学标准。它是自治的和有创造力的。[56]

——（美）埃里克·詹奇《自组织的宇宙观》

如果说技术为我们建构了一个“没有所谓本质、意识和类别区分”[57]的世界——物质的世界，那么，文化则为我们塑造了一个能够激发人类多样化情感的差异性世界——意念的世界。如果只考察单个因素而不是它们之间的反馈互动，根本无法理解整个城市形态的形成和演化。那么，我们需要达成一种共识，那就是，不在有关城市起因的某个单一问题上进行过多的纠缠，而是注重“联合因素”作用的过程和机制。这并不意味着每种促成因素的地位都是相同的，其中，某些因素可能正是诱发不同类型的城市的主要原因，同时也正是城市将为之效力的主要目标，这些因素可以称为决定性因素，与之相作用的其他影响因素可以称为制约性因素。归根到底，这些“联合因素”都存在于技术与文化相互关联的组织内涵和思想之中。

3.1　城市形态的双向组织要素

形而上者谓之道，形而下者谓之器。

——《易传·系辞上》

根据作用方式的不同，可以将作为城市空间的主体人分为技术主体和文化主体，技术主体是城市设计的主持者，是技术的持有者，包括城市及建筑设计者、相关技术决策人以及辅助人员；而文化主体则是城市空间的主要行为者和使用者，主要是指社会大众。在城市形态的组织与设计的过程中，技术主体主导着“器”之要素的存在，极大地表现出“器”之特性；而文化主体则主导着“道”之要素的存在，并自然地表现出“道”之特性。从存在的方式上看，物质要素和文化要素是构成城市形态的客体要素部分。其中，物质要素包括建筑、空间、道路、环境（土地、水、能源）等；文化要素包括独特的自然风貌以及城市历史文脉所孕育出来的城市精神、历史人文风貌、许多散落在民间的非物质文化遗产以及当代人创造出来的精神产品。城市文化承载着历史，联系着现在，并昭示着未来，在这种连续性的关联之中，城市空间超越了器物层面的特质，并具有特定的场所内涵。在整个城市技术与文化系统的组织和作用之下，城市形态获得了完整的意义（图 3-1）。

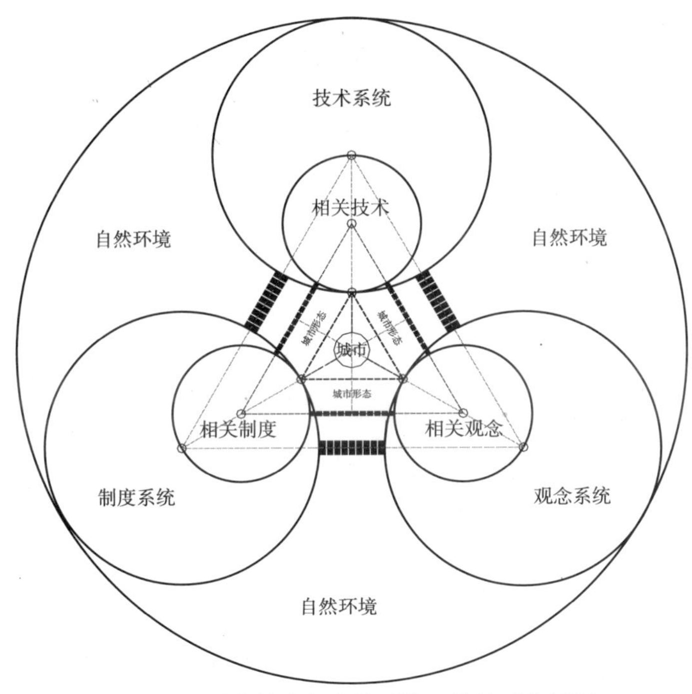

图 3-1　城市技术与文化系统环境关系分析图

3.1.1　技术之“器”

“器”——形成城市这一人造空间体系的技术。在《英汉词典》中，art、skill、technique、technology 等词，都可以译为技术，前三者是指技艺、技能和技巧，而后者是技术的统称，是指通过实践、修造让事物出现，并存在于世间的万物之中。追溯到城市的本体领域，技术则是作为谋生手段和导向居住的途径。《美国传统词典》对技术的定义与城市设计的特性关系密切，即“完成一项复杂任务或科学工作的系统过程”[58]。

3.1.1.1　“器”之要素

早在 18 世纪，法国著名的哲学家、科学家狄德罗在《百科全书》中将技术定义为：为实现某一目的而共同协作的各种工具和规则体系。通过一整套的物质结构、符号结构或联系方式，在空间各组成要素之间形成一种相对稳定的构成方式、组织秩序及其外在表现形式，综合形成了对城市空间系统的整体规定性。技术有其装饰性的一面，也有其真实性的一面。消费者和经济学家注重技术的实用性，专业学者和科学家注重技术的创造性，生态主义者和未来学家则更注重技术对社会及自然的长期作用结果，而城市设计及建筑设计师除了注重技术的这些真实性的功能之外，同时更注重技术的艺术表现性。真实性的技术偏重于事物的实用价值和科学价值，城市规划师和建筑设计师通常依据“大量的科学观测数据中提炼出普遍定理，包括自然定理或人类行为的通用法则”[59]进行设计，并将这些法则不分环境和场合地进行模仿和简单复制，最终带来了城市形态设计上枯燥的实用性和肤浅的装饰性。反之，偏重于技术的艺术表现性的城市设计师又有将城市带入装饰性、表面性的图像世界的危险。所以，必须慎重对待技术的各种准则及其应用。

1）艺术技术准则 在中国古汉语中，“技”与“艺”是紧密关联、密不可分的，“艺”之道者为“技”，达到目的的方法、手段、策略为“术”。古希腊哲学中的“技艺”也体现出了技术与艺术的关联，以及技术的美学本质。城市设计技术“是三维的空间组织艺术”[60]，着眼于空间形态的艺术效果和美学原则，体现的是技术的美学本质。设计者的构思过程是建立在美学基础上，并通过主观体验和设计技能来实现。不加掩饰地将技术表现出来，是建筑设计的重要手法之一。

艺术技术准则就是按照美的规律，通过工具操作，把内在意象转化为审美产品的智力和机械力的综合过程和方法。艺术技术准则为城市提供了一种表现性的形式秩序，它是以一种抽象的形式来体现人的精神，把时代的节奏感转换成用线条、形式与色彩组成的具有意义的视觉图样，这一过程必然地遵循着“形式美”的艺术准则。艺术技术具有三个层面的本体内涵：第一个层面是现实形态，是技术性与工具性的形式表现；第二个层面是艺术形态，是审美性的形式表现。在技术美本体的内涵中含有技、艺合一的层面，技、艺同为内涵丰富的现实感性活动。技术艺术化、艺术技术化不仅是量的合一问题，更有现实操作者的主观素养、审美趣味、审美理想等质的问题；第三个层面是意义形态、文化内涵和价值观念的形式表现。“美学哲学”和“美学科学”这两种倾向分别为我们提供了研究非物质的和难以确定的东西，以及研究物质的和可以确定的东西的准则。以一种逻辑的、数学和几何学的方式，制定一些供设计者遵循的视觉秩序和形式准则。随着科技的进步，美学随之而发展，这些美学的准则也随之而改变。格式塔心理学为我们提供了检验来自于标准的艺术技术准则和形式秩序的方法，即：当我们运用“整体性的思维”和“地方性的知识”去组织图案时，它可以从简单的形式演变为丰富的内容，从纯粹的构图演变为象征的图式，图案就具有主导性的“隐藏秩序”。

2）物质技术准则 物质性的城市设计实践就是把城市设计看作是纯粹的技术过程，运用城市规划、建筑、工程等方面的技能来创造和组织空间，以物质空间的转化、解决功能问题为主导的专业技术设计。城市设计师像工程师一样，常常倾向于运用技术与经济的标准来决定城市土地利用、基础设施布局及建筑的外在形式，这样，最低限度可以在物质技术上寻求最大的合理性。由于受到科学及技术自身发展规律的制约，几乎所有地区和民族的技术成果都存在一定的共同性和通用性。物质技术准则为城市和建筑设计提供了基本性的要求，但是，过度夸大和极端漠视都必将导致城市建筑和空间环境的异化。物质技术准则作为城市形态设计的媒介，不仅为城市建设提供了必要的保证，而且往往直接地影响着城市外在的物质形态，如：建筑材料技术、结构技术、设备技术和施工技术，满足城市的物质、能量、信息高效流通的交通技术、市政设施技术，以及城市和建筑的物理环境控制技术[61]，都是影响城市形态的重要内容。

3.1.1.2 “器”之特性

技术所具有的“器”之特性，决定了其本身的受动性和被动性，为实现人的各种目标而存在，受风土环境的约束以及由不同人所选择。

1）人本特性 技术作为一种器物层面的文化，它所创造的物质产物是以人为中心的目的结果，技术的人本特性主要是指人在技术的产生、发展和实施过程中的主观能动性和主导作用。依附于城市而存在的技术，强调合理安排城市的形式与功能，以期服务于人类、满足人类生存和生活的需要，以及解决人与自然之间、城市与自然之间的矛盾问题。19世纪中叶，美国建筑师格林诺夫在《形式与功能》一书中提出：“适合性法则是一切结构物的法则。……我们赞成用美这个词来表示形式适合于功能。”[62]他直截了当地说：“我把美定义为功能的许诺，行动是功能的存在，性格是功能的纪录。”[62]技术本身的功能性正是美的一种表现，若技术失去了其本质的特性，那么，这种文化现象的存在就失去了其与时代、社会相联系的依托，成为“古玩”般的观赏物件或是成为人类生活的障碍。

2）风土特性 自然风土是“土地的气候、气象、地质、地貌、地形、景观等的总称”[46]。自然风土性是影响聚居形式的重要因素，是产生不同的城市结构类型的契机，它不仅限定了本土的建筑材料、工艺技法，决定了作为庇护设施的建筑物所应具备的功能，同时也决定了定居点的模式与功能并赋予了城市以特定的场所特征。本土的居住形式、建筑风格以及空间布局形式是在与地域、气候、经济等因素寻求一致的过程中发展起来的，通过技术限定能够产生具有地域特征的城市风貌和文化传统。在传统的文化体系中，与气候环境及地理条件相适应的技术决定了如何经济地筑造一栋房屋、一个屋顶甚或是一面墙体的设计方法和策略。在特定的范围内，房屋千篇一律由某种特定的本地材料筑成，这样一来，只隔一座山或者是一条河，房屋可能就会大不相同。无论现代技术如何发展和创新，都必须被特定的地域特征限定，才能相应地与特定的地域文化相关联。

3）可选择性 技术准则不是固定的、封闭的，而是可变的、开放的和可选择的，不同的时代、不同的社会对技术提出了不同的需求，并对技术准则实施着定向的规定性，包括制度的规定和精神文化的约束。首先，技术准则是“借助技术解决问题过程中某种利益的实现”[63]，它描述了“设计过程中那些体现占统治地位的价值和信仰的特征”[63]。不同的技术施予者将对城市设计技术准则的选择、城市设计中的设计工艺以及以工艺为基础的操作规程、生产组织、协作配合关系等产生影响，进而体现出知识精英与权力者的个人理想痕迹。其次，公众群体在一定程度上也可以影响技术准则的应用，不同使用者的种种“个人选择”或“自行选择”使得技术标准能够得到人性化的转变[64]。在这一技术过程中，存在强烈的地区特殊性和民族特殊性。比如，在城市中存在着一些不受约束而由居民自行建造的房屋及部分的居住空间（图 3-2），由于生活空间的压迫，他们设法去提高每一块面积、每一个空间的使用效率，很多居民利用住宅层高较高或是顶层是坡屋顶的特点，通过设置夹层和把坡屋顶局部改为平屋顶的做法，来增加室内的使用面积。这种现象在城市的老城区以居住为主的街区中随处可见，大到整栋的建筑，小到阳台窗户上突出的构筑物，从里弄的空间到宅前的空地，它们的产生与发展有其渊源，它们的形态与特征有其特点。有些由居民自行搭建的建筑物和构筑物与老的建筑同时生长，相互依托。也就是说，不同的文化语境为技术提供了不同的环境机遇及“场所可能性”，所形成的人造空间环境，反过来又将影响着居住者或使用者如何获得，或者是能否获得彼此沟通或是人际互动的途径。

图 3-2　鼓浪屿街巷空间局部

3.1.2　文化之“道”

城市是人类文明的自然生息地及特定文化的表现形式，它植根于一定时期及特定地域的人们的价值信念、伦理道德、风俗习惯以及意识形态等文化土壤之中，这些无形的文化就是“道”，它是生活在同一地区的人们的共同信仰。文化和城市的互动构成了现代城市文化的表征：城市，作为文化的空间载体提供着文化的发展环境；文化，作为城市的精神内涵和行为表现的内核孕育着城市的发展方向。

3.1.2.1 “道”之要素

文化并不是具体的事物或者是实体，它是一种观念、一种规则、一种群体的共性以及区别于其他群体的个性特征的代称。文化的发展是“建立在信息和教育的基础上的，因而也就是建立在通用的符号系统之上的。文化将单一的个性融入以有意义的互动为基础的秩序世界里”[65]，并通过各种“规则”对城市空间进行组织。这些“规则”与人类群体共享的一套价值、信仰、世界观，以及行为方式、饮食习惯、禁忌和生活方式密切相关，通过规则的运用可以将文化的种种表现转换为建成环境。不同“文化”所强调使用的不同的规则和标准，构成了文化自身的规范性要素，这些规范性要素为城市和建筑设计提供了可选择的和可判定的依据，并形成了不同群体和环境中的文化差异[26]。城市和建筑设计中技术标准的选择，也有赖于这些文化标准的规范。

1）观念性规范要素 观念是人们的社会生活、独特的个人经历、所受的教育等各种因素在思维中的抽象、概括和定型。观念作为潜在之力对城市形态的演进变化起着决定性的作用，是技术与文化组织的先导和整体并行的驱动力。“观念变化了，也就有了千变万化的技巧。”[66]文化观念中包括稳定要素和活变要素，这两种要素是相对而言的。第一，稳定要素。每个时代都有主导的观念和价值，它们是文化系统中相对固定的因素，是经由理想、意象、图式、意义之类来体现的。从神圣信仰和伦理价值主导的农业文明时代，到规律信仰和功利价值主导的工业文明时代，再到今天对生命信仰和人文价值的追求。每一种信仰和价值不但主导着同一时代人们的生活、行为，而且也反映在城市形态建构的意象和审美理想上。第二，活变要素。不同时间、不同地域、不同人群的生活和民族文化心理，构成了城市某一特定时期的动态性观念形态，这种观念形态的产生使得人们对于大到生存方式、生活态度、价值取向、城市发展，小到对微观的城市环境的理解都不尽相同。具体到人们的生活方式和行为方式，它们既反映出了一种社会的“理想”，同时又是个人选择的结果，它们直接地影响着城市形态的质感，包括建筑的空间组织、构成方式、形式风格、材料特性等因素。从传统到现代，城市建设及城市形态特征表现出了不同观念和意识形态之间的差异，例如，宗教建筑在现代城市中的地位已远不如古典时期，政治纪念性建筑也转向了平民化和普通化。城市设计的观念从“理想设计”发展到“合理设计”，再转向“文脉设计”和“生态设计”，使得今天的城市和建筑，早已不再仅仅是挡风遮雨的遮盖物，而是融入了无数的人类文化观念的结晶。

2）制度性规范要素 “价值观与意象等使人产生某种期望，进而形成了制度层面的规范、准则与规则”[26]，而规则的运用通常是将文化转换成建成环境的主要途径。“制度”原本是对“institution”一词的中文翻译，哈耶克倾向于把“institution”视作一种“秩序”，科斯将其视作一种“建制结构”，诺思则将其视作一种“约束规则”。对于城市而言，“制度”则是影响城市内在结构的边界围合形态的一种内在的组织规范和行为规范。

第一，经济制度规范。文化与社会因素对于城市及建筑的功能内涵、空间模式、形态审美的影响，本质上是受到特定历史时期生产力发展状况、经济制度以及经济技术发展状况的制约。经济制度的规范是城市形态背后隐藏的深层结构，是城市空间组织的关键。在农业文明语境下，城市是由内而外和自给自足的，所以，城市空间及建筑也极大地反映出人类原初的需要和本土特色；工业文明语境下，城市是现代工业化、机械化生产的直接产物，经济制度对城市形态的建构体现着公正与效率的结合，可以说，并“不是蒸汽动力技术的发明直接推动了产业革命，而是一系列的制度为工业革命铺平了道路”[67]；在生态文明的今天，经济制度的规范性对城市形态的影响效果更加突出。例如，循环经济是自然资源的保护、可持续发展的城市形态的精神内核和重要依据，节能建筑、绿色建筑等也都是当今时代的主流。

第二，政治制度规范。政治制度规范是统治阶级通过组织政权以实现其政治统治的原则和方式的总和，它包括一个国家的阶级本质，国家政权的组织形式、管理形式，以及公民在国家生活中的地位。城市空间形态的组织体现着对统治阶级的主张和需要，同时也体现着对于各种政治性因素的适应。

第三，社会制度规范。同居于一个地区的人们倾向于制造一些共同的规则，来控制城市空间的使用，这些规则是当地社会和文化习俗的产物，反映了深层的人格需要和人类特性。美国社会学家 W·G· 萨姆纳认为：制度是由民俗、民德（道德）发展起来的，此后，美国社会学家 C·H· 库利和 K· 戴维斯提出：制度是大量规范的复合体，是社会为适应其需要用合法形式建立起来的，强调社会规范的重要性及制度在社会结构中的地位。这些观点一直沿袭下来，并为许多社会学家所接受。理弗波尔则依据社会与城市化的空间结构之间的联系以及社会化空间的理性内涵，将空间组织视为一种社会过程的物质产物。可以说，空间不仅是社会活动的外在客观容器，而且也是社会活动的产物。城市空间与社会之间的这种同构性，使得社会结构的发展对城市土地利用、空间分划以及城市建筑特征，都起到了关键性的作用。

3.1.2.2 “道”之特性

世界上没有一座城市的文化与其他城市完全相同，文化所包含的规范性要素对于城市内在的空间结构及外在的表现形态，都存在深刻的潜在影响，这是每个城市特色的重要源泉。

1）主观需求性 城市，“而发于众心之所聚”。城市中的人不是单纯的自然存在物，而是构成城市生活的主体。“人”的主观需求、选择和意识形态，以及创造者的构思和意图才是决定差异性的城市聚居形态的根本原因。马斯洛提出的需求层次理论，将人的需要分为生理的需要、安全的需要、感情的需要、尊重的需要、自我实现的需要等五个基本的层次，其中，前两种需要是属于低级生存性的需要，而后三种则属于高级的精神和情感的需要。在不同时期，占支配性地位的需要对人的行为起着决定性的作用。

2）客观规定性 文化的发展是“建立在信息和教育的基础上的，因而也就是建立在通用的符号系统之上的。文化将单一的个性融入以有意义的互动为基础的秩序世界里”[68]。城市的宗教、习俗、礼仪等精神文化是使得城市建成环境具有意义的“决定性因子”，通过意义的渗透，个体、群体或者社会把城市“空间”变成“场所”，通过对事件的有效记录，场所也为我们在生活中提供安全感和稳定感。地理条件、气候环境、建筑材料、技术水平等城市的物质条件对城市建成环境则起着“修正性因子”的作用[69]。

3.2 城市形态的双向组织特征

巧者，和异类共成一体也。

——《释名》

技术与文化是矛盾对立又相辅相成的，在竞争与协同的过程中，形成了文化为主技术为辅，或者是技术为主文化为辅的聚合性的作用力。对于城市而言，既存在源自于城市内部的强制性的文化他组织作用力和自发的生物性自组织作用力，又存在着来自于外在约束性的技术他组织作用力。也就是说，完全来自于文化性组织或技术性组织的城市形态是不存在的，那样只能是停留在理想层面或者是走向消亡。城市形态在各种组织力的作用下形成了不同的组织特征，如表 3–1 所示。

城市形态的双向组织特征对照 **表 3–1**

城市形态组织类型	文化组织		技术组织		双向组织
组织状态	有序	无序	有序	无序	有序 + 无序
组织过程	来自于事物内部的组织过程		来自于事物外部的组织过程		由内而外 + 由外而内
演化方向	朝显性结构化方向演化	朝隐性结构化方向演化	朝显性结构化方向演化		隐性 + 显性
组织特征	内在的强制性	内在的自发性	外在的强制性	外在的强制性	整体性

续表

城市形态组织类型	文化组织		技术组织		双向组织
组织来源	文化秩序	生物秩序	技术秩序	技术秩序	整体秩序
组织规律	人的能动性	自然规律性 本能性发展	科学规律性 功能合理性	形式合理性	整体的组织规律
价值取向	信仰、制度、理想	自然需求、生活需求	技术准则	技术准则	整体性
发展过程	一次性确立	逐渐生成	一次性确立	逐渐确立	整体的过程
形态特征	经设计的规则形态	未经设计的有机形态	经设计的规则形态	经设计的有机形态	交互生成的完整形态

首先，城市内在的文化通过两种途径对城市形态进行组织。其一，城市内部稳定性的文化观念要素及制度规范要素，在本质上是属于不可视的领域范围，通过对城市设计技术的规范性运用，被转换成可视的、有序的、规则的外在城市形态；其二，居住在城市中的人们，在不断变化的自然环境及活变性的观念要素的共同作用之下，能够按照自然的规律生成和发展，地域的自然和人文的自然共同主导着城市形态生长的方向，所以，主要表现为无序的、不规则的外在城市形态。有序和无序都是秩序的一种状态，与混乱不同。有序是经过内部作用力或外部作用力指导下形成的一种有条理的状态。而无序则分为自发的无序和创造的无序两种。自发的无序是“随机的”、“生长而成的”，是随着时间的推移逐步形成的。“混乱”，是对秩序的否定，是朝着结构瓦解的方向演化的无组织过程。无组织的形态存在于系统发展和演化的各个阶段之中，是一种违背技术准则或无技术准则组织和违背文化规范或无文化规范的形态，如城市系统中的边缘住区、贫民区、棚户区以及非法的居民点等，没有必要的卫生设施，没有市政服务设施，未经正式规划，没有政府许可，呈现的就是一种混乱的状态[5]。

其次，城市技术通过各种规则对城市形态产生作用，倾向于科学规律性、功能合理性及形式合理性。技术性的组织过程是使事物按照特定的外部作用，从无序到有序、从低序到高序、从一种有序到另一种有序，朝着显性的结构化方向演化的过程。在这一过程中，技术准则直接对城市形态进行组织，会产生有序的、规则的形态，并倾向于一次性确立完整的形态。同时，技术组织也能够产生与城市自发生长的“有机形态”相类似的组织形态，这种创造的无序是人类主观上对自然的事物和形式的一种技术性的模仿，体现出的是渐进性、阶段性的创造过程。

再次，造成城市形态整体表现性的基础是一种力的结构，这种结构之所以会引起我们的兴趣，不仅在于它对客观事物本身具有意义，而且在于它对一般性的物理世界和差异性的精神世界均有意义。那些推动我们自身情感活动起来的文化之力，与那些作用于整个宇宙的普遍性的技术之力，实际上在同一时空下共同形成了一个双向关联性的组织系统（图 3–3），与城市形态设计目标之间相互作用形成了协同、复合、偏离和颉颃等四种双向作用的组织特征，进而形成一个有机的“心理场”—— 一个引发心理效应的复合统一体[70]。

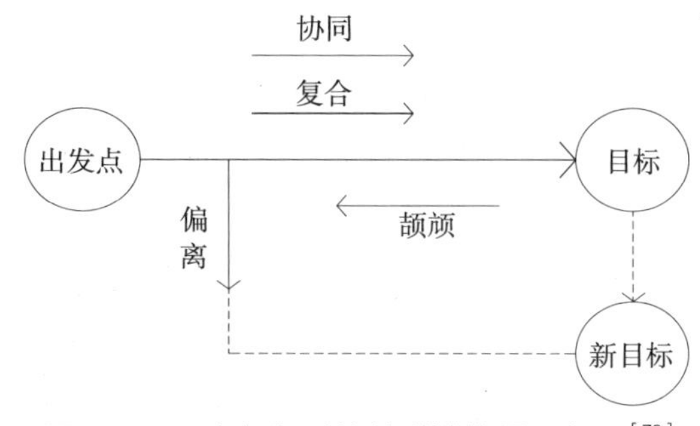

图 3–3 双向组织系统关联性作用示意图[70]

3.2.1 双向协同性组织特征

如果将城市形态作为人类技术与文化之间的“中介”，那么，它就必然被赋予双向的组织内涵，并且被双向的标准所界定，反之，要以城市形态本体的价值标准，来衡量技术组织与文化组织之间的关联作用，在有利的组织作用和不利的组织作用之间进行选择。中介，是事物之间相互作用关系的依托及信息传递的桥梁。任何对立统一的事物之间都存在着“中介”环节，都是通过中介而联系，通过中介而转化，中介起着重要的媒介作用。中介论是研究任何事物变化、发展的中间联系环节或中间过渡状态的性质、意义和作用的科学，某事物通过中介与另一事物相联系。“S → R”代表了审美活动中的“刺激→反应”公式，在此基础之上，皮亚杰的“发生认识论”给出了“S ⇌ AT ⇌ R”公式，确立了双向动态反应的中介项“AT”，其中，“A”为个体同化，“T”为认知结构中的同化图式[71]。“S、AT、R”三个要素都包含着内部变化的过程，三者相互作用所形成的外部变化则是一个复杂的循环往复过程，整个公式反映了审美思维过程的双向协同性的系统组织模式（图 3–4）。作为两极的技术与文化，是从内在性的预设出发，在进一步考察研究对象时，通过对两极性的互补互证去着重呈现对象的动态性研究，将研究对象放回纷繁复杂的种种关系当中，放回到完整融贯、生机四溢的世界当中，也就是由“二元”回到“中介”。作为中介项的城市形态的价值目标，主导着技术和文化双向组织的基本方向，反过来说，既定的价值目标需要通过技术和文化的合力作用来实现。城市形态在全

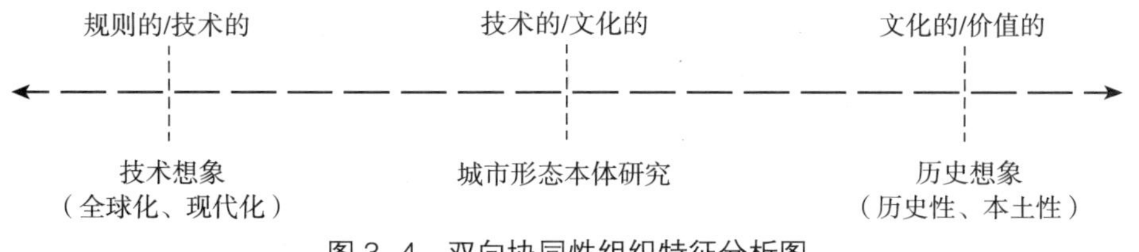

图 3–4 双向协同性组织特征分析图

球化和现代化的技术想象与传统性和本土性的历史想象的相互关联之中，能够得到创新性的发展。

3.2.2 双向复合性组织特征

当技术与文化的作用方向与城市形态的发展目标相一致时，二者即是作为实现目标的协同性组织力，这种一致性的组织力主要源自于两种复合性的作用途径：异向复合和同向复合。

3.2.2.1 异向复合

对于中国城市而言，19世纪形成的注重功能效率的欧洲殖民主义形态——由方格状的街道网或者是由玻璃高层塔楼和大型广场构成的新开发区域，与传统城市细密的空间肌理形式及乡土化的建筑形态之间，形成了非常鲜明而强烈的对比。对于西方城市而言，在中世纪的街巷步道、广场和国际式的购物中心之间，也存在着某种断裂。一些西方城市研究学者认为，这是历史文化转换的必然，代表着文化发展的不同阶段。相比较而言，这种“双极”的物质形态状况，对于正快速加入到全球化进程中的中国城市，以及其他一些亚太地区的发展中城市而言，双极冲突的特征表现得尤为突出。两种完全不同的秩序差异，揭示着不同社会、经济、文化系统同时并存的状态，或者如麦吉所讲的“二元主义”[72]。城市形态的生成既倾向于通过普遍存在的经济技术活动取得类似性的总体框架，同时也倾向于通过不同地域文化特性取得差异性的表现形式，这两种异向过程的复合作用共同建构着完整的城市形态。

1）创造与再造 技术性“创造”过程与文化性“再造”过程，是一种联袂并驾的动态过程。“创造”主要是依靠科学思维和技术想象进行形式拓展的过程，它强调求变、求异、求新；“再造”是针对现实生活和自然环境中具有特点的文化现象进行联想、组合、优化的过程，强调对各种文化现象的加工、提炼、强化和典型再现。两种方式的同一性就在于它们都不是彻底地更新或者是彻底地抛弃原有的思想，而是把熟悉的但原本无关联的部分用一种新的方式结合起来，二者是相辅相成的关系。

2）重情与重理 技术组织向度倾向于“理”，被技术主体所认同，这种“重理”的倾向提倡科学技术为人服务，以普遍化和标准化为特征，并使城市空间呈现出几何秩序和单一性的实体形式，体现的是现代主义理性精神的合理延续；文化组织向度则倾向于“情”，被社会大众所认同。“重情”的倾向通常是以特定的地方文化引发的系统性选择，使城市空间呈现出社会的秩序形态和多样化的实体形式。两种方式的同一性在于它们都是以为人服务为目的，真正的人文理性是建立在使人们能够更好地生存、生活的基础之上的，同时也建立在科学化的基础之上。

3.2.2.2 同向复合

在城市与建筑设计的语言体系中，常常存在着这样一些与技术和文化密切相关的成对概念，例如：普遍的与特殊的、理性的与浪漫的、机械的与有机的等等。它们常常被认为是相反的、对立的，甚至是互相矛盾的。对于设计语言体系的选择深刻地影响着城市及建筑设计构思和概念的发展方向，不同的语言体系实际构成了设计者看待世界的不同视角[25]。然而，在现实的解读之中，就会发现每对概念都不是孤立的，而是相互对应及相互关联的整体，而且是互为参照的关系，如表 3–2 所示。

"两种文化"的关联结构[25]　　**表 3–2**

技术	文化
设计主体认同的	社会大众认同的
科学的	人文的
普遍的	特殊的
理性的	浪漫的
机械的	有机的
创新的	怀旧的
自觉的	不自觉的
绝对的	相对的

事实上，关于特定环境的真实性研究恰恰需要一些普遍化，甚至是全球化的技术来完成。我们选择和评价一种特定技术的使用方式的态度将有助于文化地域化、多样化的实现及传统文化的升华。尤其是，当"技术"真正关注与致力于"场所感的创造"这样的主题，它就与文化建立了同向性的内在联系。正如诺伯格·舒尔茨所说："虽然空间组织不一定要通过某一特定的技术方案才能形容，但'特征'一物却不可能与制造过程相分离。"[73]在城市设计理论的重新认知中，技术与文化的关系得到了新的诠释。

3.2.3　双向偏离性组织特征

当技术与文化的作用方向与城市形态的既定状态发生偏离时，二者即是作为实现城市形态转换的偏离性组织动力。在技术与文化协同作用共同促进目标实现的过程中，离心力是引发目标的创造性转换和创新性生成的作用力，既包括技术进步产生创意性离心力，同时也包括文化创意性离心力。创意作为一种不断挖掘潜力和创造价值的工具，不仅需要对一件事情作出正确的判断，而且还需要在既定的情况下寻找一种合适的解决方法。城市设计属于城市创意产业类型之一，其中包括室内设计、工程技术与城市规划，城市设计中的各种"创意思想"同时受到其他创意产业、创意经济、创意街区以及综合性的创意城市等一系列因素的影响。在城市形态的设计中，以多种创意作为目标，不仅能够不断地更新城市外在的形态特征，而且能够增强城市的活力并促进城市的有机发展。“技术—文化”及“文化—技术”的创意目标将对城市空间形态及城市经济起到决定性的作用，从而实现由技术创造、技术理性到与文化情感相结合的转型过程。但是，偏离可以产生正面的影响，也可以产生负面的影响，转变成为阻力。技术与文化离心力并不是随心所欲地产生，而是在相互选择和限定的状态下产生，这样才能保证偏离方向的正确性，对城市形态产生正面的偏离性影响。

3.2.3.1 “技术—文化”创意型

“变化”作为我们这个信息时代的主题，既预示着科学技术的不断进步和自我完善，同时也预示着人类社会需求和需要的不断变化，这一切都将深刻地影响到未来城市和建筑的存在方式。首先，城市和建筑的设计必须相应地适应这种演变，以变化的框架作为研究基础，空间形态的弹性程度及应变能力将成为未来城市和建筑创作评价标准的重要元素，这一标准是和可持续发展的战略相一致的。所以，应该发展一种变化的基本框架来建构未来城市形态的发展目标。其次，在城市和建筑设计中，应当以文化作为基本准则，来考察、衡量技术的进步和创新性运用。通过城市设计者的设计技术的创新来创造新型的城市空间类型及城市面貌，与城市生活、事件以及城市建成环境之间产生新的关联，从而实现对文化真实、文化想象和文化环境等的空间实践和再现。从 19 世纪直接展现建筑材料和结构的“水晶宫”和埃菲尔铁塔，到 20 世纪 70 年代的巴黎蓬皮杜文化艺术中心对建筑材料、结构及设备的彻底暴露（图 3–5），再到今天科技文明在建筑形态上的直接展现，每一次革新，都代表了设计师创作理念与技术创新的互动和进一步结合。由安德 · 沃特凯恩设计的比利时布鲁塞尔世博会标志性建筑——原子塔（图 3–6），堪称标

图 3–5 巴黎蓬皮杜文化艺术中心

图片来源：刘松茯教授提供

图 3–6 原子塔

图片来源：http://www.ce.cn/ztpd/zwzt/guonei/2007/cs/fc/200704/03/t20070403_10916711.shtml

新立异的科学艺术品。这座建筑物取意于 α 铁的正方体晶体结构，相当于将其放大了 1650 亿倍。整个正方体图案由 9 个直径 18 米的铝质大圆球及连接圆球的钢管共同组成，每个圆球代表一个原子，最高一个球顶离地面 102 米。圆球表面都覆有弧形铝片，在阳光照耀下显得晶莹光亮。这样一个新颖别致的景观，促成了众多人群的聚集。

3.2.3.2 “文化—技术”创意型

日本学者栗原史郎提出了“文化创造技术”学说，主要的思想就是：文化是技术产生的源泉，新的技术理念和技术价值观要从生活文化中产生出来[74]。也就是说，“文化—技术”的创意思想必须从文化传统中产生，同时也必须与人们生活密切关联。在城市形态的组织与设计中，通过文化主体参与设计过程中的情感激发，来增强城市的活力和整体认同性，同时，从新的生活方式中获取新的设计理念。对于城市居民而言，文化才是应对城市粗陋形态的调节剂。

首先，将文化创意作为一种有力的空间组织手段。人的心智、技艺和灵感是文化创意的主要来源，它们必然地来自于某些特定的地域或者是特定的文化环境，这就决定了文化创意本身的特殊性和差异性。文化作为主体意象与记忆的来源，在基于历史保护或地方“传统”区域再发展策略中起着重要的作用，它象征着“谁属于”或者是“属于谁”。

其次，将文化创意作为城市经济发展的基础。创造力不仅只对我们的审美与艺术生活方面具重要性，它也越来越成为经济繁荣的关键。艺术、食品、时装、音乐、文学、影视、旅游等文化消费产业（图 3-7、图 3-8），以及满足这种消费的工业发展，为城市的象征经济提供了多元化的动力，并为城市形态的组织与设计提供了契机。表现尤为突出的是，凭借特色旅游景点的保护、开发，越来越多的城市成为旅游胜地，以这种独特的竞争优势作为基础，已经成为城市经济发展的契机。

图 3-7　夜幕下的城市街道

3.2.4 双向颉颃性组织特征

技术与文化的作用方向与城市形态发展目标相反时，就形成了一种颉颃性的组织特征，技术组织与文化组织分别作为实现目标的阻力而存在。这时，可以通过双向的批判和双向的质疑，来实现二者的否定性关联。比如说，相对于自然环境来说，无论是技术组织还是文化组织，都会产生对自然原生态环境的改变或者是破坏性的

图 3–8 商业建筑中庭空间

影响，那么，在否定两种作用力的前提下，对城市环境进行组织和创造，这样就产生了二者的否定性关联。

在现代的城市设计中，现代主义重技术的理念及后现代主义重文化的思想观念长期地矛盾并存着，如表 3–3 所示。尤其是极端的现代主义者与极端的后现代主义者，他们陷入了“非此即彼”的误区，或者认为技术可以解决一切问题，又或者“以为亭台楼阁加大屋顶建筑就是民族风貌，奇花异木、小桥流水、曲径通幽的户外空间就是生态园林”[75]，固执地追求于纯粹的视觉效果。他们对于技术的随意发挥或是对于城市文化的任意曲解，都给城市蒙上了短暂的、耀眼的迷雾。不仅使城市混乱不堪，而且使城市特色荡然无存。不论是纯粹的技术组织向度还是纯粹的文化组织向度，最终都割裂了城市作为人类物质与精神存在方式的整体性。只有消除这种单一向度的设计观念，从城市形态的本质特性出发，使二者服从于一个统一的组织框架，才能建构出有机的城市空间。

两个组织“向度”的设计思想对照[51] **表 3–3**

现代主义	后现代主义
以技术解决现实问题为导向	注重社会文化个性的思考
纯粹性	多元性
清晰的	模糊的
简单的	复杂的
逻辑理性	反叛理性
直截了当的（标准的、正式的、规则的）	扭曲的（差异的、游戏的、非规则的）

3.2.4.1 反“文化”逻辑——极端“现代主义”设计体系的批判

以讲求思维严谨、道德高尚与评判标准正直而著称的现代主义建筑运动和城市设计，在 20 世纪初的西方，曾经名噪一时，并迅速普及。直到今天，它仍然是许多设计者予以借鉴的范例。现代主义城市设计主要是以现代的科学和技术作为支撑，表达的是专业设计者强制改变现实社会和世界的主观意愿，在他们的心目中,现代技术是抑制病态社会和解决现实问题的良方。无可否认，他们的初衷令人钦佩，而且其“科学性的规划”思想的确值得学习，然而，技术组织向度的空间关系常带有着十分强烈的理想主义成分和乌托邦色彩。设计者对现代科学和技术的狭隘解释、功能主义和简洁主义教条的束缚、理想化的标准形式和美学偏见,使得城市在经过刻板的“自上而下”的规划和设计之后,变得简单乏味、形式单一,毫无特征和活力可言。种种弊端和现象在现代城市中随处可见。在中国,甚至到了今天仍然有人以“汽车城市”为基准对城市模式进行所谓的“改善”,例如,有学者针对城市交通拥堵而提出的“节地模式”,相当于把目前城市的地下车库拔高到地面,变成地面架空层停车,再将各个架空层屋顶平台用连廊连起来,形成连通整个市区的人行和自行车道路系统,把地面道路全部留给汽车。如图 3–9 所示,长沙三角洲地块不足 2 平方公里的老城区改造方案采用了节地模式。“节地模式”也许真的可以减少投资、节约能源,甚至使城市交通全面改观,但是,它的根本出发点就有悖于人们的文化情结及行为心理,对于步行人群而言,远离地面和生活建筑的上层空间,会使人产生疏离感和陌生感,而对于驾车的人员而言,整天行驶在下层空间也会产生诸多不适的感觉(图 3–10)。

图 3–9 “节地模式”方案

图片来源:http://bbs.fdc.com.cn/boardlist.asp?boardid=34 & id=12982100 & Ar=& Aupflag=& Ap=& Aq=

图 3–10 “节地模式”漫画

图片来源:http://www.qgong.net.cn/news/xwrd/2008/2/082242121206366.asp

3.2.4.2 反“技术”逻辑——极端“后现代主义”设计体系的批判

现代主义所极力渲染的理想城市在客观现实的反映中黯然失色,而后现代主义则在对现代主义的反思和批判中展露锋芒。后现代主义的城市设计思想强调尊重城市的历史文脉,倡导人的主观创造性及个性的解放。城市规划和设计由注重逻辑理性、功能合理的确定性的秩序,转向注重历史的延续、生活和谐的不确定的秩序。“后现代主义”设计体系既是反“技术”的物质性准则,又是反“技术”的艺术性准则,相对于现代主义的标准的、正式的、规则的,差异的、游戏的、非规则的都是后现代精神的代名词。可以说,正是后现代主义的反叛精神为我们带来了多样的世界。但是,走向极端的后现代主义渐渐歪曲和脱离了后现代的精神和基本思想，重蹈现代主义的覆辙，再次扰乱了我们生活和居住的城市环境。他们“不承认规划可以科学化，只强调它的政治性。后现代主义还认为进步是主观的，甚至有人认为人类社会没有向前，只有横向的走动”[76]。他们极力地创造一种与现代主义不同的、一种视觉上的和形式上不确定的事物，如C. Jackns 所说：“把清晰的最终结果悬在半空，以求一种曲径通幽、永远达不到的某种确定目标的路线。”[49]原本是要返还一种空间的文化意境，最终被套进了一个无地方性的空间。尤其是在中国，一些城市设计中城市文化的建构似乎等同于社会艺术对消费大众世俗化消费趣味的屈从和迎合，传统文化被以一种具象化和媚俗化的方式表达出来。

3.3 城市形态的双向组织思想

3.3.1 人文的双向组织思想

“人文思想”是针对全球化城市特色危机以及人们生存所需要的良好的人文环境而提出的，该理论从地方文脉出发，关注地方传统中仍有活力的部分与全球化文明所提供的最优部分的“创造性综合”[77]。“文脉主义”是人文思想的主要部分，是伴随着后现代主义的出现而出现的，它既是对现代主义理想化的设计原则的修正和补充，同时，又是对极端后现代主义的偏离。所谓的“文脉”，既表述着各种元素之间的内在本质关联，又诠释着它们与环境的互存共生。“文脉主义”作为一种研究方法，其最主要的目标就是通过在建筑物与其所处环境之间建立一种相应的关系，以使现有城市结构的连续性得以保存。在这一过程中，技术与文化之间并不是必然地相互冲突，而是将文脉作为城市持续发展的永恒“线索”，决定着技术与文化相互作用的方式，进而决定城市形态的本质特征。

3.3.1.1 共生思想

“共生”主要是指事物之间互相利用对方的特性和自己的特性共同存在、相互影响、相互促进的现象，是事物共同存在的基础。这种现象不仅存在于不同的生物之间，而且也存在于人类社会之中。共生思想在中国太极符号中清楚地表现出来，阴阳两极与雌雄两极相反相成，在运动中相互环绕、首尾相连形成了一个完整的圆圈。西方学者同样也对事物之间的这种共生关系有所关注，丹麦物理学家尼尔斯 · 玻尔曾在一个含有太极符号的图案中加注了“相反相成”的注解（图 3–11）。在城市和建筑设计领域，“共生”指的是人和自然的共生、城市与自然的共生、科学与艺术的共生。黑川纪章将“共生思想”运用到城市和建筑的设计中，就是要在城市的诸多交叉领域之间，如在过去、现在和未来之间建立历时性的关系，在文化、技术和自然之间建立起共时性的关系，从而在复杂的城市形态中梳理出一种独特性以及丰富性的秩序。

技术是持续进步和面向未来的，而文化则是历史的“记忆”或“储存”，但这并不就意味着技术就是“新的”，就是现代之物，而文化就是“旧的”，就是历史之物，二者是相依相生的。创造性行为并不是完全抛弃原有的思想，并重新开始思考，而是作为一种类推思考的过程，用新的结合方式，或在新的情况下运用原有的思想，原有的思想在此过程中将发生某些变形。城市设计中的“新的”概念，也是采用同样的方式得以实现的。首先，通过最先进的现代技术和材料也有可能表现出地域文化的可识别性。科学技术工具、手段及新思想，与特定的地方文化相结合，能够创造出新的文化内容。在这里，新技术与地方文化之间并不矛盾，它们共同融合在新的建筑形式中，表现出新的风格[78]。其次，通过复杂性的科学技术系统能够实现生物性的有机形态——类似于人类自然演变的复杂性形态，以此实现新与旧之间的共生。丹下健三的“新陈代谢学派”提出的新陈代谢城市和建筑，因为有了隐形的信息技术、生命科学和生物工程学的参与，而获得了与城市建成环境之间的共生形态。

图 3–11　尼尔斯·玻尔的太极图案[25]

3.3.1.2　协调思想

“协调思想”是以历史文化为主导的传统的时空结构体系和以技术为主导的现代的时空结构体系之间的连续性关系的建构。在社会进化的过程中，技术发生的连续性变化对于整体空间形象的连续构成而言，并不是以变化中的技术去塑造或模仿传统体系中的空间形象，而是追随时代，以变化中的技术去体现具有时代感的空间形象及人性化的尺度。库布勒提出了一个“连锁的形式解”的理论来阐述他的“协调思想”，该理论描绘的是一种变化的拓扑结构——每种变异不断产生更多变异，而且差异不断增大，它们的产生是对当时文化和社会情形的连续性回应。乔伊斯·布罗德斯基对库布勒的理论作了修改，并阐释了另外一种协调思想——产生于连续性和非连续性之间的变化，他认为，创新者更倾向于在现存的世界中揭示一种模式，而并非极力地去创造某种新模式[25]。

在今天，我们好像已经自然而然地将物质文化分成两种，一个是代表着创新性的技术文化的物质形式、设施和材料，另一个则是代表着人文文化的物质形式、设施和材料。实际上，在这两种文化之间存在着相互关联和相互作用，可以交互生成和表现。在不同时期的人的需求和阐释下，昨天之物不仅保留着原有的情愫，而且正产生着新的价值和意义。城市的历史建筑、街区、历史地段以及其他的各种保护古迹都是保存、再现和传递城市历史信息的重要载体，它们记录下了城市中不同历史阶段的社会生活与事件。在多层次技术的辅助下，历史之物得以再现和重生，由过去出发，穿越现在并指向未来。历史性的文化要素不仅仅是物质实体本身的保存和再现，更为重要的是“文化品质”、“场所精神”以及约定俗成的“审美标准”的延续——能够为人所感知的“隐藏的秩序”。例如，在贵阳摆陇这座群山包围的苗族村寨中，政府拟定要以较少的经济投入对村落进行有机更新。民俗综合体的设计是其中的一个改造和增建项目，从平面布局到整体造型上都与村落原生环境相协调（图 3–12）。这种协调一方面是来自于对原始村落生成的推衍，以及人们生活状态的研读；另一方面则是来自于对现代技术的融入和转换。

3.3.1.3　拼贴思想

柯林 · 罗和弗瑞德 · 科特在《拼贴城市》一书中，提出了城市设计的“拼贴思想”。“拼贴”就是在现代主义的普遍性与历史主义的地方性之间，科学式的集权与大众参与之间建立的一种辩证的关系和构成的方法。在两类相反的城市设计思想之间，法则和自由相对存在，必然地构成着未来城市设计的辩证

（*a*）建设实景（一）

（*b*）建设实景（二）

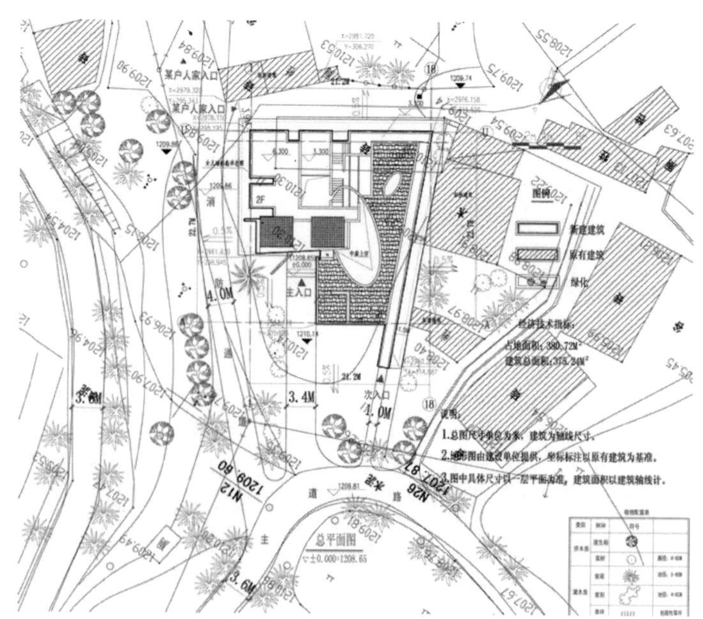

（*c*）总平面图

图 3–12　贵阳摆陇苗寨民俗综合体建设实景与总平面图

图片来源：http：//www.cuia.cn/Displaynews.asp?id=1375

法。在城市更新中，新、旧要素的“拼贴”共包含两个方面的内容：一个是地区性城市文脉拼贴方法，即把整个地区的居民生活方式和社会文化模式作为一个整体单元加以延续，它倾向于“传统模式”；另一个是时间性城市文脉拼贴方法，即讲求从传统城市空间中提取符号和传统的历史信息，赞同现代与传统结构的兼容，如韦斯巴登城市肌理的延续（图 3–13），它倾向于“现代模式”。随着城市的发展，城市中的一些原有个体或系统不能适应环境而被改造或淘汰，会有其他新的个体或系统出现，并日趋平衡。这一过程中，需要不断地“寻求秩序和非秩序、简单与复杂、永恒与偶发共存，回顾与展望相结合”[79]。

图 3–13　韦斯巴登图底平面图[79]

3.3.2　有机的双向组织思想

“有机思想”与现代生物学和生命科学的产生密切相关，人们常常通过各种方式将城市比拟于生物体，形式上或者是功能上。但是，实际上仅仅将有机城市比拟为生物有机体的类比理论，并不能从本质上建构出有机的城市形态。正如凯文 · 林奇所说：“城市不是生物体，它们不会自然生长、自我改造，也不会复制和修补自身。”[5] 事实上，人类的意志和人类的愿望才是有机城市产生的根本动因，对于城市内在文化因素的研究以及复杂性技术的研究，将有助于从不同层面建构着完整的有机城市形态及其理论。

3.3.2.1　内在文化的有机生成

历史研究表明，遵循自然发展规律的城市，能够生成整体而有机的城市形态，根据特定环境而形成的“场所”则具有特殊的内在有机性—— 一种内在精神文化的有机性。

1）整体形态——自然性的文化有机体　在居民对自然力量的抗争中，城市获得了有机的形态，并具有神话般的色彩。诺伯格 · 舒尔茨指出，城市空间和建筑本就应该反映一种固有的内在精神，而这种精神正是来自于一种整体性的场所——包括土地、材料、神话和传统。波士顿坐落在 Shawmut 半岛（图 3–14），周边布满了小海湾，本土的建筑风格由传统文化和自然环境共同限定，建筑不规则地依势而建。在建筑和街道之间、人工与自然之间形成了一种自由而有机的城镇模式——这种模式被称之为新英格兰城镇的巴斯泰德样式。建筑布局中加入了传统乡村的院落布局形式，在保持光线充足、空气流通的同时，也保持了乡土建筑的基本风格[80]。

图 3–14　波士顿城市总体布局图[80]

2）活力形态——多样性的文化有机体　多样性是城市的天性，是城市活力之所在。从人类社会的角度而言，正是多样性的民族文化确保了人文世界的丰富多彩和生机勃勃。联合国教科文组织指出："各种复杂系统从其多样性中汲取力量：一个物种从基因的多样性中汲取力量，生态系统从生物的多样性中汲取力量，人类社会从文化的多样性中汲取力量。"[81]复杂有机的城市网络是在多样性的文化环境中生成，而城市生活及公共空间多样性起着关键性的作用。有鉴于此，简 · 雅各布斯提出了城市作为多样性的文化有机体的四大要素：形形色色的节目活动、本质精致的都市形式、种类多样的硬件材质，以及所有重要的参与分子，在此基础之上，还应当加入第五项要素，亦即一栋刻满风霜的建筑所经历的岁月。

3.3.2.2　外在技术的有机建构

城市犹如一个复杂的有机体—— 一个相互关联的复杂网络组成的有机体，复杂性的技术不仅能够为我们提供多种多样描述和建构有机城市的手段，而且能够为我们提供与复杂世界相适应的方法。

1）审美维度——基于对有机体肌理的写仿　从审美维度出发，城市设计师"由外而内"地建构着有机的城市形态。以美学研究为主的学者们通常认为，"有机"的环境"意味着悠闲、思索和令人愉悦的宁静"[5]，"有机"的形式就意味着以自然作为灵感的来源，利用自然地形条件布置出各种弯曲的形式。早在 18 世纪的英国就已经开始了追求浪漫主义风格的造园运动，设计中强调营造田园的情调和曲线的美，与英国本土的自然条件相适应。这一时期的园林设计犹如优美的图画，所以常被称作“如画的园林”。这种追求自然主义的设计风格与古典主义风格模式相比，仅仅处于边缘性的地位，但是却同样得到了学者们的推崇。最有代表性的是卡米洛 · 西特，他在 1889 年出版的《按照艺术的原则建设城市》一书中提出了一整套的城市设计理论和美学思想，表达了他对于城市艺术形式原则的关注。他总结出了一整套的“不规则”的形式理论，以反对千篇一律的几何形式及奥斯曼式的尺度，如弯曲的街道、圆润的街角、出人意料的小绿地等都是设计中应具有的重要要素及细腻的手法（图 3–15）。第二次世界大战以后，由于人们对盲目的方格网形式的极度厌倦，使得弯曲的形式成为一种竞相追逐的时尚，设计者常常依靠直觉来建构弯曲的形式和图形，官方甚至将弯曲的街道形式作为一种行之有效的街道模式来推崇。例如美国联邦住宅管理局的官方宣传册中就特别偏爱曲线形的街道系统和 T 字形的道路交叉口，并冠以“居住小区的典范”这样的名称[5]。实际上，这样就促成了全国范围内“有机”形式的复制，甚至演化成为又一种僵化的标准和顽固的形式——规整网格形式的变体（图 3–16）。

图 3–15　布鲁塞尔鸡市街街道设计图[5]

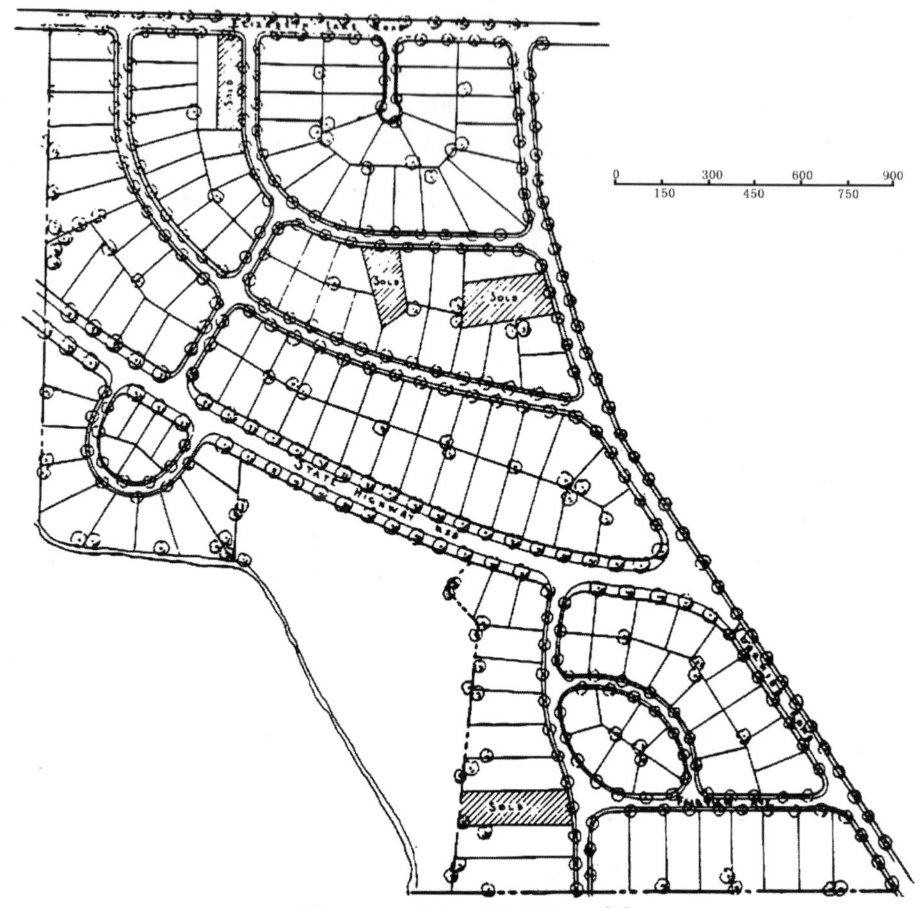

图 3–16　某小区规划平面图[5]

2）功能维度——基于生物体机能的仿效　从功能维度出发，城市设计师对于生物体机能的仿效带来了另外一种“由内而外”的有机的城市形态。面对现代城市的无限膨胀和拥挤状况，埃比尼泽 · 霍华德在 1898 年出版的《明日的花园城市》一书中，为人们描绘了一套兼有城市和乡村优点的理想城市图景。他的设计理念并不是以曲线形的道路和乡村式的房屋等艺术形式为基点，而是着意于提供一种增进社区感和提高生活品质的设计方式，住宅的组织密度、关联方式以及住宅与道路之间的位置关系才是花园城市的设计要点。这种理念在城市设计上受到了极大的推广和广泛的欢迎，主要应用于城市郊区和新城的规划设计中。霍华德的学生帕特里克 · 格迪斯提出了另一种解决由快速城市化带来的城市问题的方案。他在 1914 年出版的《进化中的城市》一书中，表达了他所提倡的城市普查的概念和“调查—研究—规划”的综合性的区域规划研究方法。他认为，在进行城市规划和设计工作之前要对特定区域范围的地形、地质、经济、生活、历史及相关的问题进行全面的、综合的调查和研究。他将这种方法运用到印度伯尔拉姆布尔城市更新规划中，主要的设计目标就是要在改善原有卫生与交通条件的同时，保留当地传统的居住模式。具体措施包括：对原有街道进行加宽，以调节场地内的气候环境；在街道中段开拓一些开阔的场所，以容纳印度传统的公共生活（图3-17、图3-18）。他鼓励设计师从老城市纷乱的形式下发现城市的灵魂，从城市的发展中感觉生活的有机秩序；鼓励公众参与到设计中来，以自己的个性来营造自身生存的环境和空间。格迪斯的思想后来被花园城市运动的追随者所吸收，并催生了许多有悖于规整的、纯粹技术性方格网的城市肌理形态，一种"宛如从泥土中生长出来"的优秀的城市设计作品。一些建筑师甚至提议对城市网格进行有机的功能组织进行立法，以使其真正成为土地开发、建设和设计的基础。芬兰裔的美籍建筑师和规划师伊利尔·沙里宁，于1918年提出了有机分散的思想和理论，并于1948年出版了著作《城市：它的发展、衰败与未来》。在他看来，城市的有机分散秩序是从自然界的生物演化规律中推导出来的，所以，应当对城市内大块集中的部分进行分隔或分散处理。例如，通过卫星城建设来重组城市的功能与空间；通过保护性的绿化地

图3-17　伯尔拉姆布尔城市总平面图[5]

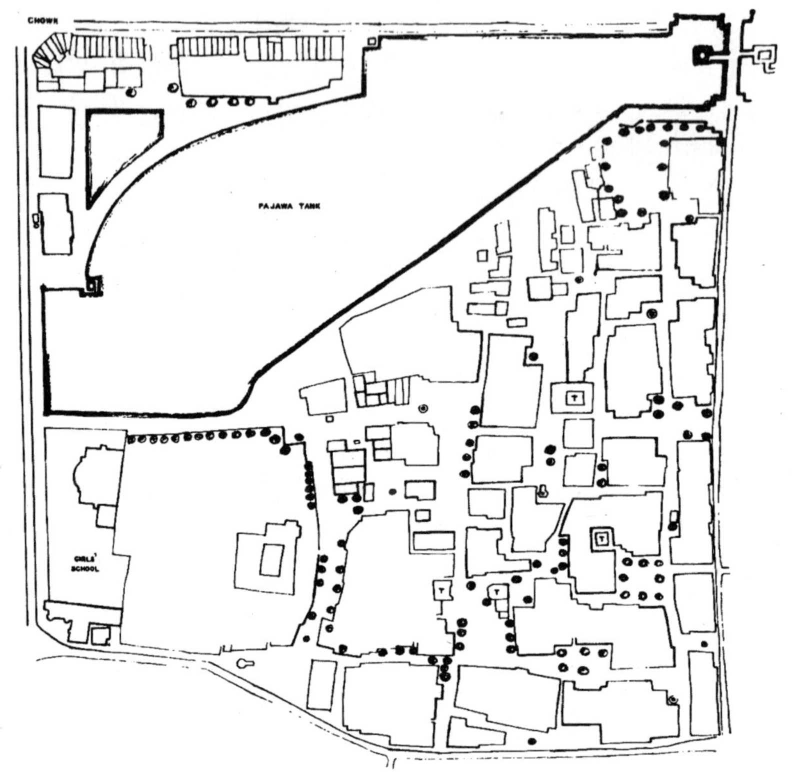

图 3–18　伯尔拉姆布尔城市更新规划平面图[5]

带对各个功能区域进行隔离[60]。美国著名的建筑师劳埃德·赖特也是有机分散思想的典型代表，在他的两部著作《正在消失中的城市》(1932）和《广亩城市——一个新的社区规划》(1935）中，都集中地反映了他重视自然环境，同时重视人工环境与自然乡土环境相结合的规划思想——一种“没有城市的城市”的思想。

3）场所维度——基于气候环境变化的应变　在考虑各种各样具体技术的应用时，不能对它们预先进行价值判断，因为它们不仅服务于解决经济和功用的问题，还可能有助于建立真实个性的“场所”[5]。V·奥戈雅结合 20 世纪 60 年代之前设计与气候、地域关系的研究成果，提出了“生物气候地方主义”的设计理论，他认为，设计应当遵循“气候→生物→技术→建筑”这一整体性的过程，突出设计与地域气候环境的有机结合。城市建筑形态的地域性特征之间存在着巨大的差异性，例如亚洲与欧洲迥异的建筑风格，寒冷地区建筑与干热地区、湿热地区建筑的巨大反差，平原地区与山地建筑的明显对比等等。例如在巴基斯坦南部城市，几乎每个建筑的顶部都有风斗，它们有如抽象的群雕，给沙漠城市的天际线增添了独特的风景（图 3–19）。而这

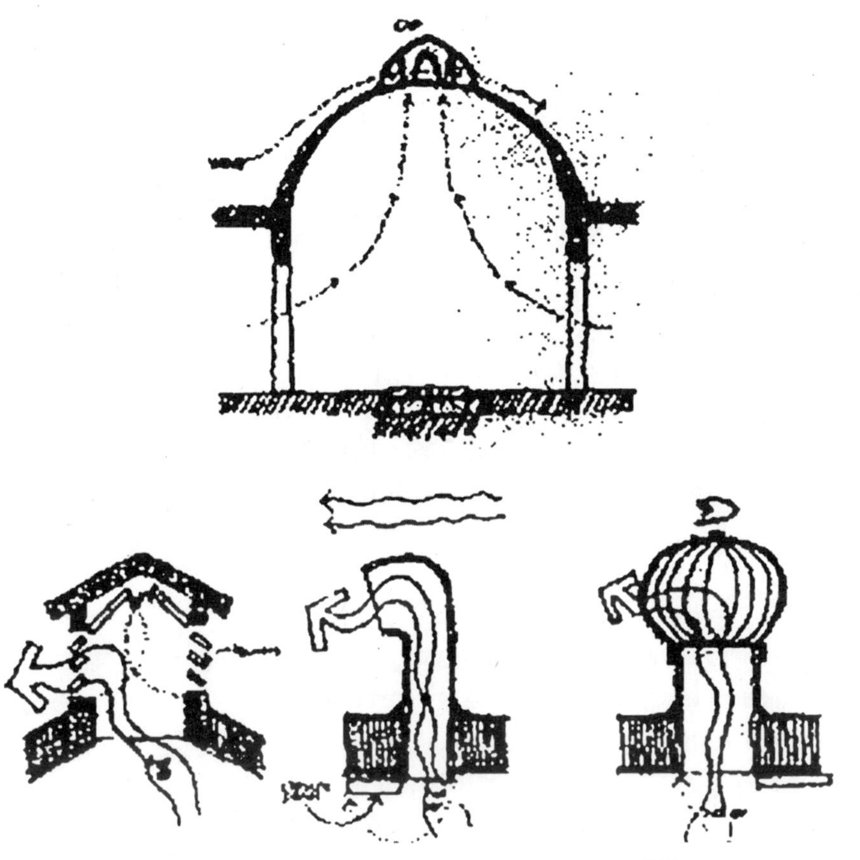

图 3-19　中东地区建筑顶部通风设计分析图[82]

种文化景观主要是源于一种通风技术——为解决当地酷热天气所带来的不适而采取的一种使室内外空气相互流通的本土技术手段，这种技术早在古埃及以及 1200 年前的秘鲁就已经开始使用。这种通风技术本身就是一种源远流长的文化，根植于特定的地域和特定的民族。还有伊斯兰建筑庭院中的水池，那是为了在炎热的气候条件下创造清凉、湿润的小环境而设的"降温元素"（图 3-20），地域性的技术实践着地方建筑文化的创造。

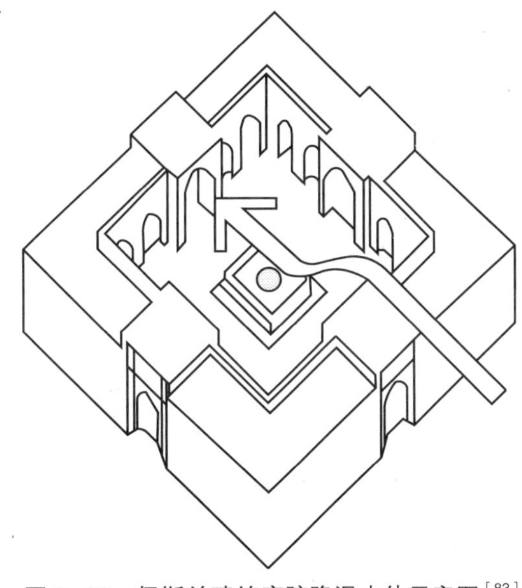

图 3-20　伊斯兰建筑庭院降温水体示意图[83]

4）信息维度——基于资源环境系统的配置 物质、能源和信息是组成世界的三个基本元素，同时也是人类可利用的三类基本资源。在人类文明史上的三次技术革命中，三类基本资源分别主导了人类社会三次变革：从农业社会到工业社会，再到信息社会。在任何时代，物质资料的生产、分配、交换、消费的经济活动，始终是人类生存与经济社会发展的永恒问题，信息时代也不例外。首先，信息通信技术（TIC）的开发和利用，将传统的公共服务设施置于更复杂的网络系统中加以考虑，使得人类社会的制度、组织、管理结构以及生产方式、消费方式和思维方式产生一系列的变化，并更能够适应多样化的需求。其次，信息经济的活动方式、运行基础、依托力量、根本动力与传统经济相比，都发生了根本性变革。信息资源将在很大程度上减少不可再生资源的消耗，使其得到更合理的配置。最重要的是，这种建立在高效的信息反馈和信息控制的基础上的新机制，使得我们可以及时发现现实的问题和提前预知可能存在的问题，迅速处理危机，并促进不断的创新和超越，一种新的人与自然相互适应的模式将随之产生。再次，与传统经济运行不同的是，信息经济运行的整个社会生产过程不仅仅是物质资料生产过程，而且是与知识技术过程、生态技术过程相互交织和统一运动的生产过程，它能够使整个经济活动朝着物质资料生产、知识智力生产和生态环境生产有机结合与协调发展的方向运行，从而形成可持续发展的经济系统。

5）科学维度 ——基于混沌理论的有机建构 城市作为混沌系统，具有系统的复杂性和内在的随机性，表现在城市形态上就是“混乱”和“无序”——自然生成的秩序形态。混沌理论的研究以及建构复杂系统的科学方法，为我们掌握自然规律和混沌的秩序提供了有效的工具和简单的数学模型，而这些简单模型应用于复杂问题往往比复杂模型更有效。

（1）复杂性的有机建构。经典科学对简单性和复杂性进行了形而上学的划分，认为简单的原因只能产生简单的结果，复杂的结果必然来自于复杂的原因，而非线性科学则给予简单性与复杂性以新的解释，并且在更高的层次上将二者统一起来。简单性和复杂性之间并不存在截然分明、非此即彼的界限，“复杂是简单存在的基础，简单是复杂存在的真谛”[84]。我们的简化和抽象能力，能够使我们在面对个体和环境时有一定的预测能力，但是，当我们的简化导致过度理想化的世界时，我们就有与现实和生活相脱离的危险[84]。复杂性是系统长期演化的结果，然而极度复杂的系统也有一定的简单性，如混沌具有混沌序，即使是简单的方程经过千万次地重复迭代，也会产生复杂的混沌解。所以，只有抓住复杂的城市形态背后的简单规律，才能把握复杂的城市形态现象，也只有将这一简单的规律放置到特定的文化场域和语境之中，进行重新阐释，才能避免城市文化的缺失和城市形态的趋同现象。由复杂到简单的抽象过程（图 3–21），以及由简单到复杂的组织与设计过程（图 3–22），共

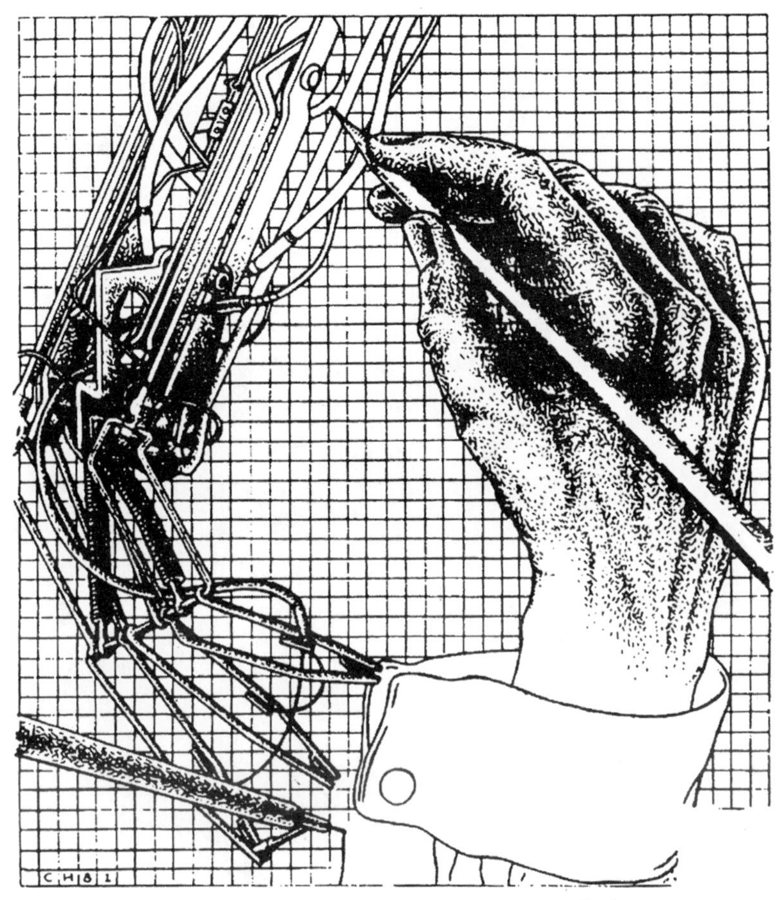

图 3-21　机器模仿的有机生命体形态[25]

同构成了完整的城市形态设计的组织机制。在城市形态的长期演化过程中，科学技术的进步、生活方式的改变、文化价值观念的转变，带来了持续性发展的动力，并促成了由“复杂→简单→复杂”的“循环—反馈”过程。循序渐进，生生不息，这正是城市活力之所在。

图 3-22　埃舍尔的绘画作品[85]

（2）分形性的有机建构。分形理论的研究，使我们看到在极度复杂的现象背后存在着意想不到的简单规则，它给自然科学、社会科学、工程技术、文学艺术等极广

图 3-23 自然的“树”

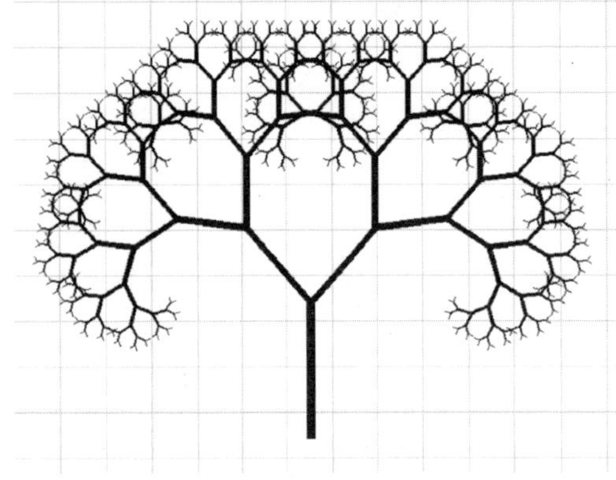

图 3-24 计算机描绘的分形“树”

图片来源：http：//www.math.sjtu.edu.cn/jidi/sxsy/sybj/fxyj/doc

泛的学科领域，提供了一般的科学方法和思考方式。同时，分形几何学和分维结构的系统研究，使我们掌握了城市设计与评价的量化工具。通过分形几何学的计算方法，我们不仅能够通过简单的数学公式，尽量真实地模拟出自然“树”的形态（图 3-23、图 3-24），对于城市复杂的秩序及种类各异的形态构成，也能够提出简洁有力的描述和建构方法，从而打破了“有机体不能创造”的说法。“一个城市的结构可以由共同语言中个别建造行为的相互作用构成，比蓝图或总图更深、更复杂。而且的确，正像你的手，或像窗外的花丛，它是控制各部分建构的规则相互作用产生的最好的结构。”[86] 例如，城市交通网络是城市空间形态发展的基础骨架，而城市外部形态是城市自组织演变的结果，利用分形这一技术手段，对城市交通网络空间组织结构特征及城市外部空间形态演变进行分析探讨，得出的分维数可以揭示出城市内、外空间形态复杂变化的一般性规律。

3.3.3 生态的双向组织思想

“生态城市”是未来城市发展的主要目标和根本标准（图 3-25）。“生态”的概念中包含了一种长时间中形成的文化与自然的适应性与合理性，同时也包含着人类对未来与自然环境之间平衡与和谐关系的美好憧憬[87]。20 世纪 90 年代后期，城市空间形态研究的热点已由 50~60 年代以高科技为背景的技术主义，逐渐转向到信息化时代城市生态化的研究方向。从田园城市一路走来的现代城市理论中，保护生态环境的意识日益深入人心，从可持续发展的生态技术城市过渡到可持续发展的文化生态城市。生态意识促进了生态技术的发展与文化生态概念的诞生。文化生态学的研究使我们获得了一种新的世界观，这种世界观要求我们用整体性的思维方式来认识世界，即：整个世界是一个有机的生命系统，整体与部分的区别只具有相对的意义，它们之间的关联才是根本[87]。当我们用整体性的思维方式来看待人与自然的关系和技术与文化之间的关系时，看到的就不是两者的冲突和对立，而是两者的和谐与融合。运用整体性思维制定的科技指标，不仅可以有力地推动经

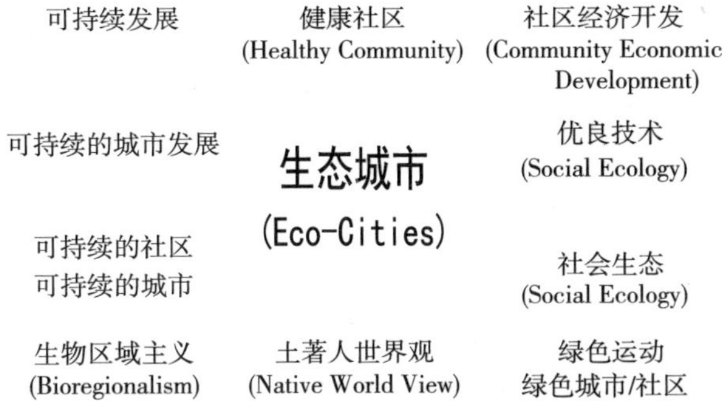

可持续发展
健康社区
(Healthy Community)
社区经济开发
(Community Economic Development)
可持续的城市发展
生态城市
(Eco-Cities)
优良技术
(Social Ecology)
可持续的社区
可持续的城市
社会生态
(Social Ecology)
生物区域主义
(Bioregionalism)
土著人世界观
(Native World View)
绿色运动
绿色城市/社区

图 3-25　生态城市概念的含义[87]

济、社会的发展，而且可以有效地保护环境，进一步促进科技文化和人文文化的融合。

“一法得道，变法万千”，中国的这句古语中蕴含着一个生态性的思想，即：作为设计的基本哲理的“道”是共通的，而作为形式变化的“法”却是无穷的[6]。飞速进步的现代技术可能会破坏场所的特殊性，然而，场所毕竟是局限性的，它不应当抑制技术的无限潜能，技术的利与弊关键看建筑师是如何应用的。反之，传统生活方式及生产方式都是在长期与大自然相处中产生的，他们的生存策略以及他们对大自然的理解与现代的科学技术文化有很大的不同，这其中的智慧、经验都是科学技术文化难以完全代替的。事实证明在不确定的气候变化影响、社会变化影响的问题上，科学家们正在努力用更高级的科学手段去解决自然生态上所面临的问题，而文化生态学家则采用一种文化的观念以及人对自然的一种态度和一种理解来寻求应对问题的方式。在“对不确定的未来进行规划”的过程中，科学只能解决线性方面的问题，而非线性方面的生态问题，许多传统文化在某些方面做得也许比现代科学更合理，二者相辅相成。

3.3.3.1　技术与生态的协同

在文化生态系统结构图示中显示（图 3-26），与自然环境最接近和直接相关的是科学技术，它与环境之间强烈交互作用，这就意味着城市对环境的适应和相互承受能力，必须依靠生态技术及其手段来完成。而这时，技术不仅仅作为工具而且转化为意念、理性及其作为文化要素的一切表现力。技术与生态的协同之紧密，有众多采用技术手段实现建筑生态化的实例作为证明，人们在利用现代技术对

文化环境
主体作用
社会
（主体）
价值观念
社会组织制度
经济体制
科学技术
自然界
环境作用

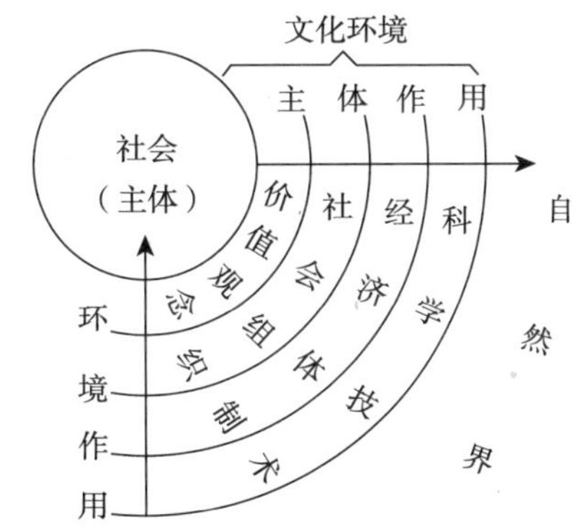

图 3-26　文化生态系统结构模式图

图片来源：http://140.128.103.1/web/content.asp?ID=18042

风和阳光的挖掘、使用之中遵循着生态及可持续原则，创造着崭新的“生态”城市和居住模式。生态的技术设计准则要求充分考虑规划设计所涉及的区域，充分考虑到各城市生态要素，根据自然生态规律确定的技术发展的界限，用可持续性指标作为执行标准进行控制，并为城市形态的设计设置了最低限度准则和最高限度准则。

1）最低限度准则 科技的发展和应用不能超越科技指标规定的最低限度，一旦超越了就会危及人的生存和社会发展，因此，科技指标的“最低限度”应以不危及人的生存、不损害社会的稳定为标准，节约不可再生的有限资源和能源。这里的“最低限度”，既是对技术应用的最初的、基本的规范和原则，又是对技术的应用作出的最小范围的限制。生态规划的任务就是要以尽可能小的物理空间容纳尽可能多的生态功能，以尽可能小的生态代价换取尽可能高的经济效益，以尽可能小的物理交通量换取尽可能大的生态交通量。英国学者舒马赫在《小即美好》一书中提出的“中间技术”以及英国设计师威尔夫妇倡导的“满足人们生活的基本需求”和“技术足够”的思想，都是以节约能源、保护生态环境为原则，使技术朝着温和、优美及人性化方向发展的典范。随着经济和社会的发展，这一“最低限度”还需要不断地补充和提升。

2）最高限度准则 科技的发展和应用不能超越科技指标规定的最高限度，一旦超越了这个限度，同样会危及生态系统的平衡。因此，科技指标制定的最高原则就是不能导致生态系统出现无法自我恢复的失衡状态，重视原生态环境的保护，合理开发资源。这里的“最高限度”，一方面是指在满足市场的合理要求的同时，限制过度的、超前的以及对原生态环境影响显著的需求。另一方面，则是指在满足基本限制的同时，最大地实现技术与人文的融合，以居民的利益为标准，来决定技术在设计中的运用。

3.3.3.2 文化与生态的协同

人类是靠文化来与环境发生互动关系的，而对人的社会化影响最直接的是价值观念，即风俗、道德、宗教、哲学、艺术等观念形态的文化。根据文化生态学理论可知，文化并不是经济活动的直接产物，它们之间存在着各种各样的复杂的变量，山脉、河流、海洋等自然条件的影响，不同民族的居住地、环境、先前的社会观念、现实生活中流行的新观念，以及社会、社区的特殊发展趋势等等，都给文化的产生和发展提供了特殊的、独一无二的场所和情境。

1）传统文化资源与自然环境的协同 通过传统文化和宗教来达成人与自然的和谐关系，是实现自然生态保护的有效途径和重要方法。许多地方的传统文化和生活方式都是在长期与大自然的和谐相处中产生的，原始的生存策略及对大自然的理解与现代的世界有很大的不同。人类未来的发展需要多种智慧和多种的经验来支持，即使是落后民族，它们在大自然中发展出的一种生存的策略、生存的技能也许都是我们在未来社会发展所可以借鉴的宝贵财富。

2）地域文化资源与自然环境的协同 人类是在改造自然和利用自然的过程中设计并建造城市，在这一过程中，形成并积淀了一种场所特定的文化符号，甚至是一种心理归宿感的文化要素。自然的种种限定孕育了强烈的地方性文化及建筑地域特征，虽然气候、地质、地形地貌、水系和其他自然资源，往往是形成场所特色的唯一性的个性化景观要素，但是，许多学者研究发现，不同的聚居形式并存于同样的风土环境下，相同的聚居形式也可以同时存在于不同的风土环境下，与风土环境相对应的聚居形式不一定是合理的以及与环境相适应的。那么，显而易见，土地的风土条件对于居住环境及聚居形式的影响仅仅是限定性的条件，而并非决定性的因素。

3.3.3.3 技术与文化的协同

在当今这个以“生命的信仰”为主导观念的时代，提倡尊重自然生态系统和地域社会文化模式的技术风格和组织形态，既受到可持续发展的生态学原理的启发，同时也受到各地区的多元文化历史和多样性的启发。“技术”既倾向于构成“合理的”、具有本身鲜明特征的形态，同时又整体地协同于人文的、社会的及其美学之中。这种双向协同的生态意识改变了技术研究的“思维定式”和设计方法，并形成了崭新的城市建筑与空间形态。生态技术超越了单纯响应气候的建筑设计策略，按照人的需求与环境双赢的原则，形成了与文化相协同的生态技术手段和方法。

1）中间技术 E·F·舒马赫从“以人为本的经济学”这一观念出发，提出了“中间技术”的概念。中间技术是建立在本土资源环境基础之上的，着重于发展地方经济；而且居住者本身对于技术的选择具有决定性的作用。“中间技术”与地方文化能够在三个层次上得到协同：第一，这种以“小即美好”为原则的技术能够真正地满足人的需要，符合人的实际；第二，这种多样化、分散化和小规模生产的技术，与工业技术的专业化和集中化的方向相反，符合自然与生命过程的要求；第三，这种技术倾向于手工劳动，所以更富于人性和创造性。

2）替换技术 丹皮特·杰克逊提出的“替换技术”是一种与社会文化相协同的技术类型。替换技术强调政治上的广泛分权，以及社会上的民主自由，强调科学技术与地方文化共存，同时强调保护生态环境。着重突出了与政治上是专权的、由专家阶层从事的工业技术体系的差别。

3）软技术 绿党把工业文明的机械技术称之为“硬技术”，而把他们提倡的技术称之为“软技术”—— 一种更为人性化的技术类型。“软技术”首先强调保护生态环境，理智地使用自然资源，提倡利用风力、水力、地热、太阳能等环保型的可再生能源，并主张采取封闭式的再循环技术，以便对资源进行多次利用和综合利用。其次，“软技术”强调对人性人情的尊重，利用小规模和分散化的技术形式，来实现社会劳动的公平分配，以及人们在社会中的联系和民主的权利。

4）多样性技术 日本著名的现代技术论专家星野芳郎提出的“多样性技术”是一种建立在自然生态规律基础之上的多种类型的技术体系。他认为，在开发技术时，必须把解决环境问题也一起考虑进去，绝不能单一地、无限地扩张以定量化、集中化和专门化为特征的巨型工业技术。在自然生态环境多样性要求和人类能力多方面发展的趋势上，不管是小型的还是巨型的技术，都具有一定的合理性。应当集合各个时代以及各种层次上的技术，包括传统技术、中间技术和先进技术来解决当今城市生态环境问题。

3.4 本章小结

城市是在物质与精神、科学技术与人文文化、城市本体与自然环境、创造者（人类）与被创造者（城市）等诸多相反相成的方面相互作用、不断变化而又不断相互适应的过程中形成的。在诸多复杂的现象中，我们也逐渐认识到不同城市类型产生的原因往往不止一个，而且所有的一切都是相互影响的，都是“联合因素”作用的结果。在城市形态的双向组织要素、双向组织特征及双向组织思想的整体认知中，技术与文化的双向组织关系得到了新的诠释。首先，以中介性的价值标准来反思持续的机械论传统和创造性的文化传统之间的关联。如：考虑自然本身的反应，对自然负责；考虑文化主体本身的反应，对人负责。其次，城市技术与文化“联合因素”的作用在于把熟悉的但原本无关联的部分用一种新的方式结合起来，它们共同决定了城市形态具备的四种双向组织特征：协同性双向组织特征、复合性双向组织特征、偏离性双向组织特征和颉颃性双向组织特征。这四种双向组织特征为城市形态的平衡发展和有机更新提供了契机。再次，技术与文化组织标准，以及技术与文化组织思想应当是互为参照系的关系，它们都以满足不同文化需求为目标，以期满足不同使用者的需求，并形成丰富多样的城市形态。

第 4 章　城市形态的双向组织结构

城市作为空间性的使用系统，是建筑存在的基本条件；而建筑作为实体元素，则以一定方式组合形成城市空间，二者之间以及二者与城市环境之间通过相互作用而形成的具有固有的内在关联性的空间结构，及其外在表象，共同构成了完整性的城市形态。技术与文化的双向组织作用正是在各组成“要素”之间形成“关联”的内在机制，通过它们建构了作为城市主体的人与城市本体之间的二元交互作用，形成了组构的规则，使得城市形态具备了安东尼·吉登斯所说的“结构二重性”[88]的特征，也即我们这里所说的双向度的组织特征。“结构二重性”在强调结构的制约性作用的同时，也强调主体的能动作用。结构双向性的观点实际上是吸收了后结构主义部分观点，后结构主义反对静态的两极对立，主张两极间的运动，如德里达主张“颠覆”两极间的对立关系，福柯则主张分析对立的不同类型、不同层次和不同功能，斯皮罗认为建构的过程是双向的，皮亚杰则论证了双向建构的连续和无限发展。总之，要看到对立本身是分化的，同时又是相互关联的。城市形态的双向组织结构正是强调两极之间的互动关系，同时也看到这种互动关系在时空交集方面的特性，即相对静止的共时性结构和永恒的历时性发展，也正是历史的连续性才打破了结构永恒的稳定性以及“主体离心化”的结构特性，形成主体融入结构的根基。物质的城市与人的城市始终都是相互关联和互相适应的，我们不能一厢情愿地忽略城市主体人的原动力，因为他们才是城市存在的根本理由，才是客观规律能够在城市留下印记的媒介[89]。

4.1　双向并置的组织结构

城市形态具有双向组织的结构性特征，既具有普遍性的一面，又具有特殊性的方面；既具有相对活跃性的一面，也具有相对稳定性的一面。其中，技术组织向度偏向于物质空间结构的建构，是由各种物质要素共同构成的结构统一体，包括城市物质设施的形体结构、土地利用及交通构成的功能结构，以及影响物质设施分布的局部环境结构；文化组织向度偏向于精神空间结构的建构，是通过隐性的文化要素对城市物质要素以及已经生成的显性文化要素进行组织而形成的结构统一体，包括意象结构、意义结构和景观结构，如表 4–1 所示。城市形态的设计过程，既倾向于通过普遍存在的经济技术及科学技术活动取得类似的总体性框架，同时也倾向于通过不同地域文化特性取得特殊化的局部形态，在不同的结构层次之间相互影响、相互作用，形成了城市空间的整体形态特征。

城市空间组织结构的整体构成　　表 4–1

形体结构	城市空间的真实几何形状和形体关联的再现
功能结构	各种功能相互联系、相互作用而形成的有机结合的整体
环境结构	以物理环境研究对城市空间的组织
意象结构	空间环境作用于人所形成的空间知觉及心理表象的相互作用
意义结构	空间作为场所的意义，包括事件及事件的发生给予物理空间的附加值
景观结构	城市空间中特征性要素之间的相互关联构成了城市特色的景观结构

4.1.1 技术组织结构

技术组织向度主要是以城市人造空间作为研究对象，总是试图为城市建立一个相对科学的、不变的整体性框架以及有效的空间结构，运用各种二维图式来表达形体内在的机能，进而对城市建筑、空间和环境形成由上而下的组织关系，三个要素之间的关联性不强，分别在形式结构、功能结构以及物理环境结构的建构中，各自凸显其独特的作用和地位（图 4–1）。

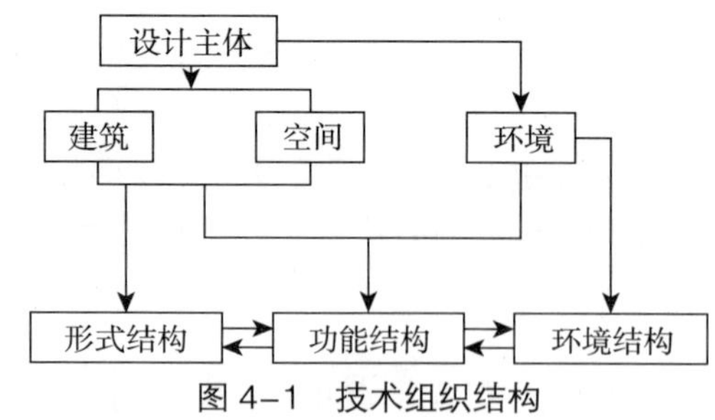

图 4–1　技术组织结构

4.1.1.1　形体结构

形体结构是城市空间的真实的几何形状和形体关联的再现，是城市空间、建筑与环境以一定的形体关系构成的形式。形体结构的组织是以一种绝对化的形象思维建构作为空间结构的秩序基础，以一种整体式的方法处理城市空间和建筑之间的相互关系。根据不同的形体构成原理，可以将其分为平面形体结构及技术形体结构。

1）平面形体结构 平面形体组合是一种被广泛接受的具有艺术偏向的设计方法，运用点、线、面等基本的视觉语言，并通过形与形之间的相互关系去概括建筑实体与城市空间之间的“语法”结构，以期表达某种设计理念或是某种整体的象征意义。城市空间各要素之间的关系建立在简单的二维平面之中，单体建筑具有充分的自主性，可以作为标志性节点而存在，同样也可以通过抑制个体的形式去强化整体组合秩序。L·科斯塔的巴西利亚规划体现出了一种平面形体结构的设计理念，城市布局骨架由东西向和南北向两条功能迥异的轴线相交构成，平面形状犹如一只展翅翱翔的飞鸟（图 4–2）。在 1912 年堪培拉举行的国际规划设计赛中，美国建筑师格里芬设计并中标的规划方案同样也体现出了平面形体结构的设计倾向—— 一种“本字形”的平面布局结构。两个设计都始终强调要用直线式的平面几何形体所体现的秩序来反映工业时代的城市建设精神。无论是巴西利亚的“飞鸟形”，还是堪培拉的“本字形”，它们都是独一无二的，都有其突出的吸引力，同时也有其难于适应城市自然发展规律的一面。

图 4–2 巴西利亚规划[90]

2）技术形体结构 技术形体结构是一种以技术至上的姿态出现的城市空间布局结构，意图运用技术手段扩展城市空间的形体机能，它是对现代城市问题的一种乌托邦似的解答，并使得传统城市结构被一种全新的模式取代。受结构主义语言学方法的影响，设计师们对新的城市结构提出了大胆的设想，城市空间结构具有建筑的序列化特征，而建筑结构则具有都市化的空间特征，城市宛如放大的建筑，建筑宛如缩小的城市。在此框架之下，活动场所被归纳为几何秩序的形式，实体的人造物则被自由地分配在空间中，相互之间由一个静态的交通网络系统连接，由此形成了严格定制的整齐的空间序列。丹下健三的东京都市规划构思极具代表性，体现的是新陈代谢理论的推广（图 4–3）。在这一规划中，他极力主张采用最新的技术来实现事物的生长、变化与衰亡的规律，以一种比较永久性的交通系统结构来支撑可变性的生活体系，从而实现城市、建筑、交通与环境之间的整体统一。

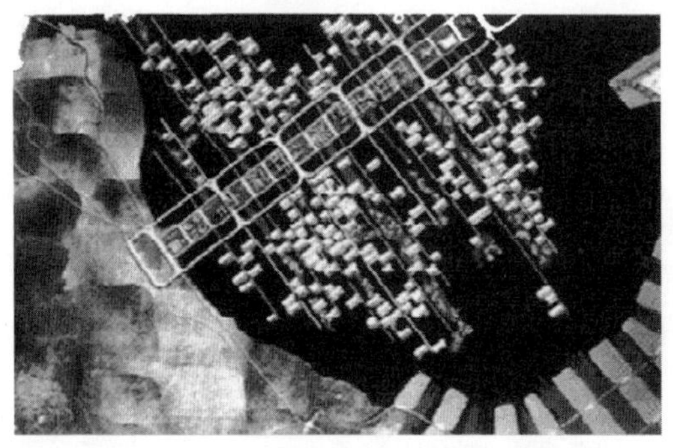

图 4-3 丹下健三的东京都市规划[90]

在城市设计中，由于这些整体结构性很强的形体结构模式在开始创造之时，就着迷于形式上的图式表达，所以势必无法对多样化的城市生活需求作出适合的解答。

4.1.1.2 功能结构

城市功能结构取决于城市空间现实化过程中的使用方式和程度，是对城市社会经济活动的直接反映，因此，它必然地遵循着传统自然科学的方法或者是经济学的效益定律，它与城市的形体结构之间相互配合并相互影响。道路系统作为城市空间的网络骨架，在城市功能布局结构上具有决定作用。为了满足快速的城市化进程及高效的城市现代化发展的需要，城市功能结构仍然要遵循《雅典宪章》中关于“功能分区”的部分思想，以保持各个功能分区之间的“平衡状态”与“合适关系”。

块状开发模式和公共交通模式是两种功效性的设计模式，它们以经济学原理作为基础构筑着城市空间、建筑与环境之间的关系。其中，块状开发是一种以“地块”分隔为基础的土地使用模式，单体的“块”可以是多功能的混合体，也可以是单一功能的区域分块，但是，趋于封闭的块与块之间都是被道路网络及毗邻的开发分开。这种模式适合于一些需要单独分开的功能区域，例如工业厂区。交通模式是另一种“划区的原则”，公共空间网络是以“道路”网络为基础而发展起来的，道路交叉点部位常常被作为城市公共空间发展的契机。勒・柯布西耶认为“交通模式”是一种更为理性的城市设计选择，他的城市设计思想就是以“交通模式”及“功能分区”这两种相辅相成的模式整合为特色的。从20世纪20年代晚期到40年代，随着《道路交通及其控制》、《城镇规划与道路交通》等著作中对不同交通模式的区分，城市设计相应地得到了深入的发展。这两种模式都是以交通作为主要的骨架进行组织，交通网络形成了城市的基本结构，及其土地利用和土地价值，开发密度和使用强度，以及公共空间的形式和人与人之间相互交往的模式[91]。

AG・汉贝尔将理想的功能结构描述为技术性的，鉴于交通技术的突飞猛进，在大部分城市中现代的“交通模式”已经主导了城市空间的功能结构及其发展趋向[92]。一些城市设计师以功能与效益为追求目标，“将高速公路作为一个孤立的人工建造物，而没有认识到它可能是新发展的激发点”，他们如同工程师一样，“设计交叉点时尽可能少地使用土地，并且保证汽车在离开高速公路时仍然保持原速，但是没有人想过如何将这些交叉点整合到那些凌驾于高架之上的建筑中间去”[93]。

4.1.1.3 环境结构

城市环境结构是在城市物理性空间环境的组织过程中生成的，环境结构的技术组织不仅影响着城市建筑的布局方式，而且还影响着三维的城市空间形态。20 世纪 60 年代，环境设计作为一项与多种学科相互交叉的复杂性科学，取代了建筑学作为城市设计主要问题结构的地位。英国生物学家 C · H · 沃丁顿宣称必须通过技术来让人们参与到环境演变的过程之中。人类在地球上的漫长和曲折的进化过程，已经到了这样一个阶段，即：由于科学技术发展的迅速加快，人们获得了更多、更好的改造环境的能力和应用方法，其中包括通过建立物理环境的设计标准，可以使人们在不同地方、不同空间都能够获得舒适的心理和生理感受，这种环境标准随时间和地点而异，以可持续发展的环境设计作为目标，遵循着经济、节能和生态等设计准则[94]。

首先，城市基础设施系统是保证城市健康生存和持续发展的支撑体系，可以说，没有现代化的城市基础设施，现代化的城市将无法运营。城市基础设施包括交通基础设施（机场、港口、铁路、公路、道路广场）和市政基础设施（给水设施、排水设施、供电设施、通信设施、供热设施、燃气设施、环保设施、环卫设施），对这些基础设施的设计和建设有强制性的技术标准、规范和要求。在地面上，基础设施将公共空间网络与生态环境框架组织起来；在地面下，将供水设施网络、污水处理系统、电路系统、燃气管道网综合光热系统网络以及地下交通系统整体组织起来。城市基础设施的布局方式极大地影响着城市建筑及空间的布局形态，在城市设计中，需要通过城市生态安全保障、城市正常运转以及经济性成本等方面进行逐一研究、分析和整合，对它们进行有效的定位。在我国一些城市中，由于环境基础设施的滞后发展或者说是前瞻性不足，特别是交通运输、电力、邮电、通信等与生产工业、日常生活之间关系的失调，对城市经济、社会和生态发展都产生了直接的负面影响。

其次，特定地域的生物气候条件是决定城市环境结构的重要因素之一，它不仅影响着城市空间形体结构的生成，而且还影响着地域建筑形式和风格特征。第一，基地的选址、市政基础设施布局结构、建筑密度、建筑和街道的规划设计以及开放空间的设计，影响着城市的气候环境。近年来，由于全球气候变暖，“城市热岛效应”问题在城市设计与建设领域也日益突出。通过对城市建筑布局形态及空间形体结构的调整，可以有效地减缓城市“热岛效应”的作用，使人们获得相对舒适的生存环境。例如，降低城市空间“热岛效应”最有效的方式就是风环境的设计（图 4-4），选择合理的城市建筑布局方式、建筑体量、造型和结构模式，使风能够在一定的范围内形成一个环流，通过大气环流的原理，热岛与周围地区的空气进行交换，以此可以降低不断升高的城市温度。城市绿地布局方式及其覆盖率同样是影响城市气候环境的重要方面，正确选择城市生态基础设施及绿化网络的布局方式，对于吸收太阳的辐射、缓解城市“热岛效应”起着重要的作用。第二，对气候环境本身的有效利用也将影响到基地的选址、市政基础设施布局结构、建筑密度、建筑和街道的规划设计以及开放空间的设计。例如，“日照范围”就是影响城市空间形态的一项重要指标。在城市规划与设计中，根据综合地形、朝向、地理纬度、日照与能源的有效利用时间、用地的几何尺寸等因素，通常要求建筑的规划布局、建筑物尺度、形状和结构能够保证在规定的时间段及规定的范围内没有遮挡（图 4-5）。在城市市区，相邻用地的日照范围是相互影响的，同时，日照范围也决定着新开发的项目、建造的房屋建筑以及有待开发的项目及其相应的环境关系。依照不同走向的街道计算出的日照范围进行的建筑物布局设计，最终也导致了城市基础设施规划布局的不同[95]。

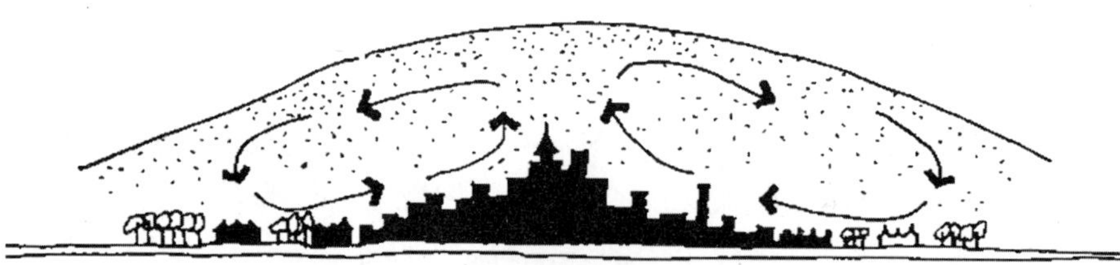

图 4-4　城市热岛效应分析图[95]

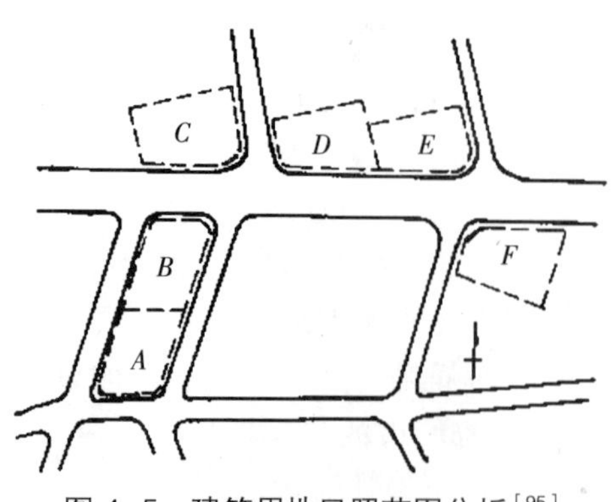

图 4-5　建筑用地日照范围分析[95]

4.1.2　文化组织结构

作为文化主体人的融入，才使得城市空间具有文化特性，进而形成能够服从社会需要的城市空间结构（图 4-6）。正如芬兰建筑师伊利尔·沙里宁所说：“让我看看你的城市，我就能说出这个城市居民在文化上追求的是什么？”[60]通过文化主体的认知、感受和选择，城市建筑、空间及环境等要素之间形成了交互性的关联，进而生成了城市内在的空间组织结构：意象结构、意义结构和景观结构。

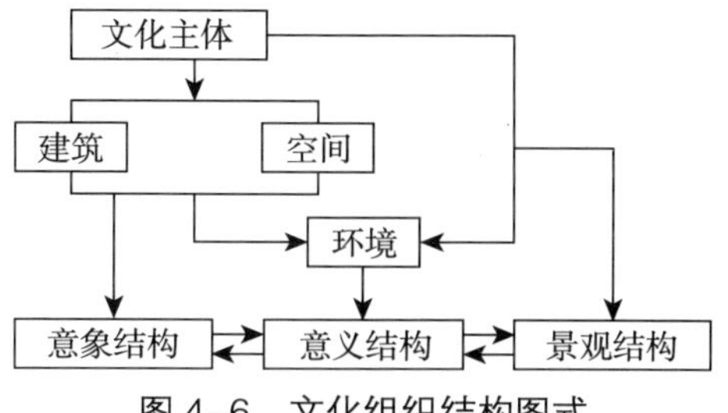

图 4-6　文化组织结构图式

4.1.2.1　意象结构

“意象”是人们通过感知获得的对空间的心智想象，也即主观情意与客观物象交融而成的心理形象。城市空间意象结构反映的是城市内居民个人或群体对城市环境的感知，而感知正是人类行为决策的基础。基于“主体感知”的城市设计理论研究（表 4-2），我们可以认为，在城市空间的认知过程中，空间连续统一体被划分为一个个容易被感知的“人工单元”，包括道路、边界、区域、节点、标志物等五种元素，这些单元不仅符合空间环境的特征与对环境信息的理解，而且还是具有独特属性的并与特定行为相关联的空间元素。人们对城市空间环境的认知即是各单元的集合，将这些影响元素统称为意象单元，即对于公众皆很有可能唤起强烈意象并影响人们空间行为的有形物体。从“实体—空间”的角度分析各类意象单元，又可以将“意象单元”归纳为两个部分：一个是形式性意象单元，另一个是功能性意象单元。

基于“主体感知”的城市设计理论研究　　**表 4-2**

研究主题	代表人物	研究模式	研究内容	评价模式
城市意象	凯文 · 林奇	点—线—面	视觉感知和空间体验；强调主体的主观感受	可意象性、可读性；强调个性和结构特征对意象过程的意义
字母城市	Stephen T.Johnson，Puffin Books	实体—空间	城市实体与城市空间结合形成连续的街区及相应的空间结构	强调网格建筑发展的灵活性，保证在限制中有自由和足够的发展空间

在城市中，空间和实体是一对具有拓扑关系的基本结构要素，实体对空间的占有以及空间对实体的约束都是两者调节关系的重要手段。从意象结构上看，秩序的核心有两种基本模式，即以实体单元为核心的形式意象单元和以公共空间为核心的功能意象单元（表 4-3）。欧洲城市建设模式和美国城市建设模式，就是两种模式的典型代表。正如马里奥 · 甘德尔松那斯（Mario Gandelsonas）所说：“相对而言，在美国，城市建设之前建筑具有优先权，而在欧洲，建筑对城市的干预是在公共空间建设之后，广场和街道等城市公共空间为建筑提供了城市性实践的基地。”[96]

城市意象结构的整体构成　　表 4-3

分类		关键特性		具体表现
实体单元	建筑物 构筑物	精神与感知	象征性 记忆性 联想性	政权信仰 情感结构 生活方式
公共空间	公共交通	到达与连接	连通性 可达性	公共交通 步行活动
	交往空间	使用与活动	活力性 独特性	公共生活 社交网络

1）实体单元——形式性意象单元 形式性意象单元就是“在单个物质实体、一个共同的文化背景以及一种基本生理特征三者相互作用的过程中”[97]所达成的一致性的领域——大多数城市居民心中拥有的共同印象。

（1）强制性的保护单元。具有特定文化意义的城市空间、建筑和自然环境都是城市特色资源的重要组成部分，它们的存在共同体现着城市连续性的时空发展结构。哈尔滨有着悠久的历史和灿烂的多元文化，由于内外诸条件和因素的作用与影响，而使其成为具有独特风貌的历史文化名城。纵向文化脉络的标绘（图 4-7），可以清晰地突出城市特色文化景观的构成，进而为城市发

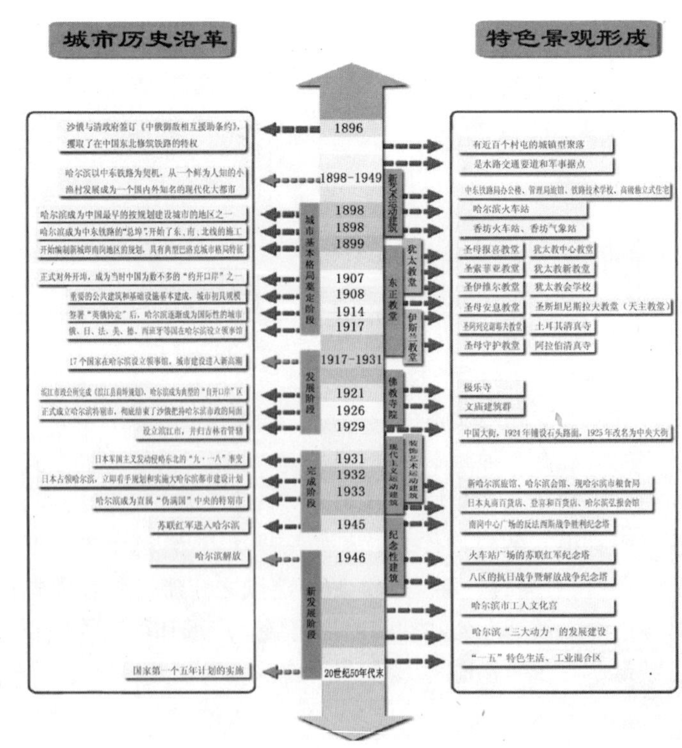

图 4-7　历史沿革与文化景观的形成

展特色旅游提供可能的路线。历史性遗迹构成了连续性的树状空间结构，它们可能是不同时间内的标志性城市空间和建筑，或者是至今保存完好的历史性保护建筑和街区；也可能是记录着某项重大历史事件的空间及实体，这些元素共同构成了城市具有文化特色的点集，是城市重点发展的对象。在设计中，以这些元素为核心对一定范围内的其他物质对象进行控制和影响，能够生成一系列有特色的空间结构和文化景观。

（2）标志性的形式单元。不同类型的建筑，也必然导致不同类型的城市空间组合，有些建筑因其突出的功能类别和位置而成为重要性的形式意象单元，如：城市的政府办公建筑、寺庙、著名事件的遗址建筑、建筑群体及标志物等等；而有些建筑则因其别致的造型形态或突出的高度而成为标志性的形式意象单元。设计精妙、构思奇巧、造型独特的建筑具有独特的艺术感染力，它们不仅能够带来视觉上的冲击，而且还能够烘托不同的文化气氛。1902 年，由芝加哥建筑师哈德逊 · 丹尼尔 · 伯纳姆在美国纽约设计的“熨斗楼”（图 4–8），由于独特的形式特点，被认为是最有文化的、最美的建筑物，成为纽约市的象征性标志物。还有许多因高度突出而成为城市标志的建筑物、构筑物，也占据着重要的位置，对城市整体视觉秩序有巨大的影响。如以“铁娘子”著称的巴黎埃菲尔铁塔（图 4–9），以其高度上的重大突破而成为巴黎重要的标志建筑之一。由于其自身具有的独特意义和精神价值，它的建成极

图 4–8　美国纽约熨斗楼

图 4–9　法国巴黎埃菲尔铁塔

图片来源：http：//www.ourbuilding.com/Fitment News Detail.aspx ？ NewsID=7611

大地影响着周边环境的建设，包括周边建筑的高度、广场的形式以及整体贯穿的街道布局。

（3）母体性的形式单元。所谓“母体”，就是指那些承载了历史文化信息，经过多次或者是多种类型的复制，形成的易于识别和被感知的基础单元。有的建筑本身构成了一种独特的城市空间形式,同时作为一种容易被识别的“母体”建筑而存在，包括小型的街区、院落式围合的建筑等，因此而具有空间的活力性及可意象性特征。例如德国城市中心的围合街区，它们是一些既能从形态上限定，又从社会交往关系角度表现城市空间公共性的“院落式”形式类型（图4–10），并且成规模地散布在城市空间之中。

图 4–10　德国某城市中心的围合街区

2）公共空间——功能性意象单元　城市公共空间作为功能性意象单元，因其具有的功能性凝聚力，而成为易被人们认知的可达性空间。街道和广场共同构成了城市的功能性意象单元，它们既可以是由建筑物围合而成的场所，也可以为建筑物的展示提供有利的条件[98]。它们常常与城市事件、活动和行为发生关联，涉及个体在城市中经历与体验的开放空间或自由空间的片段，以及形式性意象单元之间相互联系的片段，强化了空间的“归属感”以及场地的情感联系。

（1）街道：街道是一个城市的主要公共空间，它是一种重要的道路设施，并作为相邻房屋之间的线性连接部分。与承担交通运输的道路相比，街道不仅仅具有通行功能，同时又是社会交往的表现舞台，体现出城市生活的文化氛围。

（2）广场：广场是公共活动发生的重要场所，是一个城市被识别和理解的要素之一，具有强烈的功能意象性。一个广场的视觉吸引力很重要，但是它的活力更为重要。

4.1.2.2　意义结构

特定的文化赋予了城市空间及其环境作为“场所”，以及区别于其他场地的意义，这一意义是“由个人或群体与空间的相互关系产生的”[91]，包括了事件及事件的发生给予物理空间及空间的意象结构的附加值。反过来可以说，透过意义的渗透，个体、群体或者社会把“空间”转变成为“场所”，意义在主体之间的交流中产生，并在不同的理解过程中产生了不同层面的意义结构（表 4–4），与此同时，意义结构的生成将自然地引导着人的行为活动与交往模式。

基于“场所意义”的城市设计理论研究　　表 4–4

研究主题	代表人物	研究模式	研究内容	评价模式
城市类型学	阿尔多 · 罗西	形式—类型	从历史中提炼出形式原型及关系原型，侧重历史性和社会性	强调城市与建筑的历时性连接、共时性连接，进而生成连续性和整体性的城市形态
行为模式	扬 · 盖尔	交往—结构	社会关系与建筑布局之间密切相关，以公共空间的研究促成人们社会交往的方法	从人及其活动对物质环境的要求这一角度来研究和评价城市和居住区中公共空间的质量
模式语言	C · 亚历山大	秩序—结构	人的行为方式和认同感；综合时间、空间，建立场所的层次结构	场所的个性、适应性及灵活性；环境与行为结合的紧密程度
邻里单位	克劳伦斯 · 佩里	邻里—结构	要求在较大的范围内统一规划居民住区，使每一个“邻里单位”成为构成住区的细胞	顺应现代城市交通网络系统结构的变化，优先考虑人们在住区生活中的安全、卫生、舒适等感受
新城市主义	安德雷斯 · 杜安伊，伊丽莎白 · 普拉特–兹伊贝克	社区—结构	以公共交通为导向的开发，以传统住区为导向的开发	采用网格状的街道系统，以便为人们提供多种路径选择，并可降低小汽车的速度，为行人和自行车提供方便

1）高级意义——象征结构　高级意义主导下的城市空间结构，是以历史信息与神圣关系为基础的空间序列，着重强调表达某种象征性的概念。结构本

身是由场所或是构成场所的实体性纪念物以及它们之间相互连接的道路或街道构成的—— 一种罗西式的结构观。城市生活的印记在不断的积淀中凝固成具有一定含义的形式，这种形式传达着某种概念，表达着某种象征。这种超出了视觉形象的部分正是指形式的意义，这种意义是连续的历史在当前时空下的反映。事实上，一切看得见的东西，当它们显示出象征意义时，也就是说当我们对它们作比喻性的解释时，它们都与一些看不见的意义与观念有关，也就是说与特定的事件或历史相关。城市形态也是如此，它总是包含着某种特定的历史信息或纪念信息。不管是在古老的城市中，还是在新兴的城市中，人们都能清楚地看到和体验到城市结构所具有的历史性和阶段性。在古老的城市中，不同历史时期的建筑和街道比肩继踵，令人目不暇接；即便是新兴城市，由于其本身的形成过程就包含了阶段性的时间历程——过去、现在和未来，因此也必将在某种程度上表达着纪念性和象征性的寓意。

2）中级意义——行为结构 中级意义主导下的城市空间结构，是以社会生活与行为模式为基础的空间序列，着重强调社会关系的表达。“社会诸要素及其相互关系按照一定秩序所构成的相对稳定的网络”[99]，在限定了空间的同时，也限定了空间要素之间的关系模式。同一空间在不同的文化环境和背景之下所容纳的行为活动和社会秩序不同，即意义不同。

（1）交往—结构。交往的主题强调社会文化的多样性，希望通过公共空间的组织来引导和鼓励多样化的人际交往活动，借以解决现代社会中阶层隔离和社会疏离等问题。扬 · 盖尔的“交往—结构”，强调从人及其活动对物质环境的要求这一角度来研究和评价城市和居住区中公共空间的质量，并将公共空间的设计，作为调节诸如社会结构、行为系统、时间安排的主要途径。P · 史密森进一步将“交往—结构”的文化意涵表述为“组群”，认为要理解人际交往，就必须思考每一个“组群”的独特复杂性，要把城市当作具有不同复杂程度的“群”来研究。“十次小组”（TeamX）则倡导一种对城市环境复杂性的全面表达，号召在不同的城市尺度中创造某种等级系统，建立个人与集体的平衡，以适应现代社会中复杂的人际关系与社会交往的要求。

（2）社区—结构。自发形成的城市中保持了一种复杂而重要的人类秩序—— 一种人类依照其自然本性创造的社区结构关系。C · 亚历山大由此设想了一种规划体系，允许在现代城市中存在混合多样的自然秩序，由很多不同的“亚文化群”组成，每个“亚文化群”都有自己的边界，形成特定的社区。这样，在建设新城市的过程中，社区可以成为调整社会秩序的重要手段，在更新现有城市结构的过程中，社区也可以成为发现社会秩序的重要手段。

3）低级意义——有效结构 低级意义主导下的城市空间结构，是以邻近或效率为基础的空间序列，着重强调功利性的关系配置。在这里，“意义即使用”[25]，形成的是一种模式化的语言结构，主要功能是为人们提供理论上的更好的居住条件和居住环境。比如在美国功能单一的住宅区,空寂和静谧的街道上,除了慢跑、散步与偶见的孩子嬉戏之外,很少有其他的活动在此同时发生,比如商业、娱乐等,这与美国倾向于以邻里单位及新城市主义理想对城市空间进行规范密切相关。

(1)邻里单位。1929 年,美国人克劳伦斯·佩里提出了邻里单位的设想,作为组织城市住宅开发及提供相关生活福利设施的有效手段。他以城市交通干道围绕的部分居住建筑和日常需要的各项公共服务设施和绿地组成城市内部最基本的单元,使儿童入学、日常购物活动能在单位内部进行,以此为基础,设想了邻里单位范围内人口规模和用地规模,由步行速度和距离共同决定,大到足够提供大多数人的日常需要,小到保持一个社区的感觉(图 4-11、图 4-12)。英国的城市规划学者雷蒙德·昂温的规划理念与邻里单位思想是一脉相承的,他在参与 1922 年的纽约区域规划中提出,应当优先考虑人们在住区生活中的安全、卫生、舒适等感受,所以,必须通过减少穿越居住区的交通,来避免交通拥挤对于居住区生活的影响,而不是依靠交通设施的增加或者是创新。在后来的规划与设计中,邻里单位思想得到了广泛的应用,并将许多现代城市建成了"被众多路网分隔开来的,空间上自成系统的居住区所组成的'树状城市'"[89]——一种孤岛式的居住生活形态。

(2)新城市主义。20 世纪 80 年代中期,美国城市规划设计研究者安德雷斯·杜安伊与伊丽莎白·普拉特—兹伊贝克提出了两个有关现代城市空间重构的典型模式,被称为"新城市主义"。一是以公共交通为导向,以区域城市理论为基础的 TOD 体系(Transit Oriented Development)[101]。TOD 模式强调社区土地的混合使用,并以公共交通站点为核心将居住、零售业、办公和公共空间组织在一个范围不超过 600 米的步行环境中。每个 TOD 都是紧凑的,组织

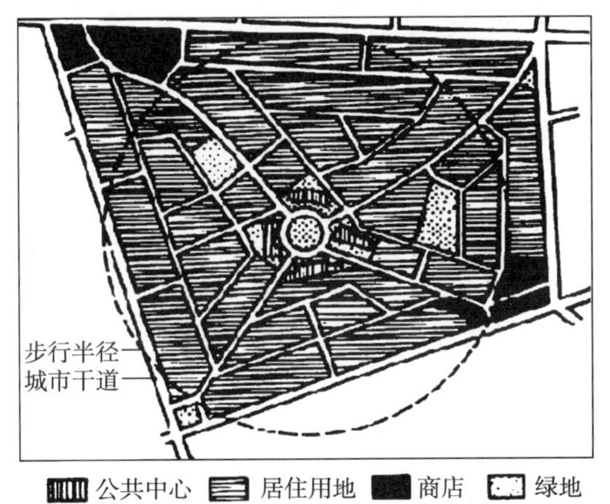

图 4-11 "邻里单位"规划示意图

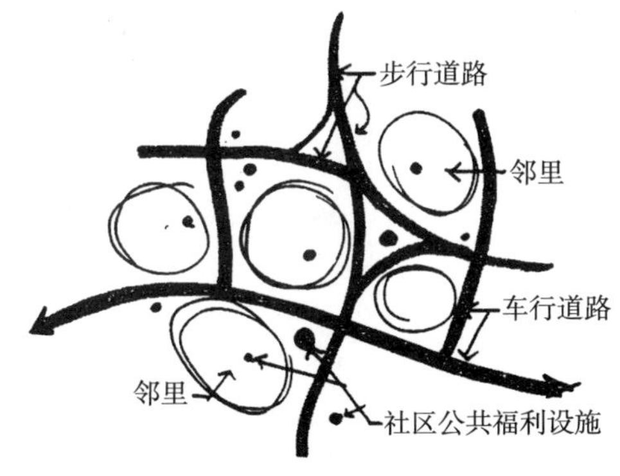

图 4-12 "邻里单位"规划方式

图片来源:http://www.China baike.com/article/316/477/2007/20070607126172.html

严密的社区形成了一个合理的区域发展框架，各个 TOD 之间也保留大量的绿化敞开空间（图 4–13）。二是以传统住区为导向，针对社区规划的 TND 体系（Traditional Neighborhood Development）。TND 模式重在公共空间的设计，它从美国传统乡村城镇设计中获得灵感，具备以下特征：社区由若干邻里组成，邻里之间由绿化带分隔，每个邻里的半径不超过 400 米，保证大部分家庭到邻里中心广场、公园和公共空间的步行时间在 5 分钟以内。邻里采用网格状街道系统，以便为人们提供多种路径选择，降低小汽车行驶速度，并为行人提供方便（图 4–14）。

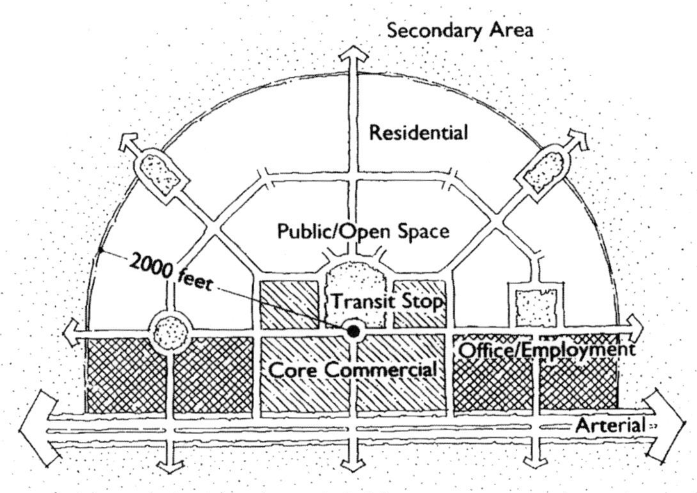

图 4–13　TOD 模式[101]

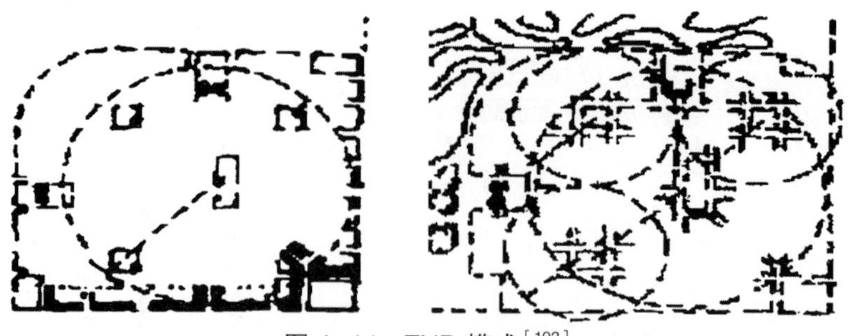

图 4–14　TND 模式[102]

4.1.2.3　景观结构

人与环境之间的作用机制都具有文化性，城市景观结构是“以人类在创造文化的过程中与自然环境及人造环境的相互关系为研究对象，把握文化生成与文化环境的调适及内在联系”[26]，或与文化相关，或因文化而异。1906 年，

J· 温默提出了文化景观形态的概念，即经由人类活动改变以后的景观，在它背后隐含着社会、经济和精神的力量[103]。那么，城市景观结构应当是一种综合的反映，是自然环境与文化内涵的兼容并蓄。首先，城市景观结构反映特定地域的自然场景；其次，城市景观结构附有的历史的连续性带来的人类记忆痕迹，引导着具有认知能力的主体的认知与行为；再次，城市景观结构受到来自社会人文方面因素的影响，从而在特定的时间和特定场合发生有规律的转换。不同的历史时期，不同的文化类型，不同的自然地理条件共同作用，产生了千姿百态的城市空间形态及城市景观结构。

1）自然景观结构 地理学研究表明，文化景观就是“附加在自然景观上的各种人类活动形态”[104]。城市所处的地域性自然环境的影响力对城市来说是永恒的，既是影响城市起源的重要因素，也是形成地域特色文化景观和生态体系的重要基础。自然环境既包括人类自身所固有的自然生理条件，如气温、日照、空气等气候条件；也包括人类社会所拥有的地理环境条件，如河流、湖泊、山脉、高地、森林、植被等独特的地形、地貌。地域文化形成的根源之一是在地域时间中。在城市不断发展的过程中，人类社会性聚居活动与自然环境的互动，形成了城市景观的空间地域特征，作为人文景观的城市与其生存发展的自然地理环境紧密结合在一起。由于自然生态环境所赋予的地域文化特色具有极大的稳定性和长期性，因此而呈现出的地域文化景观结构也具有相当的稳定性和长期性。城市常常以一个或几个处于特殊地位的山体、水体等自然景观为基点，形成依附于自然形式的城市空间组织形态。城市基础设施、日常活动及其他的功能要素都围绕着这一结构发生、发展和结束，以此形成了与自然相结合的特色文化景观结构（图 4–15、图 4–16）。

图 4–15　永定土楼

图 4-16　鼓浪屿菽庄花园

2）历史景观结构　文化作为历史的投影，是一个在特定的空间发展起来的历史范畴。城市的历史文化积淀是塑造城市个性的灵魂所在，是一座城市所蕴含的最重要文化资源和环境。历史文化要素是最能体现出城市个性的景观元素之一，既包括有形要素，又包括无形要素。从范围上看，有形的历史要素包括历史建筑、历史地段及历史文化名城等历史遗迹，它们之所以具有突出的文化价值不仅在于它们代表过去某段时间内完成的进化过程，还在于实物本身的显著特点；无形要素是一个城市在长期的历史发展演变中积淀而形成的独特文化氛围，是一种“隐藏的”文化景观，它在城市中不断地更新和演变，并保持着一种积极的社会作用。历史文化氛围主要是通过一定数量的历史性的人工构筑物、历史建筑或者是历史地段等有形要素组合而成，或者是通过装饰、色彩等语言学符号的渲染而形成。哈尔滨中央大街之所以成为城市最具特色的历史文化景观（图 4-17、图 4-18），不仅在于其本身所具有的历史价值，还因为它能够与现代社会、城市经济和日常生

图 4-17　哈尔滨中央大街沿街建筑（一）

活产生互动。

图 4-18 哈尔滨中央大街沿街建筑（二）

3）人文情境结构 人的活动总是具有某种功能性的需要，本就是城市空间结构形成的根本动因，这种需要可以是物质的，也可以是精神的。景观作为地域性的生活结构，主要强调的是“人”对“景”的各种主观感受的结果，把具体的人与具体的场所联系在一起。首先，城市中人的运动和行为的连续性使相邻、相近的景观空间产生连续，人的体验是通过在空间中的运动而获得，城市公共空间及公共服务设施的布置也随之而改变和生成。例如，英国切斯特步行街表现出了公共空间中的步行交通的设计，对于城市生活和行为有重要影响（图 4-19）。其次，从景观体验角度出发，就是要在一系列不相干的要素中建立起自然的秩序，从而塑造出富有动态变化的城市景观形象，给人留下完整深刻的印象。美国圣迭戈的赫坝广场这一杰出的设计案例，体现了公共空间作为一种自由自在环境的观念，恰恰是那些自由的商业零售点提供了主要的吸引力（图 4-20）。再次，人沿着一定路线行进，通过空间的暗示、铺垫、对比、引导等处理手法可以使人产生节奏、和谐、变化等感

图 4-19 英国切斯特步行街[91]

图 4-20 圣迭戈的赫坝广场[91]

受。在这里，空间是手段，情感是结果，通过空间的转换调动人的情感而产生一种情感序列。显然，这种对空间的组织存在于建筑景观、建筑群体景观，以及城市景观之中。总之，通过景观元素的人为合理安排，把城市空间的排列与人的行为活动结合起来，可以使之成为能够引发情感的层次清晰的景观环境。

4.2　双向复合的组织结构

城市形态可以被两种不同的程序所定义，一个是文化组织向度的；另一个是技术组织向度的。通常来说，文化组织向度是将元素作为城市中的一个现象来研究，文化因素导致城市形态在深层的情感结构上及局部的形态上形成了差异性的结构；而技术组织向度是将元素作为一个独立的现象来研究，物质需求和微观经济技术因素促使其具有相似的整体性结构。城市空间形态在两种组织共同作用下，最终导致复杂性网络结构的生成——无序与有序相交织的网状形式。在早期的形态学研究中，C·亚历山大就提出了“城市并非树形”，而是一个“半网络”的复杂结构，西弗特斯则强调必须将复杂的城市系统作为具有节点和层次的网络来理解。在树状结构中，端点事先确定了连接的方向和等级的变化，而网状结构则是没有事先确定的秩序形态，中心通过不同数量的路径和方向灵活地彼此连接。所以在这里，网络用来隐喻和表现大规模组织体系的复杂关系，同时强调城市空间的每一种结构在网络层次组织过程中的“中心作用”（图 4-21）。多中心网络城市形态是一种更加可持续性的发展形态，它是一种具有相当大弹性的城市结构模式，它“能

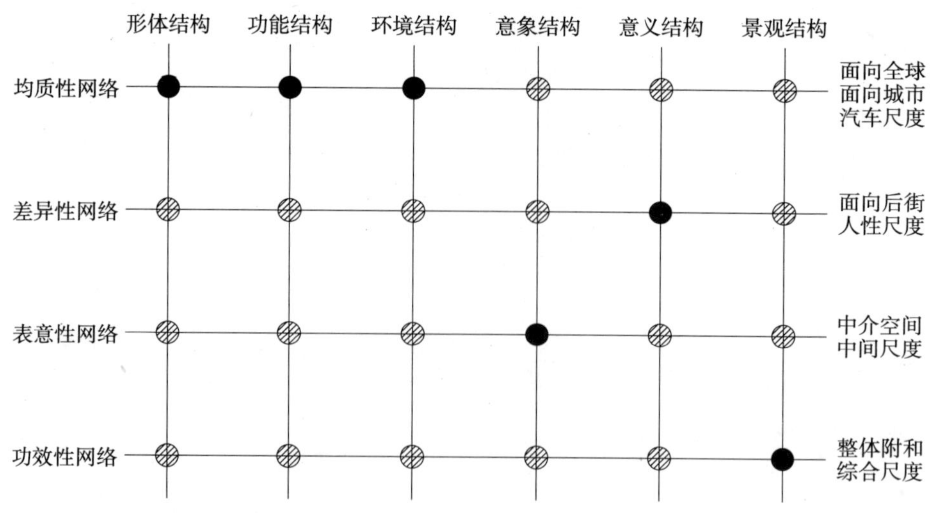

图 4-21　分层网络系统的理想模型图示

够提供多种形式的中心、生活条件和选择，同时更容易适应地方的结构和地形条件"[105]。两种组织程序作为构造性的原理起作用，指导着系统的行为，如表 4–5 所示。作为第一程序或是第二程序作用于城市，应用顺序的不同，将导致不同的结果，"首先运用的标准将决定着后续标准的检索范围及后续选择的可能"[26]。当二者同时强化一种共同的文化理想时，才能实现由宏观到微观的分层网络之间的相互关联与契合，并形成一种具有复合特性的空间组织结构（图 4–22、图 4–23）。

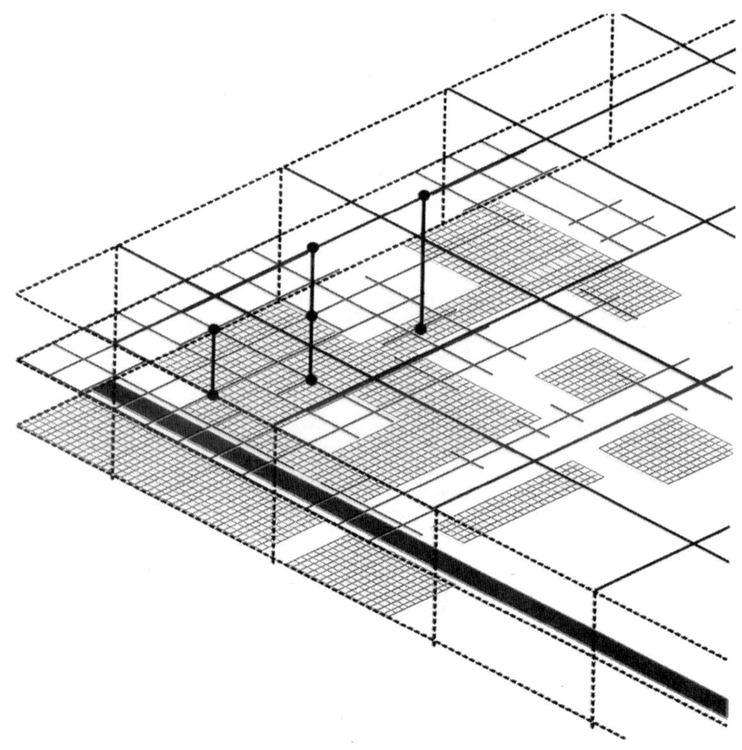

图 4–22　分层网络系统的理想模型图示[89]

城市空间网络结构的整体构成　　表 4–5

网络层次	组织目标	主要功能和意义	主要特征
均质性网络	功能结构与低级意义结构的双向复合	追求空间的效率，满足组织与组织之间的交往关系，满足现代人的活动需求；面向全球和其他城市	活动的可达性，突出交通网络的系统性特征；大尺度的城市空间分划

续表

网络层次	组织目标	主要功能和意义	主要特征
差异性网络	功能结构与中级意义结构的双向复合	满足日常社会交往和邻里生活的需要；面向后街	生活路径和行为网络；小尺度的城市空间分划
表意性网络	形体结构与意象结构的双向复合；功能结构与意象结构的双向复合	满足文化心理和文化精神需求，同时生成高级意义的城市空间结构	象征性和可意象性；“中尺度”，即以一种综合性的、多层次的尺度进行城市空间分划
功效性网络	环境结构与景观结构的双向复合	满足生存和生活需要的基本的物质功能	附属性的文化景观特征

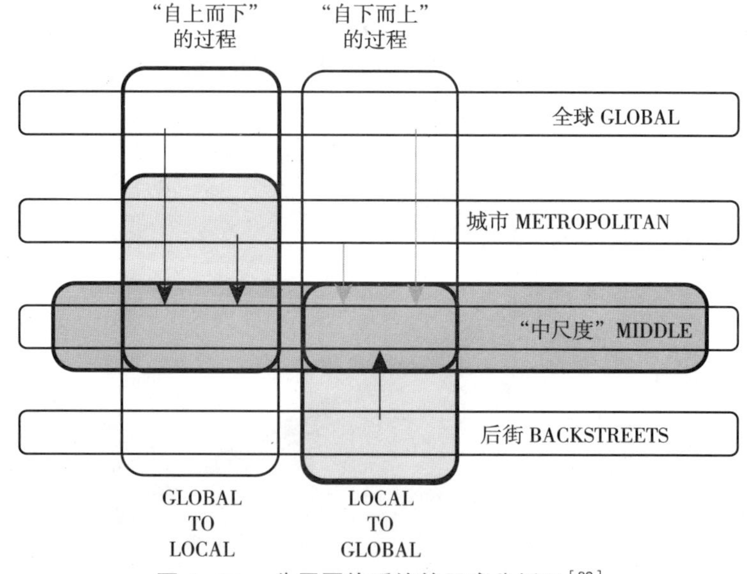

图 4-23　分层网络系统的尺度分析图[89]

4.2.1　均质性网络

人们要了解一座大城市的各条街道，如果没有一个总的图景或缺乏宏观的眼光，那么，就不会具有对这座城市的整体感。[106]

——O·施吕特尔

均质性网络主要是在城市功能结构与低级意义结构之间相互复合的过程中生成，在城市形体结构、功能结构和环境结构之间建立起来的基本的支撑性的关系网络。它面向全球和其他城市，以追求空间效率以及满足现代人的活动需求作为根本目标。在城市空间结构之间形成相互关联的最基本的要素就是运动，通过对运动的决定作用会影响到整个城市的运行，并直接关系到城市土地利用的根本方式，以及空间的组合与安排。根据人类活动的需要，可以将空间分为：活动（事件）发生的空间和流动的交通空间，这两个基本要素密切相关，并产生了不同的组合方式。美国建筑师协会1965年组织编写的《城市设计：城镇的建筑学》中论述道："城市是由建筑和街道、交通和公共工程，劳动、居住、游戏和集会等活动系统组成，把这些内容按功能和美学原则组织在一起，就是城市设计的本质。"城市功能空间的合理安排与活动的有效组织密切相关。完整的城市空间应当既能够满足城市基本运行的需要，同时又能够支持人与人之间的交流与互动。一方面，就城市的公共空间而言，支持着人们行为活动的公共交通模式与微观的经济模式共同生成了相似的均质性网络；另一方面，就城市居住社区而言，自发性的日常生活方式及行为模式导致了差异性网络的生成。

公共交通系统结构作为设计的第一程序，强调公共交通与城市形体及环境的统一格网是设计的共同的结构基础，通过交通方式的转换来促进城市空间的场所化转向。从共时性的角度而言，活动发生的空间是相对可变性要素，而交通网络与基础设施网络是城市中相对耐久的结构要素。在许多城市设计中，公共交通被作为城市改造和开发的动机和结合点，形成开发区域内部及外部的连接。城市空间在这一基础的网络框架中不断地发生着多种多样的变化，以适应公共交通固定线路的运输要求，从而达到城市形态与公共交通之间的和谐关系。美国学者罗伯特·塞维诺把城市空间形态与公共交通结构密切相关的城市进行了个案分析和分类介绍[107]，大致将它们分为四种类型（表4–6）：第

公共交通系统网络模式[107]　　表4–6

	分类	典型城市名称	特征
第一类	以公共交通系统为骨架展开的城市	斯德哥尔摩、哥本哈根、东京和新加坡	以有轨交通为干线通道，在沿线的主要站点建立相对密集和具有混合功能的社区或新城镇
第二类	公共交通系统顺应城市功能结构扩展的城市	阿德来德、卡尔斯鲁厄、大墨西哥城都市区	以公共交通系统来解决由城市扩张和膨胀带来的问题，公共交通依靠先进灵活的技术设备和富有创意的服务吸引人们
第三类	强核心式的城市	苏黎世、墨尔本	通过轨道交通线路、单行车道、步行区域等多层次交通网络与城市公共空间的有机结合，保持中心区的活力
第四类	公共交通系统与城市发展相互协同的城市	慕尼黑、渥太华、库里蒂巴	根据不同功能区域分布特征布置城市公共交通，并在公共交通交会点建设区域性的服务中心和就业中心，从而逐步提高公共交通的使用率并带动周边的发展

一类是以公交系统为骨架展开的城市，如斯德哥尔摩、哥本哈根、东京和新加坡等城市；第二类是公共交通系统顺应城市功能结构扩展的城市，如阿德来德、卡尔斯鲁厄、大墨西哥城都市区等；第三类是强核心式的城市，通过轨道交通线路、单行车道、步行区域等多层次交通网络与城市公共空间的有机结合，来保持城市中心区的活力，如苏黎世、墨尔本；第四类是公共交通系统和城市扩展相互协同的城市，通过公交优先的原则实现与社会生活的互动，如慕尼黑、渥太华、库里蒂巴等。根据不同功能区域分布特征布置城市公共交通，如在高密度的集中性活动中心和生活中心以轨道交通为主，同时以公共汽车等传统工具作为辅助的支线系统，覆盖低密度的居住区。在公共交通交会点建设区域性的服务中心和就业中心，从而逐步提高公共交通的使用率并带动周边的发展。在快速城市化时期，城市交通模式和经济发展模式对城市的发展影响深远，尤其是对于中国这样的发展中国家，无论是大城市还是中、小城市，建设适宜居住的城市必然需要围绕着公共交通系统这一主题进行展开。

4.2.2 差异性网络

差异性网络的生成，主要是以公共行为模式为主导，面向后街，以满足日常社会交往和邻里生活的需要作为根本目标，强调功能结构与中级意义结构的复合作用，以行为结构作为设计的第一程序主导着整个设计的过程以及技术策略的选择。进入市场经济时代之后，居民对居住地点、住宅类型及生活方式获得了相对自由的选择，从根本上促进了城市土地功能的重新调整（图 4–24）。那么，在以公共生活方式为起点的设计中，社区空间作为人与人之间

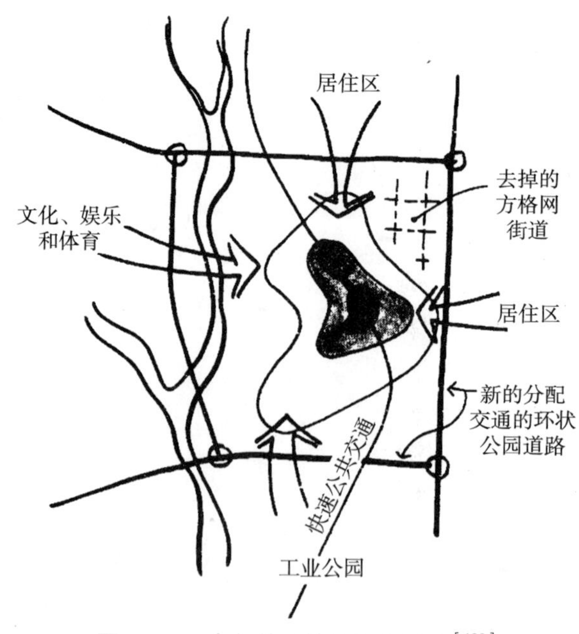

图 4–24 走向差异性的网格系统[100]

交往与沟通的空间就成为城市空间功能组织的关键，强调土地的综合利用。正如英国心理学家 N·K· 汉弗莱所说："人类创造性智慧最大的用处不在艺术中，也不在科学中，而是体现于日常的自发行为中，有了它们我们才能将社会联系在一起。"[81] 1947 年，美国堪萨斯大学心理学家巴克在一个只有 800 人的美国小镇建立了心理学现场实验站，研究真实场景对行为的影响，他们开创了一种新的研究方法——通过对日常行为场景的系统观察和行为抽样研究生态环境中的行为现象，这一领域后来被称为生态心理学。按照这种观点，环境提供了什么样的条件，其中常常就会发生什么样的行为。一个空间被看作一个场所，其中必有某些物质特征适合于某些行为，使人产生场所感，这种场所感便构成对人类行为的暗示。

4.2.2.1 意念社区

通过研究空间构形对社会行为的影响，希列尔提出了"意念社区"的概念。通过空间设计对运动和其他有关的空间使用产生影响，继而产生自然的共同在场的模式，这就是意念社区。首先，意念社区不是人的简单聚集，它有着一定的结构，即不同人，包括住户和陌生人、男性和女性、成人和小孩等，其共同在场的模式和使用空间的目的皆有差别，这些差别多反映出空间构形的潜在作用。其次，城市空间构形潜在地影响着人们的安全感。在城市结构中，很多住宅区的空间深度值较大，这种构形就决定了那里平时很少出现陌生人之间的碰面，住户也形成了这种心理预期，所以，当住户在家门口发现有陌生人时，就会有所警惕，甚至感到不安，而深度较浅的城市街道则不会出现这种对陌生人的恐惧感，所以很多住户认为街道比住宅区更安全[89]。

4.2.2.2 簇群规划

"簇群规划"是 J·O· 西蒙兹关于"有规划的社区开发（PCD）"[100] 的方法之一，旨在为功能一致的组群提供有效的和令人愉快的联系。在一块既定的土地上规划相同数量的建筑，簇群规划方法比起传统反映"现代技术状况"的土地划分方法（图 4–25、图 4–26），能将城市空间组织得更加紧凑，同时

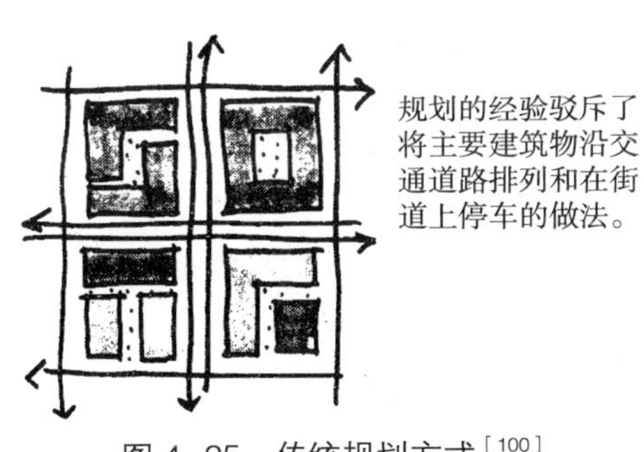

图 4–25 传统规划方式[100]

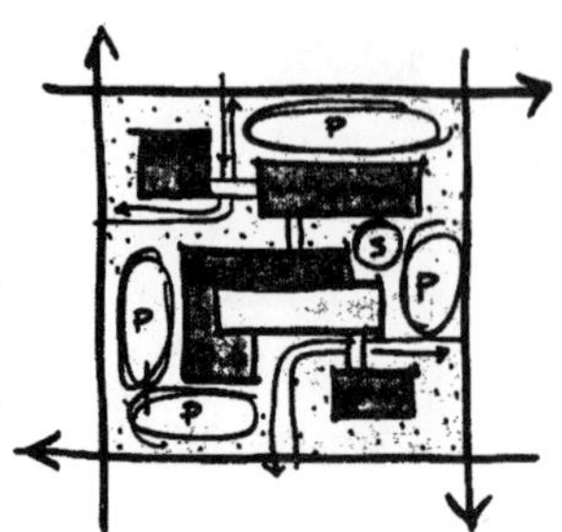

建议将校园组成合并的街区，具有内部的服务庭院、自街道伸出的停车场和充分的缓冲地带，使建筑物正面离开街道。

图 4–26 “簇群规划”方式[100]

可以节省土地以及基础设施建设的费用,用于公共活动空间建设和环境的改善。这种规划方法除了可以应用到居住区，还可以应用到购物中心、商业机构、办公社区等其他建筑组群和公共场所的设计中。

4.2.2.3 *共享街道*

1964 年，英国科林 · 布坎南（Colin Buchanan）和市镇交通小组共同发表的一份研究报告中指出：通过“共享街道”的设计，人与车完全可以安全地并行于同一空间之中。这样一来，既可以保证行人的安全和社区的活力，同时，由于行人和车辆可以共用同一空间，大大地减少了道路交通基础设施建设的投资，非常适合低收入地区的住区设计[108]。这种“共享街道”设计的关键在于：使机动车驾驶者获得如同在“花园”中行驶的感觉，迫使他们在开车的时候考虑道路的其他使用者。在此基础上，1969 年荷兰戴尔夫特理工大学的教授 Niek DeBoer 设计了一个低收入者的共享街道，他将人行道和机动车道设计在一个平面，设置了花圃、树木和长椅等环境设施，形成了一种类似庭院式的街道。行人、嬉戏的儿童、骑自行车者以及行驶的汽车同时出现在一个空间内，所有的使用者在学会彼此尊重的时候，也获得了相对的自由。共享街道在世界上许多国家的居住区设计中得到了广泛的使用，包括荷兰、德国、法国、日本、以色列等等。

4.2.2.4 *居住优先*

温哥华都市规划发展部总监罗利 · 比斯理于 2000 年在他发表的文章和在北美的讲话中首次提出了“居住优先”的城市发展策略——作为改变城市社区结构的主要途径之一。“居住优先”是一种以居住建筑开发和建设为主，融工作、生活、社交，以及充满多样性与生命力的复合型城市。在这里，开发商被要求提供各种公共设施——公园、有滨水人行道的社区中心、孩子看护中心，这是“居住优先”的政治核心，这也是一个双赢的政策。在城市环境建设中，强调步行和使用自行车；有中等程度的拥挤；采用立法的方式，鼓励“绿色空间”的建设；同时，应当把家庭生活和都市生活结合到街道上，并且应当建造不同于高密度住宅的人道的家庭式建筑物。除此之外，雷姆 · 库哈斯的“都会建筑事务所”（OMA）在荷兰欧玛瑞市的重建计划中，也始终坚持着“公共活动优先”的设计原则，以使公众活动频率达到最高。在设计中，他先从城市密度、空间变化及用地方位等方面着手，进行街道模式和建筑布局的研究，然后再着手建立所有的基础交通设施及市政设施，创造出与一般郊区全然不同的新城中心[17]。

4.2.2.5　*步行城市*

J·H· 克劳福德在《步行城市—— 一个可持续发展计划》中以人的生活路线为基点，设计了“步行城市”的建设模式。城市半径 380 米，保证每家到中心交通站只有 5 分钟的步行路程。居住人口为 12000 人，人口密度 264 人，低于巴黎市中心的 331 人[109]。各个“步行城市”单元之间通过轨道交通连接在一起，形成了“循环”的步行城市链条（图 4–27）。

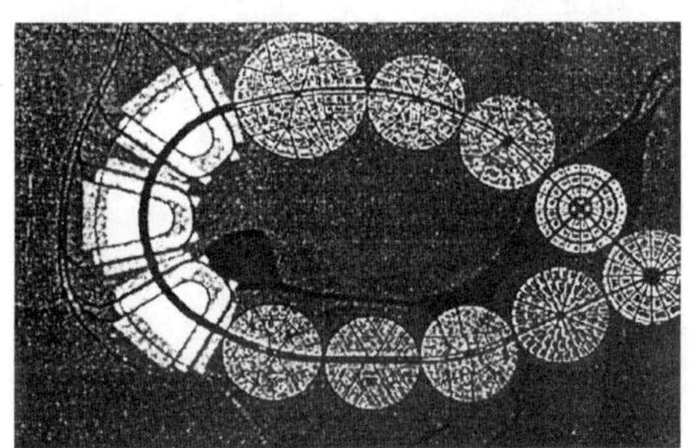

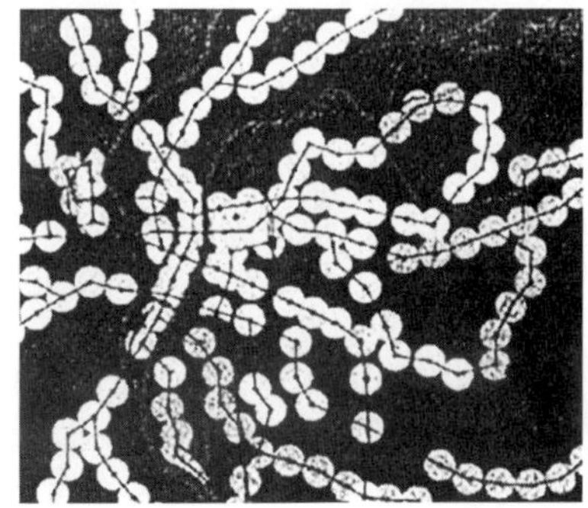

图 4–27　步行城市链[109]

4.2.2.6　*仿真路径*

Reinhard Koenig 和 Christian Bauriedel 从计算机方法的角度研究并得出了人流活动的路径仿真模拟模型，即：假设在平坦的用地环境下，一个单中心城市将发展 10 个城市副中心，人们在知道或者不知道这些副中心确切位置的情况下，在城市空间中自由行走，当有人发现某一城市副中心之后，他会记录下自己来到这里的路径。多数个体到达目的地时采用的同一路径，被作为城市的集体记忆而固化下来形成城市的道路[110]。

4.2.3　表意性网络

城市形态是一个连续性的整体网络，而这个整体网络又是需要多个“中心”的关联才能够得以形成，这些“中心”则主导了表意性网络的生成。正如 C· 亚历山大在《秩序的本质》一书中强调的：“整体性”和“中心”密不可分，通过强化中心的形成过程，才能建构一个面向“整体性”演进的设计模式。“中心”的涌现，能够在均质性网络和差异性网络这两种完全不同尺度级别的网络之间形成关联。任何局部实体及空间的改变，比如增加一栋建筑、一条街道或者一个广场，都可能影响着局部空间与整体网络之间的关系，也就是说，任何一个局部“中心”的改变，都将会通过城市整体网络的传递，而影响到其他局部的空间形态，影响力有大有小。只有将“中心”与特定的文化信息相关联，才能形成可认知的意象单元以及文化增长点。然后，以各种类型意象单元的生成来突出形体结构的象征意义和感官体验，并通过文化主体的活动形成具有社会意义的功能结构，只有这样才能够实现城市空间向场所的转换（图 4–28）。

城市“中心”通过对均质性网络和差异性网络的双向转换来对城市空间结构进行重组，一方面，其形态应与城市空间结构与肌理有机相融，遵循原有的城市空间组织关系；另一方面，固定的网格结构限定了人的运动，满足不同程度活动需求的“场所”的设计不仅潜移默化地改变着城市肌理形态，而且能够创造出良好的城市所应当具有的品质——既有秩序又丰富变化的感觉。在这一过程中必须确立一个重要观念，即一个良好的城市形体结构需要逐步地建立，并确保在其后的发展过程中能够不断地完善。“整体的阶段性生发与推进，趋向最高阶段，并相应地形成跃进式的质格、质位，显示出整体质的完备实现的格局。”[24]

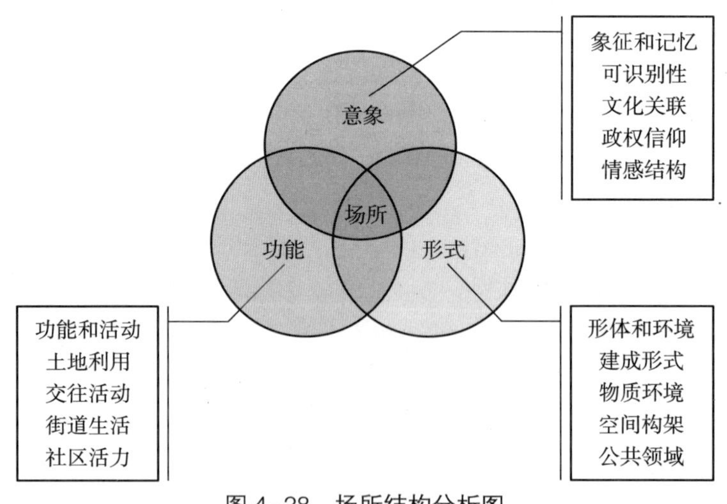

图 4–28　场所结构分析图

4.2.3.1　形式性表意网络

视觉是一种形式结构定向的工具，是测量和组织空间事件的基本方式[111]，通过城市空间网络的视觉定向，能够在“混乱”或“令人迷茫”的日常生活空间中生成可识别性的整体秩序和基本框架。

1）自然性形式网络　自然性的形式网络是一种与环境现状相协调的发展模式，一种相对固定的非线性空间结构。相对动态的城市空间和建筑细胞常常随着自然的海岸线、山体或者是林地而延展，作为城市的第一特征和标识而存在。例如巴西里约热内卢就是一个典型的实例（图 4–29、图 4–30），岛屿和海岸的位置及形状共同决定着城市空间形体结构的主要特征。

图 4–29　巴西里约热内卢沿海岸建筑布局

图片来源：http：//www.gdcic.net/photo/picture Details.aspx?pid=000200000094#

图 4–30　巴西里约热内卢沿海岸街道布局

图片来源：http：//www.gdcic.net/photo/picture Details.aspx?pid=000200000094#

2）标志性形式网络　在持久性的形体框架之下，通过标志性形式意象单元的形式连续和转换来实现持续性的空间体验效果。有的设计本身就是“时间”的产物，整个设计过程历经了各个时期及各个活动阶段组织观念的变化，并体现出了一种综合性的特征，这就需要形成一种相对永恒性法则联系着各个时期的动态发展要素。例如，巴黎城市主轴线构成了城市永久性的形体结构，不同时期、不同风格的建筑单元的开发建设都要以此作为基础，以取得整体形态的协调和形式秩序的统一，也就是遵循着和文艺复兴时期同样的“后继者原则”。在拉德方斯新区，犹如进入了现代乃至后现代建筑的大竞技场，各种奇形怪状的几何图形建筑物在这里比比皆是，正是由于巴黎城市中轴线的存在为城市建设提供了一个相对稳定的形体框架，所有的变化都围绕着这一主体结构进行（图 4-31、图 4-32）。在空间视线上，这条中轴线从卢佛尔宫开始，经卡鲁塞尔拱门、协和广场的方尖碑，穿过星形广场凯旋门，然后沿胜利大道一直通到“新凯旋门”。正是这样一条中轴线，使巴黎的新老城区有了连续性和关联性，也正是由于新凯旋门这一标志性建筑的创建，才对轴线起到了视觉定向的关键性作用。这是一座为了纪念法国大革命 200 周年而兴建的标志性建筑，在历时半个多世纪的方案选拔中，终于在 1982 年国际竞赛中由丹麦人斯普瑞克森的方案中选，一个与凯旋门遥相辉映的新凯旋门。由于新凯旋门与市中心的卢佛尔宫及凯旋门在同一条轴心线上，卢佛尔宫高 25 米，凯旋门高 50 米，于是决定把新凯旋门的高度确定为 100 米。对于巴黎主轴线来说，新凯旋门既不是结束，也不是简单的继续延伸，而是一种面向未来的暂时休止，预示着城市空间的持续发展。

图 4-31　法国巴黎主轴线上的凯旋门

图片来源：http：//www.haotuku.com/fengjing/guowai/faguo/html/192hj.html

图 4-32　法国巴黎拉德方斯大门

图片来源：http：//geo.cersp.com/sZxtx2/lists/200711/4063_2.html

3）母体性形式网络 母体性形式网络来自于现代城市发展与历史文化积淀的相互平衡。那么，为了在新与旧之间建构连续性的关联，就需要一些潜在的可以延续的可感知性要素——即“母体性的形式单元”来完成。“母体性的形式单元”既可以是一种建筑、一种构图、一种肌理、一种构件、一种材质,也可以是一种精神、一种行为在实体上的体现。它们是一定社会习俗、经济文化等综合作用的结果，具有强烈的可意象性以及丰富的文化精神内涵。城市的扩展主要依靠某种“母体性的形式单元”在形式上或者是功能上的“自相似性”转换和分形复制，来获得整体统一的形式秩序。交通系统的组织能够为城市的高效发展提供切实可行的办法，而一种有吸引力的、能够聚集人群的环境的连续性生长则能够为城市环境的紧凑发展提供一种内在的聚合性力量。C·A· 道萨迪亚斯把城市形态的这种“分形”生长方式称为“动态城市结构”与“静态细胞”理论，并在巴基斯坦首都伊斯兰堡的总体规划中，全面地实践了这一理论的设想。城市有两个发展轴，一个是伊斯兰堡新城的发展轴，另一个是从拉瓦尔品第延伸出来的发展轴，它们共同形成了城市的“双核动态结构”（图 4–33、图 4–34）。在城市形态演变的过程中，“正方形”

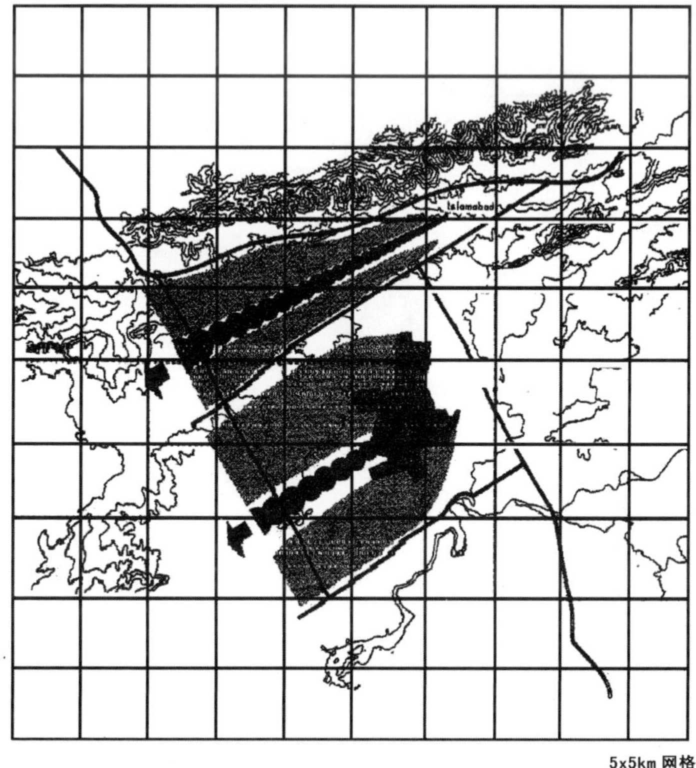

图 4–33 总体规划的“双核动态结构”[32]

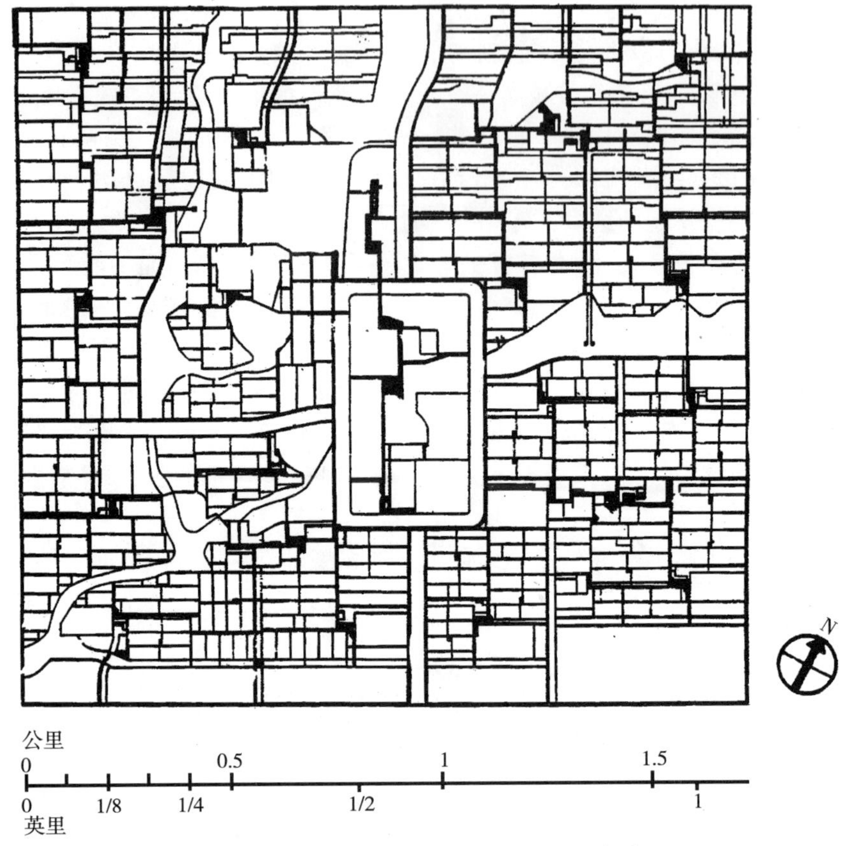

图 4–34　方形城市的“静态细胞”[32]

的母体性形式单元就像是一种“静态细胞”一样构成了“分形复制”的基本形式，它在城市文化长期积淀的过程中形成，并在不断的发展创新中得到更新和繁衍[32]。

4）叠合性形式网络　自然性、标志性和母体性的形式网络之间的联合，构成了丰富的城市肌理形式，同时它们也分别从高、中、低三个层次构筑着可意象性的城市特色天际线网络。纽约曼哈顿地区的城市天际线完全具备了这样的三个层次：高层建筑塔尖式的屋顶形式，形成了最易识别的标志性顶端参考点；公园、岛屿和周围的海岸线，则作为建筑之间的“缺口”存在，构成了曼哈顿作为一个岛国城市形象的主要特征；城市的母体性建筑之间的联合则在高与低之间形成了波浪式的连接（图 4–35）。

图 4–35　纽约曼哈顿天际线[30]

4.2.3.2 功能性表意网络

广场、街道以及其他一些功能性意象单元，具有决定城市主体对城市空间的感知和使用的权利。所以，在城市发展的过程中，这些功能性的意象单元的生成方式，同样主导着城市表意性网络的生成，并使得形体结构具有社会性的意义——人们可以决定如何在公共空间中活动，或是如何修正公共空间形态，整体秩序在微观的变化中得到更新。

1）网格状发展结构 为了适应城市的高速发展，必须对城市空间结构进行调整以适应新的区域规模和尺度，而这样的调整大多是由新型的交通网络系统所决定。为了使城市空间呈现出连续性的发展格局，就需要在新的发展框架和人的活动需求之间建立一种有机的联系。美国萨凡纳城在18~19世纪的120年间，由最初的12个街坊围绕中央绿化广场的细胞状结构，逐渐向外延伸而不断成长为城市[47]（图4-36）。在这一过程中，两种要素共同决

图4-36 美国萨凡纳城市发展格局

图片来源：http：//leoniddreamer.spaces.live.com/cns!E9EOCD92854A470！ 75.entry

定了城市网格状发展结构的形成，一个是方格网道路划分出的基本单位；另一个则是加在道路几何形式之上的绿带广场网格——潜在的人群聚集要素。绿化广场作为细胞结构单元的中心，作为整体秩序的起点它们在网格节点处的同时并存，使得人们在各个方位都能够形成一种同时性的体验。通过单元的复制实现“生长”，从而和已开发区域形成连续的关联，更进一步地将绿化带和方格网结构有机地组合在一起。在古老城区逐渐生成的24个街心花园中任意停留下来,都可以感受到地域特色植物所带来的独特韵味(图4–37)。这种作为城市基本单元的广场或者是街心花园在开发伊始可以有更多的选择，例如单独作为一个开发用地，形成社区级的中心公园，或者将两个、甚至更多的地块合并成一个更大的街区开发，形成区域级中心公园；从街区的成长来看，这也是一种开放的体系，在未来的建设和更新过程中不需要对地块和道路作大幅改造。

图4–37　美国萨凡纳城市街心花园

图片来源：http：//jweiyi.blogcn.com/diary，107123063.shtml

2）环状发展结构　现代化的城市公共交通系统不仅贯穿于城市之中、城市与郊区之间，同时构成了城市的边缘轮廓。要突出城市这一边界结构，就需要建立一种地方性的公共交通系统，主要承担起双向的职能：一个是起到了空间联系的作用，另一个就是作为激发城市空间文化的导火索。荷兰建筑师威廉一简 · 纽特林斯写了一篇关于“环文化”的文章，从研究城市环形道路开始，将其作为一种“环状机制”激发城市空间文化的滋长[111]。这种环状机制能够将一个边缘地区转换为可意象性城市空间结构，一些大众文化节目和文化设施——如慢跑道、休闲公园、汽车旅馆、货物交换所等，像一个连续性的链条在中心和郊区之间串联起来，同时沿着城市边缘的高速公路系统环绕着整个城市。

3）自由发展结构 在相对不变的土地利用、交通系统和基础设施的框架中，可意象性的功能性意象单元作为相对活跃性的要素构成了中心性的节点，实现着空间结构的动态转换。这些中心性节点的生成往往是由功能一致性的或者是互补性的实体或空间意象单元构成，并呈现出与人的行为相一致的自由发展格局。加拿大多伦多市地下步行系统的环境创意吸收了凯文·林奇的城市意象理论，以功能性意象单元为中心形成活动附加效应，将人群有机地融入了环境之中。多伦多市拥有北美最为完善的公共交通和地下步道系统，它几乎覆盖了市中心区的所有地块（图 4–38、图 4–39）。地下环城铁路线在中心区设有 6 个地铁站，地下步道系统将这些换乘点连接起来。这些地下步道系统主要通过中心区的一些重要的公共建筑、广场和综合体与城市地面相连接，同时，这些重要的建筑、广场和综合体同样也深入地下，构成地下步行系统所必备的空间定位标志和人群活动节点。这些功能性意象单元的加入打破了地下空间的狭长和沉闷，激发多样的活动，从而使其成为中心区公共活动空间的有机组成部分[112]。

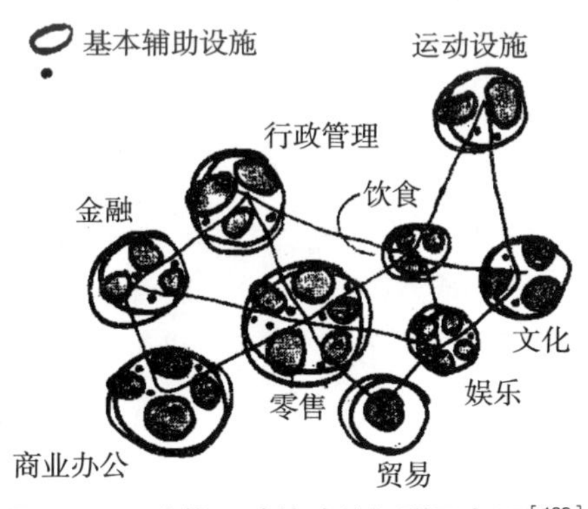

图 4–38　功能一致性的建筑组群示意图[100]

图 4–39　多伦多市公共交通系统

图片来源：http://www.bjkp.gov.cn/bjkpzc/wdxc/50275.shtml

4）带状发展结构 有些空间结构是沿着街道这一功能性意象单元的生长而逐渐生成，中心性活动场所沿着带形街道空间布置，呈现出动态的带状发展趋势。例如，伦敦摄政大街的整体结构是由一系列广场、公园、街道及标志性建筑，在不断的发展过程中逐渐形成的（图 4–40）。正是这些不断生成的“动

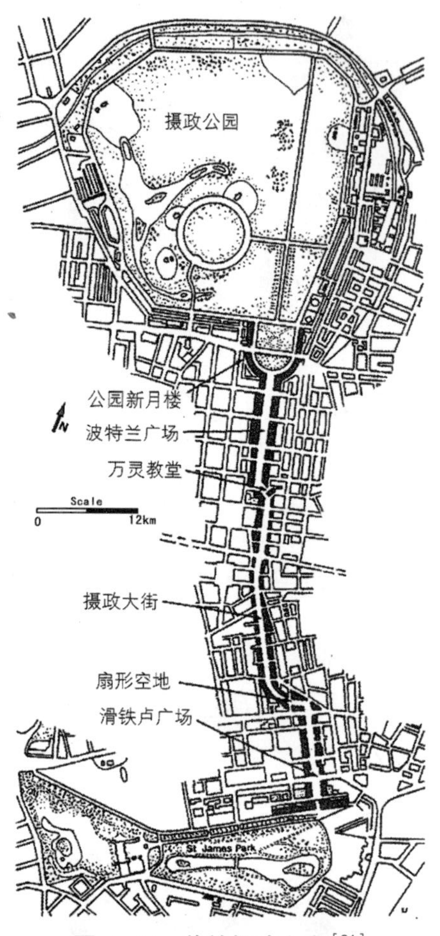

图 4-40　伦敦摄政大街[91]

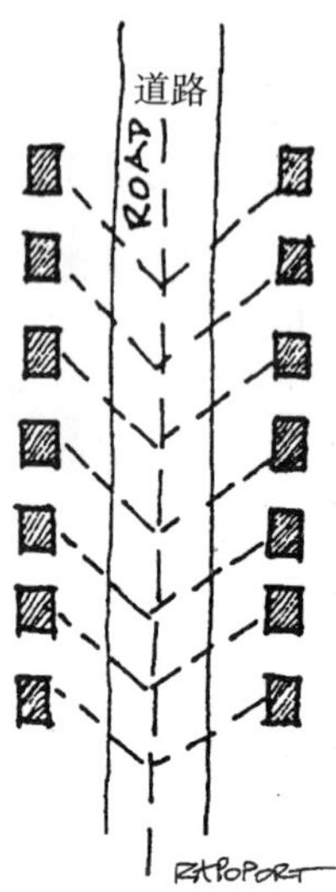

依照公共设施布局（如下水道）产生的房屋布局。不存在与“文化”和社会咸宜的房屋布局

图 4-41　依据公共设施布局产生的房屋布局[26]

态细胞”，最终联结成了一条不断生长变化的带状路径结构，同时也在伦敦人的心中生成了一个清晰的认知地图。

4.2.4　功效性网络

城市基础设施的联合构成了城市的功效性网络，在与特定的场所环境及景观结构相契合的过程中，获得了双向复合的组织特征。如果首先运用技术与经济的标准决定公共基础设施的布局，因此而产生的建筑布局将无关乎于“文化”（图 4-41）。那么，根据“文化”与社会的基本标准（图 4-42），首先，基础设施建设应当与自然生态条件相适应，与经济、社会发展相协调；其次，基础设施建设应当与相应的文化类型相适应，与“以人为本”的原则相适应，保证公众环境安全与舒适，或者说应该满足生活于其中的人们的各种需求。

4.2.4.1　生态化——突出自然情境

城市生态基础设施（Ecological Infrastructure，EI）是指与自然环境保护密切相关的基础设施，从本质上讲是城市可持续发展所依赖的自然系统与生态网络，是保护城市生态环境的重要手段。城市生态基础设施的建设同样也是城市生活形态的重要组成部分，是城市居民能持续地获得“自然服务”的基础，包括提供新鲜空气、食物、体育、游憩、安全庇护以及审美和教育等等，一旦形成就将影响到城市周边建筑的建设、人们的生活以及整个城市景观结构的生成。

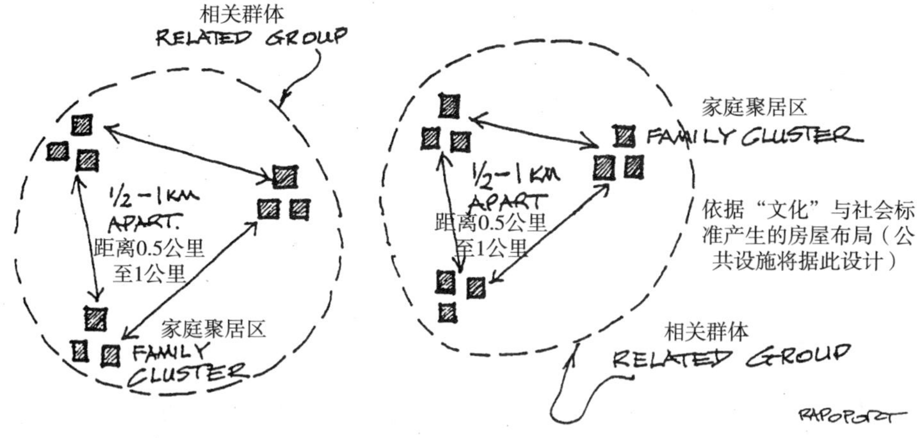

图 4-42 依据“文化”和社会标准产生的房屋布局[26]

1）环境控制技术 城市生态基础设施的布局和建设作为环境控制技术，必然地受到自然环境的影响和约束，并且应当与自然景观结构相复合。国内学者俞孔坚教授提出了城市生态基础设施建设的十大景观战略：维护和强化整体山水格局的连续性；保护和建立多样化的乡土生境系统；维护与恢复河道和海岸的自然形态；保护和恢复湿地系统；将城郊防护林体系与城市绿地系统相结合；建立社区非机动车绿色通道；建立绿色文化遗产廊道；溶解公园，使其成为城市的绿色基质；溶解城市，保护和利用高产农田作为城市的有机组成部分；建立乡土植物苗圃等等[113]。这些策略的提出为环境基础设施走向自然化、景观化提供了有效的途径。

2）生态安全技术 生态安全技术的实施，主要是为了避免对自然系统造成更多的人为干扰，恢复和增强土地与自然系统的自我调节能力及全面的生态系统服务功能。生态安全技术对于生态景观方面的作用也尤为突出，如防洪防灾等休闲绿地、绿色廊道相结合；建筑房屋的节能化；可持续景观中的废物处理，利用人造湿地系统处理污水达到循环利用；雨水收集及生活污水的再利用；管理地表径流水的设计；可持续性能源的利用，对资源的高效循环利用，再生材料的利用等等。

4.2.4.2 无形化——突出历史情境

现代化的高科技系统—— 一个数百万人赖以生存的复杂系统，包括智能技术和信息技术，它们是大都市尤其是全球意义上的“超级城市”得以正常运转的生命动力。无形的技术牵动了有形的城市，使城市生活发生着有形的或是潜在的变化。它们使有形的基础设施能够隐藏在地下、建筑内部或者是以虚拟的形式存在，即使是呈现于表面的部分，也是以特殊标识性的方式存在，并与城市空间和建筑结合为一体。这样一来，不仅能够充分地显露城市的历史文化特色，同时又能够使人们感受到高科技给人们生活带来的便捷、繁荣，给城市的形象以新的特色，与城市重要的历史文化特色风貌一同构成了城市形态的双向组织特征。如表 4–7 中所示，在伦敦、纽约、巴黎、墨西哥、拉斯韦加斯等一些“超级城市”中，都显现出了无形化技术与城市文化特色资源共生的魅力。

“超级城市”的双向组织特色　　表 4–7

超级城市	技术组织	无形的技术形态	有形的文化形态
伦敦	智能交通组织	完全集成化的交通智能控制系统——摄像机、传感器和雷达等对海、陆、空三条渠道起到了无形的调节作用	伦敦有 2000 年的悠久历史，是历代王朝建都之所在。这里的名胜古迹和现代化建筑多姿多彩
纽约	地铁网络组织	纽约的地铁系统担负着整个城市的运转，其中有 2/3 的地下部分，在道路、河流和摩天大楼下面穿行，众多特色街区组合都由地铁联系在一起	纽约是世界上最大的都会区之一，包括曼哈顿区、皇后区、布鲁克林区、布朗克斯区、斯塔滕岛区等五个特色区域
巴黎	地下管道设施组织	地下的管道设施是巴黎的内脏，是鲜为人知的网络，与地上的世界相连。每条地下管道都与上面的街道相对应，方向宽窄也是一致的	巴黎的名胜古迹比比皆是，如埃菲尔铁塔、爱丽舍大道、协和广场、巴黎圣母院等。塞纳河两岸的公园、绿地星罗棋布
墨西哥	智能安全防御设施组织	墨西哥是一个爆炸中心，一边是世界上地震最频繁的地区，另一边则是世界上最活跃的火山之一。古老的湖床构成了不稳定的城市地基。智能安全防御系统贯穿于整个城市建设之中	墨西哥城主要的名胜古迹有宪法广场、马德罗大街、墨西哥城博物馆、国家历史博物馆、瓜达卢佩圣母大教堂、圣多明各广场和教堂等
拉斯韦加斯	智能电力设施组织	拉斯韦加斯适合居住或者能够存在的主要原因在于大量的智能电力控制系统，发电厂作为网络的控制节点连接着全城	拉斯韦加斯是全球最闻名的赌城之一，热闹非凡的拉斯韦加斯大道上汇集了许多豪华的酒店

资料来源：参见美国国家地理频道《超级城市》系列 . http：//real.joy.cn/newsreal/list/Field/3/keyword/%E5%9F%8E%E5%B8%82.htm

首先，无形化的基础网络可以根据特色的文化单元进行分散布置，相应地呈现出分散化的特征。

其次，无形化的基础网络可以根据文化单元之间的功能关系进行联合，形成整体的智能化、信息化的基础设施网络、空间网络和社会网络。

再次，无形化的基础设施建设能够最大限度地减少对用户和邻里带来影响。例如，美国纽约市对应于基础设施建设和维修的技术需求引出了“隐形建设”的概念[114]，这种技术的应用在保障城市生命系统高效运行的同时，最大限度地维护了公众的利益。

4.2.4.3 场景化——突出人文情境

城市基础设施可以与特定的场所环境相结合，从单一实用目的的物质性基础设施，转向对人文情境的塑造。

首先，基础设施的功能与场所的休闲活动相结合，如滨水防护设施、市政公用设施、亮化工程设施等与场所活动的结合等。2005 年 5 月，鹿特丹市政府通过城市亮化设施的组织，导演了一次对第二次世界大战大轰炸的纪念性活动，在城市上空形成了数百道的光束，场景十分震撼（图 4–43）。

其次，基础设施的形式与公共艺术相结合。在日本的街道上我们所看到的无论是消防用的沙井盖还是管线或排水用的沙井盖都是经过设计的，例如，沙井盖的外表喷上油漆图案（图 4–44）。

再次，基础设施与特定的空间标识结合设置，能够起到行为引导的作用。在日本的许多地方，灭火用的消防栓都藏在地下的沙井里，用标有灭火标志的沙井盖盖上，并在沙井旁的路边竖起一个高高的醒目标志牌，从很远的地方就能看到，如发生火灾很容易找到灭火用的水源，也可以避免被汽车撞断消防栓的情况发生。

图 4–43 鹿特丹市二战轰炸纪念活动场景

图片来源：http：//news.sina.com.cn/w/p/2007-05-17/095713010001.shtml

图 4–44 日本某街头沙井盖

图片来源：http：//www.kantsuu.com/news1/20040924065100.shtml

4.3 本章小结

根据技术与文化对于城市形态的不同组织作用，可以将城市形态内在的组织结构分为六个层面：倾向于技术组织向度的形体结构、功能结构和环境结构，倾向于文化组织向度的意象结构、意义结构和景观结构。这些不同的结构层次之间相互影响、相互作用，形成了城市空间的整体形态特征。以不同结构为主导的城市形态设计，会使城市形态表现出相应的差异，它们共同并分层次地建构着完整的城市空间网络形态。

首先，对于中国城市而言，城市发展必然地接受着西方先进的技术文化的影响，形成以公共交通系统为主导的适应于全球化的空间发展模式，影响着以体现使用效率的低级意义结构为主的整体性城市空间网络的生成。

其次，在多层次的城市空间网络结构的复合性建构中，差异性网络和表意性网络是使城市形态有别于其他城市的重要部分。差异性网络体现着城市社会功能需求及社会文化关系，是城市高级意义结构的外在表现。这种差异性是整个社会经过长时间、不自知的行动累积而得到的结果，更多地表现在空间布局关系层面，而不是建筑装饰母题、建筑材料或者是其他微观元素的处理上；表意性网络的生成，是从意象结构出发，进一步地建构着城市的可感知性和可记忆性的差异形态。

再次，功效性网络既是保证城市生存和持续发展的支撑体系，同时也是城市景观结构的重要组成部分，二者相伴相生。

第 5 章　城市形态的双向组织机制

5.1　双向交互的形态转换机制

城市形态并不是某种静止的形式，而是一个包含若干“转换”机制的体系，这个“转换”体系既包括顺序相承的“转换”，也包括突发性的“转换”。完整的城市形态实质上就是各种“转换”机制联合作用的结果，各个组成部分通过“转换”而产生关联并相互适应，从一个有序状态过渡到另一个有序状态。外在的技术进步及内在的文化变革都是导致城市空间重构及形态转换的重要因素，它们不仅规定了城市形态的整体特征，而且还构成了城市形态整体生成和持续更新的动力。

5.1.1　“技术—文化”组织动力

> 我相信如果建筑师面对新知识、新技术、新的生活条件，那么他们就会试图改变目前这种附庸地位，去创造一种新世界。[115]
>
> ——利布斯·伍茨

技术是以“技术文化”的角色存在于文化之中的，它不仅能够表现出有形的物质性特征，而且还能够体现出无形的文化特征。“从来没有一个词像‘技术’一样，统治了所有的社会因素和社会关系”[25]，并且正如美国著名科幻作家弗雷德里克·波尔所说：“决定性的技术元素可能引导未来的发展。”[25]技术对于城市形态的转换动力来自于两个方面：一个是，由表及里的赋形过程，技术自身的不断进步和创新带来了城市外在面貌的更新，进而影响到城市空间结构的变革；另一个是，由里及表的内在适应过程，在更新了社会文化形态之后，为城市空间的创新提供动力和条件。在这里，技术作为城市空间的组织动力掌控在城市设计师和建筑师手中，转化为“设计技术”——借助它可以达到一定的预期效果。他们一方面把存在的东西变成他们自己可以认识的事物，另一方面又相应地把这些事物转变成别人可以认识和可以理解的事物，借以满足使用者的需求，以及设计者自我价值的实现。因此，他们构造的理想城市模式，通常包含两个向度的行为：一个方向代表着个人梦想及计划的实现——是由技术想象开始的城市；另一个方向意味着环境可以通过何种方式获得更合乎人类愿望的改造——由现实情况开始的城市。他们希望通过技术的运用来重组人类的生活空间，以满足人们的物质需求和精神需求，并且希望通过对建造技术的创新和想象，实现人文的设计理念。他们的设计视角能够使得出的结果与社会文化相关联，技术模仿、想象和创造动力影响着文化的“空间再现和空间实践”[116]，并周而复始地对城市形态进行着由量到质及由质到量的改变。

5.1.1.1　技术模仿——对“文化真实”的空间再现

“文化真实”是指存在于现实世界中的物质文化（具有保护价值的历史遗迹）、文化观念和文化规则，它们以不同的方式构成了真实性的文化存在。“再现”则是通过不同的手段和方式对事物进行转换和呈现，最终的表现形态与技术组织手段和方法密切相关。通过技术的模仿创新，文化信息的传播获得了多样化的途径。

1）视觉模仿技术与历史文化再现　“模仿”是将城市历史文化“记忆”引入现实之中的主要方法，“模仿 + 持续的转化”就是创新性地引入历史文化的方法。根据事物原真性的不同反映，可以将模仿划分为三个层次：真实再现、模糊再现与幻象再现。

第一层次的模仿是对事物最原真性的拷贝，以真实再现的技术手法对历史之物进行完整修复和保存。在德国德雷斯顿历史中心区的圣母大教堂的重建计划中，以真实性再现作为基本原则，完全按照教堂依然保存完好的原建筑师乔治·巴尔（George Bahr）的方案图纸进行修复，同时，在施工过程中尽可能多地在原有的建筑废墟中挖掘和提取建筑材料以供再利用，例如，原址中挖掘出的教堂大部分石材都经过清洗分类标号，放在工地的铁架上以供再利用（图5-1）。这座教堂承载着人们对历史的回忆以及一种象征精神的回归，在信仰日渐淡薄的现代社会恢复其原始风貌并保持其原有的功能，具有现实的价值和意义。在圆明园的修复项目中，运用了极为先进的“三维激光扫描”技术。该技术能在特定的环境下对原有建筑进行三维的虚拟重建，不仅避免

图 5-1　重建中的圣母大教堂[117]

了过去手工制作对遗址构件反复拼接的过程，同时也极大地提高了遗址残损构件复位研究的效率。在圆明园碧澜桥复原中，传统的技术方法导致桥面建成后桥栏板与望柱无法继续安装，而且设计方案与历史原貌出入较大。实践证明，运用三维激光扫描技术和计算机虚拟归安方法能在不触及文物的条件下进行遗址测绘，在提高工作效率和复原方案精确性的同时，能够减少保护干预中不必要的破坏[118]。在这里，新技术的应用不但没有影响历史建筑的效果，而且是重建过程中的必要手段。

第二层次的模仿是介于现实和传统之间拼接性的拷贝，以“差异性完形”的手法使历史建筑及遗迹能够获得新的活力。18 世纪，温克尔曼提出了区分新与旧的原则，强调既要突出补遗部分与原件的差异，又要保持修复之后形象的相对统一，这就是“差异性完形”的设计方法。对历史建筑的改造及重建通常有两种方式：一种是由于历史建筑面临着新的功能需求，所以对其进行扩建和再造；另一种是对保护建筑已经遗失的部分进行补遗。这两种修复方式的目的都是为了使历史建筑能够适应现代城市生活发展的需要，并获得新的实用价值和文化意义。法国建筑大师让·努维尔于1989~1993年，在建于 18 世纪的里昂歌剧院的改造案中（图 5-2、图 5-3），实践了“差异性完形”的做法。在这个设计中，让·努维尔仅保留了整个建筑的外层表皮，而将其内部结构与空间进行了彻底的改造，转换成为六层楼高的现代化剧场。改造后的歌剧院，面积增加了三倍，地下室建筑深度与地面建筑高度相仿。由玻璃和钢铁等现代材料构成的圆拱状屋顶，与大理石装饰的古老歌剧院和谐地融为一体。这个经过现代技术转换的历史遗迹与当代社会的发展得到完美的结合。

图 5-2　里昂歌剧院正视图

图片来源：http：//www.essential-architecture.com/Architech/Arch-nouvel.htm

第三层次的模仿是对真实事物的“幻象”性拷贝，以调动人们对已有情境的想象。现代技术可以通过呈现于实体上的视觉影像来制造“虚拟”的效果。

首先，利用数字影像技术可以形成虚拟的空间效果。在南京明故宫遗址

图 5-3　里昂歌剧院侧视图

图片来源：http：//www.essential-architecture.com/Architech/Arch-nouvel.htm

保护规划与建筑设计方案中[119]，原宫殿的三条轴线与空间格局得到了完整的复原，而奉天殿、华盖殿、谨身殿等建筑由于恢复其原有建筑风貌十分困难，所以，在这项计划中，拟采用全息摄影技术、激光技术及数字技术，对原来的建筑和场景进行虚拟的模仿和影像再现。在夜晚时映射出三大宫殿的建筑画面，以此来使人们产生联想和回忆（图 5-4、图 5-5）。

图 5-4　南京明故宫老照片[119]

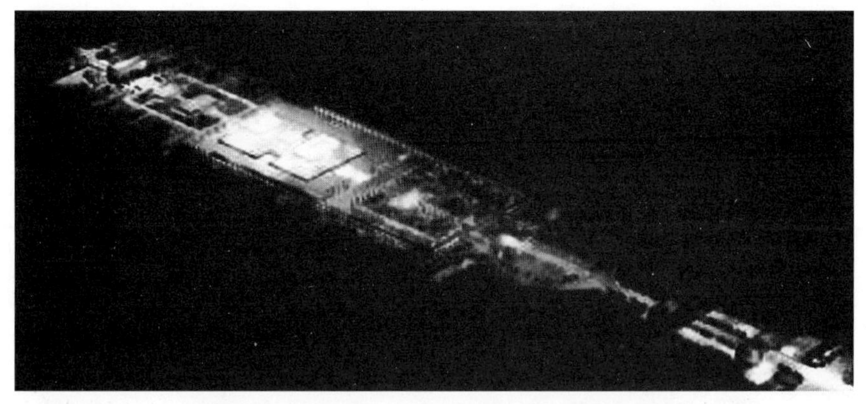

图 5–5　南京明故宫保护规划设计夜景图[119]

其次，利用透明或者是可以影射的材料，可以扩大空间并产生虚拟的场景。玻璃幕墙、镜面玻璃等透明材料在城市建设中的应用，形成了不同于客观存在的实体空间的虚拟影像空间。在追求场所情境的建筑形态中，建筑以自身的形态特征影射和隐喻建造环境的特殊个性，建筑与环境互为衬托，互为前提。在法国里尔美术馆的扩建工程中，新馆以简单的几何形体和透明的玻璃幕墙与老馆庄重而华丽的风格形成强烈的对比。建筑师伊博斯及合作者采用了“幻像”拷贝的方式，利用新馆表皮上规则的镜面将老馆建筑的形象呈现于其表皮之上，形成虚拟的符号信息；同时，新馆的建筑外表面随着时间和气候条件的变化而变化，在新与旧的场所之间产生了奇幻的效果（图 5–6、图 5–7）。

图 5–6　法国里尔美术馆侧视图

图片来源：http：//www.xici.net/b 605111/d34924433.htm

2）计算机模拟技术与文化观念再现　随着科学技术的高速发展，自然界与城市社会正经历着根本性的变化，因而形成了更多更为复杂的文化理想和观

图 5-7　法国里尔美术馆正视图

图片来源：http：//www.xici.net/b 605111/d34924433.htm

念。信息技术在城市设计中的运用，不仅改变着人工环境的建造方式、构成方法，而且还直接地影响着人们在城市空间中的体验，尤其是计算机模拟技术的应用被作为城市形态发生改变及空间结构发生转换的动力之一，将会冲击未来城市形态的发展，并将各种文化想象转化为现实。

（1）有形化。通过计算机可以捕捉到以前单凭人脑所无法想象和实现的形象，还能够生成具有辅助掌控工程进度及控制建筑管理系统状态的智能化系统，使无形的技术转化为“有形化”的感受。首先，我们的生活空间是“三维常曲率空间”，建筑外部形态随着技术及人类的不断进步变得越来越多姿多彩。面对越来越复杂的三维曲率形式的处理及复杂的造型设计，引入高智能的计算机技术成为一种必然的趋势，而最终带来的结果是在极大地满足周围一切条件的同时，建造出更加优美的建筑艺术造型和令人满意的生活空间。其次，计算机可以进行各种生态性能的相关计算、模拟和控制。如计算机流体力学（CFD）及其软件“CFD 2000”，可用于模拟空间的环境性能，并绘制出空气流速及其他的参数，可以模拟和预测周围环境对建筑的影响，各个角度的视觉效果以及建筑在不同压力下形成的结构系统和外观。关西国际机场航站楼位于日本大阪的一个人工小岛上，那是一个巨大的自然化的有机体。伦佐 · 皮亚诺及其助手成功地向人们展示了计算机是如何方便快捷地制作变化多端的复杂形态和特殊语言符号这样的一个重要技术（图 5-8）。整座建筑的形态是在计算机的精密计算下完成的，所以它也自然地具备了高科技的艺术特征。

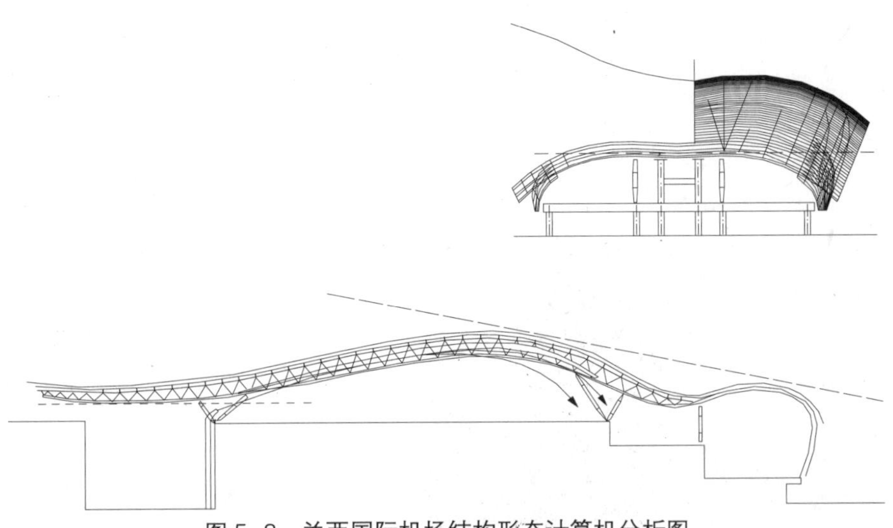

图 5-8　关西国际机场结构形态计算机分析图

图片来源：http：//www.renzopiano.it

（2）情景化。虚拟影像技术对不同文化背景中产生的传统视觉语言和文化界域产生了新的诠释和冲击。这种新的文化现象一经登场，就改变了传统文化的基本格局，并加入了全球境域的思考[120]。

首先，在当今这个信息时代，信息技术与材料的发展和创新为城市设计提供了新的工具和物质基础，极大地拓展了设计手法，城市形态也随之发生了巨大的变化。在设计师的视域中，不仅突破了沙、石、水、树木等天然材料的限制，而且大量的塑料制品、光导纤维、合成金属等新型材料也被用于他们的创作之中。2002 年，荷兰 Un Studio 在韩国首尔商业街的设计中（图 5-9），使用了 4330 个特制的玻璃圆片挂在原有建筑的墙上，这些玻璃圆片在夜里，由发光二极管的照射而使建筑外立面不断地发生变换，不仅开拓了人们的视野，而且给城市注入了新的精神和活力。

图 5-9　韩国首尔商业街立面细部

图片来源：http：//www.wswin.com/home/viewthread.php?tid=171521

图 5-10 红门

图片来源：http: //www.cl2000.com

其次，虚拟影像技术通过对现有图像资源的移借和拼贴形成了一种混合的文本形态，促进了情景的跨时空交融。数字影像是一种新兴的艺术语言，它是真正的非物质化的图像，既不是来自现实视觉，也不是用物质材料表现的想象性现实，是真正属于电子视觉质感的影像。数字影像是在绝对可以预见的前提下进行组合的，每一个数字影像都有一种自己的技术句法，在电子视觉表象的背后有一种数字影像系统的内在结构在支配[121]。王功新的作品《红门》，应用了影像合成技术对四合院的空间景观进行了内外翻置，将墙外的景观变成一个虚拟的内部院子（图 5-10），使人们产生了一种虚拟的电子幻觉。数字影像在建筑表皮上的应用，提高了城市空间的互动性、多媒体性，并形成了人们对空间认知的多维感受。

再次，虚拟影像技术实时交互的参与机制，实现了艺术活动方式的变化。虚拟影像技术是一种新媒体艺术的语言，通过对即时的现场表演和观众参与、环境装置、大众图像，计算机数字合成技术、计算机动画以及音乐、灯光等多种手段，来表现和控制特定的时间因素——即时性、自发性和共时性。荷兰 NOX 建筑事务所设计的荷兰水上展览馆就是一个“交互装置”，用以说明建筑设计、交互式多媒体和信息技术与人之间的相互交织关系（图 5-11）。这个设计是荷兰运输部、公共工程部和水利资源管理部，共同委托设计和建造的。设计者试图把这个项目设计为一栋建筑、一个展览中心、一组环境，在展览馆中借助综合的空间体验把几何形体、建筑和传感触发式多媒体装置融为一体。具体来说，它是一栋“聪明”的建筑，有着自身的内部逻辑和感觉能力，信息以混合的形式渗透到所有的形态中去[122]。

（3）现实化。计算机模拟技术对于建立空间模型起到至关重要的作用，而这一模型恰恰是对隐藏在物质表面下的自然规律、社会规律及文化因素的真实性反应和复制，尽可能地与真实环境相联系。计算机模拟技术能够为人们复制真实世界，使人们能够在一个虚拟的空间中获得与真实相近的感受。

地理信息系统（GIS），是一种以数字化地图去表示研究地区的环境的技术，

图 5-11　NOX 建筑事务所的荷兰水上展览馆[85]

它不仅能够监控城市肌理的变化情况、运输系统的运作情况，同时也能够为城市环境保护提供相应的手段、策略和发展方向。GIS 能够建立一种庞大的地理学信息数据库，对于建筑设计及城市设计领域的影响潜力是巨大的（图 5-12）。从建设项目的最佳选址标准的确定、论证区域内人口增长和人口组成形式，到交通网络设施及商业区、居民区的评估，以及量化影响建筑形式和布局方式的气候及地理性因素，GIS 都能够将它们逐一转化成图像应用于设计之中，多样化的实体形式和空间秩序在模拟技术的应用中得到新的阐释[10]，例如，对一些具有重要文化价值的历史文化信息的保护。GIS 可用作与公众交流保护策略及促进与在遗产资源内或附近的其他政府部门合作的工具，而且 GIS 有很强的空间分析及属性查询能力，将其应用于历史文化保护和管理上，不但能有助实现遗产资源的保护，并可为其提供基础数据和科

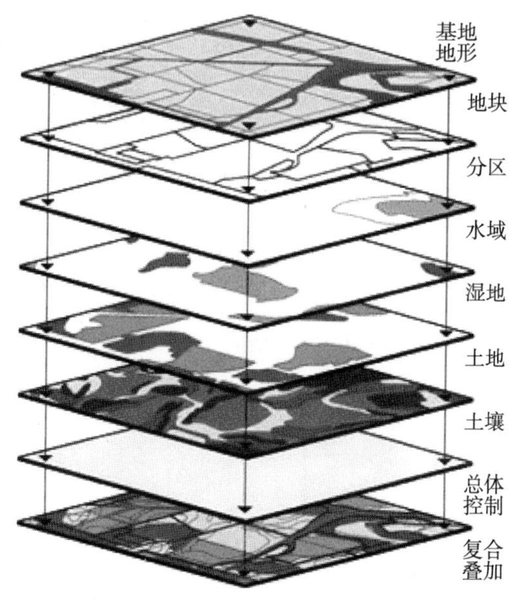

图 5-12　GIS 分析图式

图片来源：http//www.ci.farmington-hills.mi.us…/Gis.asp

学依据。除此之外，GIS 还能够提供一个历史地貌的虚拟影像，进而为集体回忆提供一个沟通的平台。

计算机协助虚拟环境技术（CAVE），是一种模拟现实环境的技术。在城市与建筑设计中，CAVE 对于建立空间模型起到至关重要的作用，而这一模型恰恰是对隐藏在物质表面下的自然规律、社会规律及文化因素的真实性反映和复制，尽可能地与真实环境相一致。比如说，计算机程序不仅能够模拟出正常的自然光线在建筑物上的表现角度，还能够产生可以量化的有用数据，为设计提供某些真实世界的信息。在城市设计中，城市热岛效应的计算机模拟技术将有助于城市布局形式的确定及建筑材料的选取。在罗林顿 · 伊曼纽尔对炎热潮湿地区的研究中，他确定了关于城市住宅设计的经验法则，其中之一就是：较薄的墙壁和较好的屋顶隔热性能比双层玻璃窗更能提升冷却负荷的作用[10]。

3）数学模仿技术与文化规则再现 数学一直是建构城市文化规则的主要力量，无论是古代城市单一的城市空间，还是现代城市复杂性的城市空间。一个数学形式的逻辑系统通常是可以用来描述或诊断经验环境的一系列量化的图式和工具[10]。首先，数学主要是一种寻求众所周知的公理思想的方法，它能够为自然现象提供合理的结构，这一作用在现代城市中表现得尤为突出。例如，由斯蒂尼和米切尔发明的波斯空中花园几何的和算数的分析示意图，说明了一个基本的正方形的各种截切的规律性[10]（图 5–13）。其次，日常语言是习俗的产物，也是社会和政治运动的产物，而数学语言则慎重地、有意地将现实生活和传统文化规则用一种精心设计的严密性和简洁性语言表示。如同音乐利用符号来代表和传播声音一样，数学也用符号表示数量关系和空间形式。中国古代数字的演化与发展，与老子“道生一，一生二，二生三，三生万物，万物复阴以抱阳，冲气以为和”的哲学思想十分一致[123]。从对数字与空间关系的研究中，国内学者发现了 10 以内数字的空间数列的表现图示（图 5–14），它们与中国古代城市规划及空间布局形式密切相关。如中国古代城市对中心、轴线、左右对称等形式的追求甚为执著，从城市布局到建筑单体均有体现。

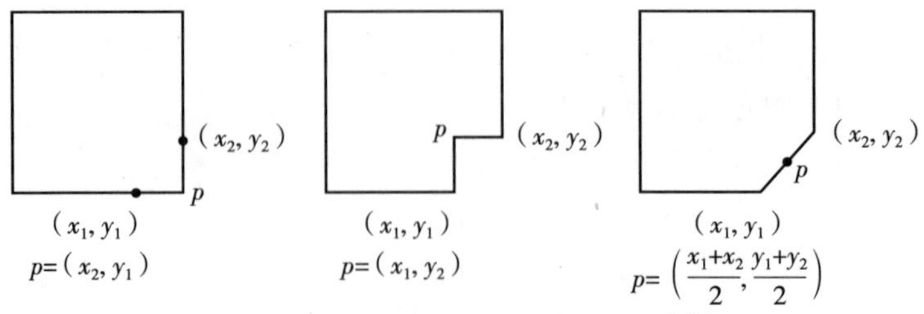

图 5–13 正方形的各种截切规律[10]

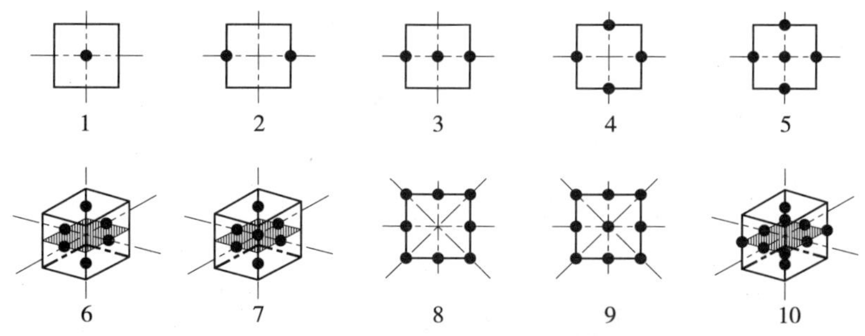

图 5–14　中国古代 10 以内数字的空间数列图示[123]

我们可以得出这样的结论：空间排列的特性可以用数字的规律和图式描述出来，一旦建立了这样的表达式，我们就能够掌握描述同一类型空间排列的能力。此系统构建的关键在于使用一个数学规则和联系的系统来表现一个经验的事实和传统空间的文化特征。

5.1.1.2　技术想象——对“文化理想”的空间再现

技术主体通过主观的技术与文化想象再现着城市空间，属于想象层次的技术组织活动。再现的空间是透过相关的意象和象征而直接体验的空间，它可以是包容了经济、生态和观念等的社会理想性空间，也可以是包容了梦想、欲望、幻想，以及生活情境和行动所在的个体理想性空间。

1）技术想象对社会理想的空间再现　技术的进步和创新引发了多种多样关于“未来城市”的构想，它们并不是完全独立于过去或者是现实的“乌托邦式理想”，而是城市设计师在追求既定的或者是理想的经济、社会和生态价值取向的同时，创新着城市空间的类型，并创造出更多可供生存的城市空间（表 5–1）。这些城市空间也许暂时看起来是“反逻辑的”、“超前的”或者是“不能够实现的”，但是它们紧密依靠现代技术和高度关注人类生态环境的基本思想，无疑反映出未来城市空间结构发展的基本趋向，同时也为城市空间发展提供了更多新的可能，使我们能够重新评价关于我们生活环境的设计概念和态度[124]。

“未来城市”的技术构想　　**表 5–1**

未来城市	设计者	价值追求	主要内容
漂浮城市	菊竹青训 1958 年	经济价值 观念价值	在水深 6 米的海底，以数万个正四面体结构作为基础，在上面进行建设
海上城市	丹下健三 1960 年	经济价值 生态价值 观念价值	为解决土地的问题，城市应当向东京湾延伸，并通过“城市轴”和“绿轴”来改变城市结构
海上城市	富勒 20 世纪 70 年代初	经济价值 观念价值	海上城市是高 20 层上小下大的四面锥体，可漂浮于 6~9 米深的港湾或海边，与陆地可用桥梁连接

续表

未来城市	设计者	价值追求	主要内容
插入城市	彼得 · 库克 1964 年	经济价值 观念价值	可在已有交通设施和其他各种市政设施的网状构架上插入有插座的房屋构筑物，使用年限一般为 40 年。可以轮流用起重设备搬去一批或插上一批，城市的房屋因此可以周期性地进行更新
漂浮城市	唐纳 · 古德曼	经济价值 观念价值	利用现有石油钻井平台的技术在海上建设城市，由一个个城区单元组成，并通过桥梁和管道连接在一起
巨构城市	保罗 · 索勒里	经济价值 生态价值 观念价值	城市选址在沙漠中，以应对苛刻气候作为主要设计目标。它是一座高约 1000 米的塔楼，城市内部能源、水和空气的循环自成体系
太空城市	奥尼尔 1975 年	经济价值 观念价值	美国“宇宙岛”的外形像一个车轮子，直径 500 米，以一定的速度旋转，产生模仿地球引力的“人造重力”。“岛”内建有工厂、农场、住宅、商店、医院等
东京千年塔	诺曼 · 福斯特 1989 年	经济价值 观念价值	千年塔，一个高速的“摩天大楼”体系。连续循环运作的水平或是垂直的交通系统是城市的一个重要的因素。千年塔的概念体现了现代城市功能空间的高度复合性和有机性
生态城市	保罗 · 索勒里 1971 年	经济价值 生态价值 观念价值	将现代生态意识方面的因素纳入建筑物的设计之中，这里住宅的每个房间都阳光明媚，建筑物中的一切能源都不依靠外界供给
仿生城市	莱利	经济价值 生态价值 观念价值	该城市模仿植物的功能和结构，把商业区、无害工业区、公园绿化、街道、广场等组成要素密集地叠置于一个巨型结构体中，空气和阳光通过调节器送入这一“主干”部分，而居住区置于悬挑的“枝干”和“叶片”上，可以接触自然空气和阳光
爱莉丝地下城市网	20 世纪 80 年代	经济价值 观念价值	该计划是要在东京兴建的一个由隧道连通的巨大的地下城市网络的构想，整个地下空间都由透明的圆顶所覆盖。在任何地点人们都可以方便地到达目的地，并完成需要的活动
吊城	格 · 波 · 波利索夫斯基	经济价值 观念价值	“吊”城，即“悬浮”的建筑方案。设想在城市中装几个数百米高的垂直井筒，用空间构架联系起来，然后将整个建筑物悬吊于城市上空，包括街道、住宅、学校、花园、运动场
阿卜杜拉国王经济城	阿卜杜拉国王	经济价值 观念价值	城市由五部分组成：一座新城港口，一个工业园区，一个教育园区，一个金融岛和一个适于居住的建筑群。采用多层式建筑方式
2108 年理想城市	IwamotoScott 建筑事务所 2008 年	经济价值 生态价值 观念价值	一座用地热维持城市正常运转，并从雾气中提取自来水的城市

2）技术想象对个体理想的空间再现 城市和建筑设计师的最高梦想就是将科技转化为生活。人类的活动离不开空间，城市空间形态类型的更新将影响城市社会生活的模式。所以说，创新的技术观念在带来新型城市空间的同时，将促成新的生活理念和生活方式。

第一，从技术想象中能够发现新的生活组织模式。在目前这个技术高速进步的社会中，技术的创新不可避免地导致社会和思维的突变，从而激发了各种各样对城市新型空间的想象。利布斯 · 伍茨对"中心城市"的构想主要起源于对于一种新的生活方式的探索，它是由不同的建筑组群所组成的多个中心连接而成的城市网络，每个"中心"的平面形式都呈现为不完整的圆周状。"中心城市"中的建筑组群是为不同的社团活动而准备的，它们可以辅助人们对世界，对不同生活方式，对视觉、触觉等感觉系统的探索和尝试，为探索性和实验性的生活服务，利布斯 · 伍茨将它们称为"工具式的建筑"。在"中心城市"的引导下，一种新型的生活方式将由此而产生[125]。

第二，创新的技术理念是形成社会理想，乃至个人需求的主要途径之一。大多数建筑师都已经意识到"与其固执己见，沉迷于个人感观的满足，不如真实地服务于使用者，并为他们提供技术和组织上的便利"[126]。"可移动的建筑"与"可变化的社会"理念是由匈牙利著名建筑大师尤纳 · 弗莱德曼在 1956 年第十届国际现代建筑大会上首次提出的。所谓的"移动建筑"就是一种在相应的技术支持下，使建筑尽可能"可变"的一种自由的和不规则的建筑结构的构想。这种可变化的建筑结构将有助于实现"可变化的社会"理念，即实现居住者本身—— 一个具有个性与性格的"他或她"的参与，一个"被居住者决定的住所"[126]。城市存在的真实性原因是满足"居住者"日益频繁的休闲活动的能力，而建筑师需要真实地反映出"居住者个体"即兴流露出的迷人表情，允许并启发人们的自发性建造，同时使这种建造尽可能的丰富可变。2007 年，在上海外滩 18 号创意中心举办"可实现的乌托邦——尤纳 · 弗莱德曼建筑展"中，尤纳 · 弗莱德曼为上海外滩量身定做了未来城市计划，表达了他将居民作为城市最基本的使用者的设计理念（图 5–15、图 5–16）。

图 5–15 上海外滩桥镇

图片来源：http：//sh.sohu.com/20070429/n249790941.shtml

5.1.1.3 技术创造——对"文化景观"的空间再现

设计主体通过技术创造，实现着对"文化景观"的空间再现，属于经验层次的技术组织活动。

图 5－16　上海空中城市计划

图 5–17　中央电视台新总部大楼

1）艺术技术→事件文化景观　在这样一个信息的时代，设计师们早已经挣脱了传统思维的束缚，他们想方设法地在城市中有突出的表现，给人们带来全新的感受和新型的城市文化。正如伊东丰雄的评说，雷姆 · 库哈斯让一个“普通城市”的空间能变成世界上一个有特点的场所的唯一办法，就是促成一个激动人心的“事件”——就像新闻媒体一样能够迅速传播的“事件”，通过独一无二的技术来创造和表达独特的艺术灵感和建筑形式。就像蓬皮杜文化艺术中心第一次出现在法国巴黎一样，它的存在意义更多地表现在与以往不同的那个部分，使它得以在若干年后成为法国最具特色的文化地标之一。若干年后，雷姆 · 库哈斯在中国也留下了这样一座颇受争议的建筑——中央电视台新总部大楼（图 5–17），一时间它成为 2008 奥运事件的主角之一，引起了专家学者以及社会大众的广泛关注，有关其激烈的辩论至今无法停止。各种各样的评论重新塑造着它，并赋予它更多的内涵。雷姆 · 库哈斯从形式逻辑出发，突破了以往我们对建筑的理解，与那些欲与天公试比高的“普通”摩天楼相比，它的存在意义在于本身代表着一种新的结构技术逻辑和新的形式类型。如果说对于建筑设计，他要创造的是一种具有创新性的形式类型，那么对于城市设计来说，他对城市的经济模式给予了更多的关注，特别是针对一些中东国家的城市。他最有兴趣的就是不断发现和寻找那些和西方发展模式不相同的地区和国家，在传统中找到与城市发展不适应的部分，然后彻底地清除它们，并以此激发大型城市事件的发生。在中东城市迪拜的规划设计方案中，现代新型建筑群体在这里并不是像表面上看上去的那样“普通”——对现代浮华而宏大场面的模仿（图 5-18），而是经过理性的计划和设计，最重要的是，这样一种巨大的改变使迪拜从根本上摆脱了单纯依靠石油发展的经济模式。

图 5-18　迪拜的规划设计方案

图片来源：http：//hi.baidu.com

对于一个城市来说，事件文化景观的产生能够带来一种真正创新的城市建筑和空间，而不是普遍的模仿复制。但是，如果设计师们仅仅从形式逻辑出发，专心于创造新的形式类型，那么，他们的作品将与传统的城市文化相背离，艺术技术创造下的“形式之美”也将失去其原本的意义。

2）交通技术→行为文化景观　城市交通系统与城市形态之间存在着复杂的互动关系，交通系统的更新是推动城市发展的主要动力，对有形的城市形态、城市规模、空间结构以及城市的产生、发展与演进都起着至关重要的作用（图 5-19）。首先，交通设施技术及交通运输技术的创新是城市发展的需要，也是历史发展的必然。一种新型的交通运输方式的普及以及交通设施的改变，必然促使城市空间结构发生巨大变化，促进城市面貌的更新。例如，以水上城市著称的威尼斯，依靠过海铁轨改变了威尼斯的对外交通形式，同时依靠填海出来的土地上新建火车站和码头等城市出入口部分，都使得威尼斯城市功能结构和景观结构有了很大改变。

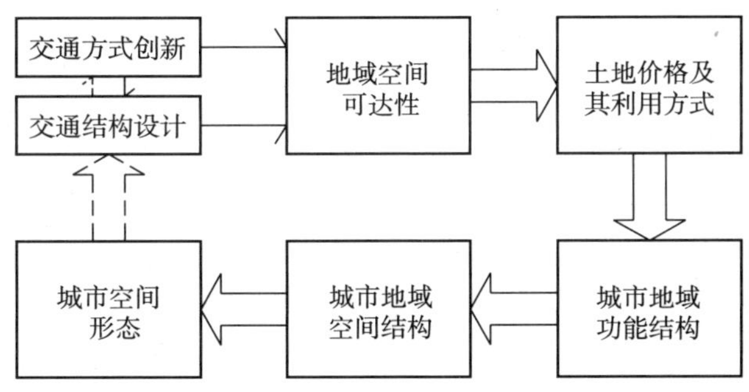

图 5-19　交通系统与城市空间形态的关系

其次，城市交通结构既是城市机体有效运行的一个重要的量度，同时也是城市功能培育及社会活动产生机会的重要量度。一个城市的空间结构除了受到特定的地理条件及功能分区政策的影响外，很大程度上是由“可达性”决定的，即实体可达性及相对可达性。实体可达性一般是指到达一个地方的方便程度，其中涵盖了出行时间、交通成本、交通舒适度等概念；相对可达性则是指“一个地方的可达性与另一个地方的可达性相比较而得出来的。两个地方，别的条件都相同，相对可达性高的地方就能比低的地方吸引更多人去活动”[127]。两种可达性之间是相互影响和相辅相成的。汤姆逊在谈到交通的动态作用对城市空间结构的形成的重要影响时指出：“出现一个中心以后就产生对交通设施的需求，而建立了交通设施之后反过来又使这个中心更吸引人。”[127]所以，应当重视城市交通结构对于城市生活氛围的培育作用，以及对于城市空间结构的主导作用。“交通结节点”和“城市功能轴”等理论的先后提出，把城市交通建设同城市空间结构的形成和发展紧密地联系起来[106]。“交通结节点”理论主张在交通枢纽点上分散培育城市功能，以形成大城市的功能和结构体系，并以此作为实现多中心城市空间结构的前提条件（图 5-20）。“城市功能轴”理论则强调把交通走廊和规划走廊结合起来，形成带状的城市空间结构（图 5-21）。在为东京制定的一些规划方案中常常体现出上述规划思想，如 1985 年通过的《关于东京圈以高速铁路为中心的交通网整顿计划》，考虑在发展一系列铁路线的同时，采取相应政策与措施，与城市建设规划取得一致，与沿线开发规划充分协调；考虑沿西轴线集中布置生产性、事务性和商业性设施；与此同时，在市区和市郊的车站地区建立

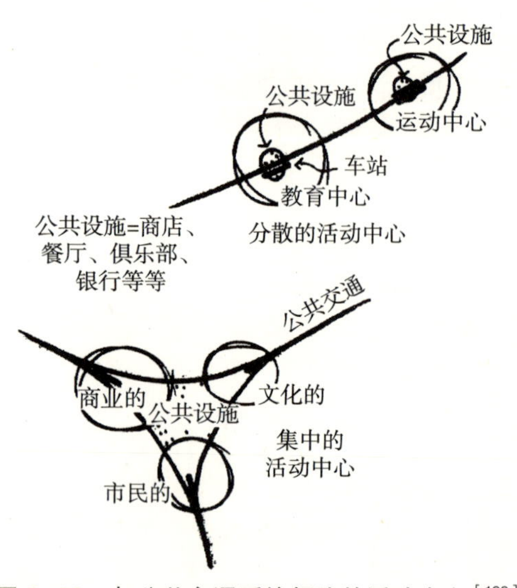

图 5-20　与公共交通系统相连的活动中心[100]

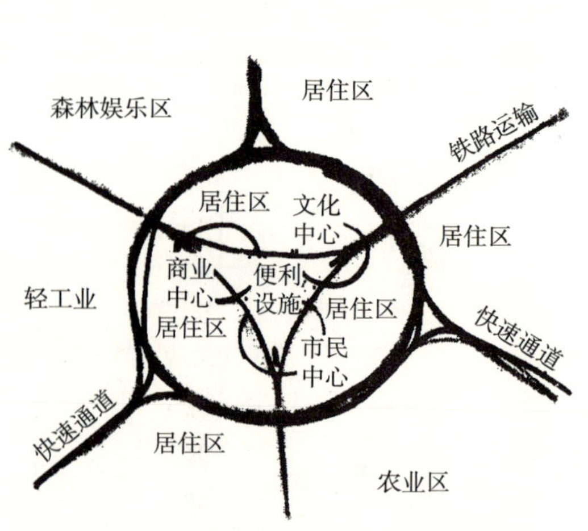

图 5-21　公路和铁路系统的功能培育[100]

不同等级的行政、商业中心。

3）生态技术→自然文化景观 生态技术是从技术与自然相互作用的向度出发，用以修正经济活动为目的的开发方式对自然环境再生能力的影响的技术。基于生态优先的设计，就是要将地区、城市和区域的生态决定因素及人文因素作为规划和设计的前提，应用各种与城市设计相关的生态技术，包括环境控制技术、绿化技术、生态安全技术等。随着社会生态意识的增强，"生态优先"的价值观念及设计方法使得城市设计走向了生态规范化的道路，例如，在进行整体规划和设计之前要进行自然环境承受力检测和生态安全评估；要求更有效地使用能源，充分利用可再生性能源等等。

（1）生态建筑。生态建筑理论的兴起与西方生态科学的发展有着密切的联系。如果说生态科学理论的核心是如何科学地解决生命系统与环境系统之间的相互关系与矛盾冲突，是如何使科学成为自然和生命的福祉而非祸患，那么，生态建筑理论的核心则是如何使建筑成为生命系统和环境系统之间的纽带，使建筑尽可能地发挥出有利于生态的建设性效益，尽可能少地出现反生态的负效应。从目前的生态建筑设计实践来看，西方生态建筑发展的主要趋势就是生态技术与建筑设计的密切融合，作为全球共同的基本物体的现代建筑，在与自然环境的互动之中获得了地方性的特征。总体而言，生态建筑的发展主要表现为两种倾向：

第一，返归自然环境的倾向。一方面，这类建筑借助绿化或覆土等技术手段，将自然移植到建筑环境之中，并以最大限度地减少建筑和人的活动对生态秩序的消极影响作为目标，生成的绿色建筑；另一方面，这类建筑主要通过选择适宜的地段和气候段，运用一些易降解、无污染的自然材料，最大限度地减少污染、降低能耗，生成自然节能建筑，或称为原生态建筑[128]。

第二，依靠科技进步的倾向。这类建筑是技术乐观主义的典型代表。建筑师充分利用科学技术发展带来的新工艺、新材料，运用生态学的原理，以高信息、低能耗，可循环性和自调节性的设计理念去创造一个节能的系统。

（2）生态区域。近几年来，通过运用生态学原理、环境学原理，遵循生态平衡及可持续发展的原则，对地块进行合理的分划，然后将交通网络系统与之叠合，使建筑内外空间的物质和能源因素在系统内部能有序地循环转换，从而获得一种高效、低耗、无废无污染且能实现一定程度自给的新型区域空间形式。例如 EOD（Ecological Office District）——绿色生态办公区、ELD（Ecological Live District）——绿色生态居住区等新型区域，都是空间发展的重要趋向。生态区域的形成同样也表现出了两种倾向：

第一，返归自然环境的倾向。建筑设计要结合外部自然环境展开，要保存水体、绿地和树木等的自然状态，尤其是一些公共所有的强制性保护的自然资源保护区，如原生态的自然沼泽地、水域，以及突出的风景特征。

第二，依靠科技进步的倾向。通过高科技的智能技术与生态化的建筑技术相结合，来使建筑达到低能耗的绿色环保要求及使用者的舒适度，创造出有利于生态平衡和可持续发展的生态建筑。

4）建造技术→建筑文化景观 从建造技术本身的创造和更新角度出发，可以形成两种类型的建筑文化景观：一种是以高技术作为构思起点的建筑文化景观；一种是以低技术和适宜技术作为构思起点的建筑文化景观。

（1）以高技术作为构思起点的建筑文化景观。被冠以“高技派”名称的建筑师们，不仅对场所和地区环境的独特意义给予应有的尊重和重视，而且能够充分利用当代城市可以共享的先进技术文化资源。高技建筑已成为一种创造性的艺术，在寻求与特定场所关系的过程中给予自身一个新的定位，从而使建筑技术与环境达到共生，建筑的高情感通过这一融合与共生的过程被体现出来。擅长高技的建筑师们倾向于通过“技术性思维”改变传统的设计观念。例如，伦佐 · 皮亚诺是一位以高技术为构思起点的著名建筑设计师，他对于每一个项目，都会根据其不同的历史文化环境，设计出拥有属于它们自己的明显特征的墙体结构、屋顶结构及各种装饰的“片段”，这是使其建筑作品风格各异的主要原因之一。首先，各种“片断”在构建形体的同时，还承担着表达建筑艺术特色以及与人相互交流的功用。在关西国际机场的设计中，由暴露的结构单元所产生的移情反应，使人与建筑及其结构、空间之间产生了共鸣，并且当它们融为一体时，也就具有特殊的审美意义。其次，组成“片段”的构件形成的一系列的标准化，不但能够达到结构的功效，而且还能够以其重复的特性形成一种协调、整齐的秩序感。正是因为结构的规律化及构件的标准化，所以建筑施工才得以采用组装的方法，既可以缩短建筑的工期，又可以大幅度降低建筑成本，体现出工业社会高效而又经济的基本精神（图5-22）。

图 5-22 关西国际机场内部结构

图片来源：http：//www.renzopiano.it

（2）以低技术和适宜技术作为构思起点的建筑文化景观。低技术和适宜技术本身既是一种物质层面的建造手段，同时也能够显示出与本土文化体系相关联的建构特色。印度建筑师查尔斯·柯里亚在探索适宜技术方面取得了很多有益的经验，他在吸收现代主义精华的同时不断地反思着地方性的传统文化，最终确立了本土与现代相结合的创作之路。查尔斯·柯里亚设计的孟买坎昌加公寓（图 5-23），将高层建筑的现代造型与印度传统建筑的空间组合巧妙结合，既体现了现代高密度聚居理念，又传承了传统建筑居住空间的处理手法。在这一设计中，交错布局的半跃层的住宅形式，以及每户形成的一个朝西或朝东两层高的大花园阳台，都与当地居民的生活习性相适应，如同传统住宅中的露天庭院一般。多西同样是创造“低技术、高文化”建筑的典范，找到了探索印度地方性建筑风格的切入点。在其 20 世纪 60 年代末设计的建筑作品中，他将裸露的红砖墙镶嵌混凝土框架，朝北的天窗与朝南的风洞等一些重要的本土性技术手段转换成了具有印度特色的建筑语言。随后的几年中，他又在利用地方性材料和建造技术、节约能源、建筑与环境和谐共生等方面作了许多有益的尝试[25]。

图 5-23　孟买坎昌加公寓

图片来源：http：//www.buildbook.com.cn/ebook/read.aspx?id=2007/B10046007/6.html

5.1.2 “文化—技术”组织动力

在技术进步自发性地组织着城市空间结构的同时，文化也以一种聚合性的作用力连接着地方风格的历时性积淀，并实现着由各种活动需求到空间关系的转化。文化作为“设计技术”产生的源泉和契机，对于新的技术理念和技术价值观产生着重要的影响。

为了与时刻变化的外部环境相协调，城市在演化和发展的过程中，自发地促进各个部分的相互适应、相互协调与相互作用，这是一个复杂的动态适应过程。具体而言，生活方式、文化创意及个体因素都是影响城市形态的主观性因素；而一定时期内城市的政治、经济和事件则是影响城市形态的客观性因素，这些因素无一不体现在城市形态的整体重构和空间再造上（图 5-24）。在这些因素的控制与影响下，城市形态不断地进行适应性的调整，创造新需求部分，

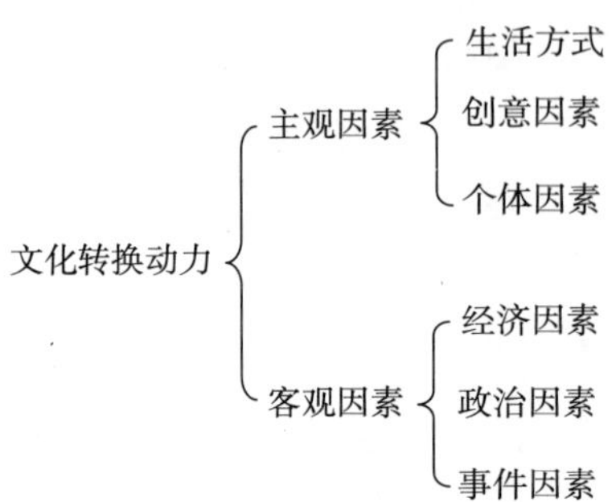

图 5-24 文化转换动力因素

优化状态良好的部分，改造不适应的部分，以追求演化过程中的动态平衡。事实上，城市空间的创造绝不是城市设计师单方所能决定的，它是整个城市精神与文化的生动写照。

5.1.2.1 生活方式

生活方式是构成城市文化的重要组成部分，同时也是影响城市形态的重要因素。这里的生活方式是指具有地方特色的传统生活行为的延续以及现代社会“开放性”的社区生活行为，而不是“由现代技术和社会基础设施直接或间接形成的普遍化的集体或个体行为”[30]。

城市空间的演变是一部人类社会生活的变迁史，城市空间形态的塑造应与当地生活方式及文化需求相适应，城市空间结构的生成与转换是源自于生活方式“潜移默化的变化和合理化的延续”[30]。城市内在的文化气质并不是虚无缥缈的，而是在日常细碎的生活中的细节中可以把握住、感受到的，通过一条小小街道和别致的建筑物往往就能够识别一座城市的性格特征。可以说，承载“地方意识”的正是“日常生活”的经验，它不仅是人的内在气质的组合，还体现在建筑、街景、咖啡馆、舞厅、电影院等那些看得见的城市风景里。首先，不同的城市地理、气候等自然条件和经济社会发展水平、城市设施建设、文化传统和特点等社会条件构成了城市生活的活动条件。其次，生活方式作为社会主体的文化观念和价值取向的直接表现，可以看作是一定的文化模式对社会所提供的以物质的、精神的和社会的形态存在的生活资源进行配置的方式。第三，行为模式构成了一种生活方式不同于另一种生活方式的标志，也是我们研究不同生活方式的特征所依据的标志[129]。

1）生活方式的“继存性”动力 生活方式是人们与不同类型的空间之间产生交流，并且使城市物质形态与概念空间之间可以有效地保持一致的重要途径。也就是说生活方式本身具备着“继存性”的动力。1952 年，路易斯通过对移居墨西哥市的墨西哥村民进行实地研究，得出了生活方式本身具备着“继存性”动力的结论。墨西哥村民在移居大城市后，其生活方式并没有发生显著改变，仍然保持着很有人情味的团体凝聚力，人际关系也并无解体的现象。之后，路易斯又进一步研究发现，一些城市居民的社会生活也并未因日益庞大的城市而完全改变，他们仍然保存着自己的小社会圈，如美国大城市中的“唐人街”、“日本城”、“犹太人区”等。在这些圈子里，人们交往频繁、亲密友助、彼此信任，而外界的变化似乎与他们毫不相干[130]。中世纪及其之前的城市空间，大都来自于当时社会文化生活的实际需要，并结合当地自然条件、经济与工程技术条件而产生。城市空间设计遵循着自然、随机、整体、协调等原则，由此产生了许许多多丰富、生动、充满生活气息的美妙的内向型的城市空间。像威尼斯、锡耶纳等一些中世纪的欧洲城市之所以为人称颂，就是因为这些城市能够为各种不同的文化影响和经济交流提供永久性的、紧张的活动场所，这些场所支持并保证了每个公民对城市命运的某种发言权。我国江南水乡旧城布局形态也一直延续至今，这种布局形态是由独特的地理环境及传统的生活方式共同决定的，传统住区街坊的构成和功能显示出其独特的个性（图 5-25）。为了达到水路运输及生活的便利，每个住户、商店及作坊都尽量面街临河，形成了合院式住宅前后临水、临水住宅前街后河、面水型住宅隔街面河，上宅下店、前店后宅，前街后河等多种类型的居住形态[131]。北京老城区的四合院住宅则代表了另一种生活方式及文化情调（图 5-26）。通过对不同城市特色生活方式的解读，我们能够们描绘出这些与其他城市不同的特色空间模式，正是它们构成了城市的母体性的形式单元。在现代的城市建设中，人们极度希求并努力地探索着各种各样能够回到传统生活方式的设计方法。

图 5-25　江南水乡

图 5-26　老北京胡同

图片来源：http：//hi.baidu.com

2）生活方式的“开放性”动力　生活是叙事性的，而且永远都是“未完成的”行为，所以它是构成城市空间形态的活力要素。生活方式是整个城市系统有效运行的重要组成部分，它的运行机制必然地影响着城市空间结构的变化，从而促进城市形态的不断更新。现代的都市生活方式，被齐美尔和沃思等学者描绘为社区观念失落，人与人之间关系冷漠，不再有维系团体的凝聚力和向心力，这一点是无可否认的。但是与此同时，也就生成了一种以费舍尔、韦尔曼和雷顿为代表的“社区解放论”的空间模式——打破对邻里关系的强调，重新思考社区的概念；主张社区居民应从地域和空间的局限中解放出来，建立更广泛的社会联系；而正是现代化的交通和通信体系为这种“走向混合”的新型社区空间的形成提供了可能[132]。

5.1.2.2 创意因素

有一些城市空间一直存在着，但是很少受到人们的关注；有一些城市空间原本就很著名，但它的意义仅限于历史的阐释；还有一些空间原本并不存在。现代文学与电影能为这些原本平凡、普通的城市空间增添许多特殊的文化色彩和文化意象，增强这些空间的可阅读性，转而又为城市设计提供了新的文化创意、设计主题和发展契机。如果说城市设计师构造的是真真实实的城市空间，那么，文艺家则是从心理上"构形"着隐秘的视觉叙事空间，这样的城市空间具备了可供"寻找的意义"，使人们能够获得双重的生活体验。城市的集体记忆也正由"值得纪念的物质实体"，被一种想象中的城市景观所取代，以此重新定义城市中被忽视的角落（表 5–2）。

1）电影创意——影像空间的创设 各种电影巨作的产生，不断地成就着各式各样的城市特色和风格，并且提供了城市空间转换的契机。法国后现代思想家简 · 布什亚认为："电影不只在电影院中，它像是直接走出了电影院，存在于整个城市之中。"[133]影像空间的视觉再现，不仅止于写实主义式的镜像反映，也不止于城市景观被框取进电影，而还包括相反的流向——电影从镜框中溢出去，流进了城市的空间，塑造了城市人的感情结构。

电影、文学与城市形态的关联[34] **表 5–2**

门类	基本特征	相对应的城市形态特征
电影	影像空间塑造：典型的叙事空间 影像叙事方式：与生活密切相关 影像呈现方式的创新：全息电影	象征性空间的呈现与塑造 建筑与公共空间的连续性关联 全息景观、未来城市
文学	语言：用语言作为物质手段塑造形象 主题：从作者的经验中产生，由生活启发的一种思想 情节：人与物之间的联系、矛盾、同情、反感和一般的相互关系，典型的成长历程	符号：能指与所指 城市景点：从故事情节中产生，可以是一个或若干个主题 序列：建筑之间的相互联系，空间处理的关系与文脉

（1）影像空间的视觉再现与意义附着。首先，电影中的一些虚拟影像由于与人们的生活切实相关，所以被转换成为现实的城市空间，人们可以真切地进行体验。这样的空间一经形成就具有象征意义，并能够在人的心中形成可意象性的城市"电影地图"。例如：柯南道尔在著名侦探小说《大侦探福尔摩斯》成就了一位著名的英雄人物大侦探福尔摩斯；电影的拍摄则在英国伦敦成就了两处几乎家喻户晓的著名建筑景点—— 一个是唐宁街 10 号首相官邸，另一个就是贝克街 221B 号了（图 5–27）。它们是在影片拍摄之后建成的，大

都是按照影片中的形式，并且进行了更为细致的装点。每年，无数的福尔摩斯迷来到这条闹市中很难找的小街，朝拜心中的英雄，这也就形成了伦敦重要的一景，并促使这一区域的经济得到了较大的发展。其次，原本存在的一些城市空间，经过电影中的描述和演绎过后，也具有与原来不同的象征性语义。例如：《天使爱美丽》中的民居、店铺、咖啡馆和起伏的街道位于蒙马特高地。据说，影片的导演就生活在这里。他通过这部风格奇幻的影片，向所有观众展现蒙马特高地原始、自然以及独有的生活气息和魅力（图5–28）。影片出品之后，这里的一切便具有女主角“艾米莉”的色彩。

图 5–27 伦敦牛津街贝克街 221B 号

图片来源：http：//hi.baidu.com

图 5–28 巴黎北部的蒙马特高地

（2）影像叙事方式与城市空间的写仿。电影表现的是常常是一种与城市记忆及城市生活相关的空间叙事方式，由此可以启发城市物质空间的设计。电影试图捕捉一种城市内在的气质，诸如“小津安二郎平静的长镜头之中的东京、伍迪艾伦犀利、敏锐的目光中的纽约、斯科西斯童年记忆中永远清晰、惨烈的穷街陋巷、安东尼奥尼理性质询下的现代都市”。它们将普通的城市物质空间，如高楼大厦、车站、街道、角落等，也包括地铁、博物馆、游乐场、夜总会等具有流动性质的公共场所，在电影的叙事中转换成为一种乡情或是一种文化氛围的载体。

（3）影像呈现方式与设计概念的创新。“全息”这一概念可见于各个领域，并源自于哲学系统论。“全息摄影”和“全息电影”的出现，对于城市设计具有极大的影响。因为，这种称之为“全息”的影像关系—— 一种真正的三维的表现形式，具有真实的立体感（图 5–29），使得城市设计师开始思考一种新型的“全息景观”、“全息建筑”和“全息空间”—— 一种重视公众体验和感受的城市空间类型，将不同角度的设计内容在同一空间中进行整体

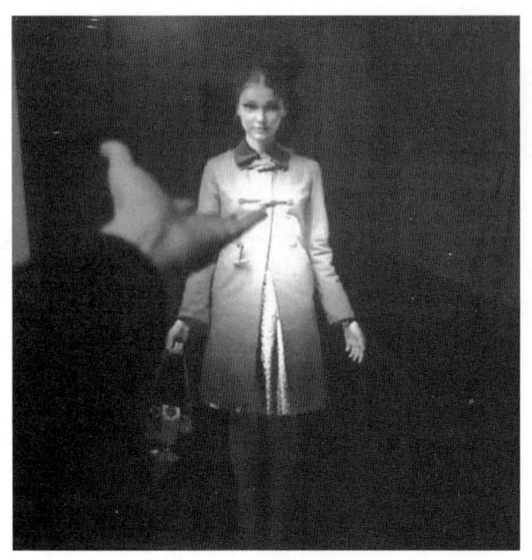

图 5-29　全息影像

图片来源：http：//idea.bolaa.com/ogadsi/index20080425.html

图 5-30　未来纽约

图片来源：blog.sina.com.cn/s/blog-49 e53b73010004mk.html

的表达。在建筑上反映出城市各种主题的影像,属于“全息”的建筑设计模式之一。在许多建筑师的作品中，引入了一种通过运用釉层、丝网印刷或在玻璃内置入全息薄膜，使得建筑表皮具有展现生动图像、动感效果的信息符号和表现能力，这些信息符号常常与建筑表皮合为一体，难以分辨。理查德 · 拉莫尔在《未来纽约》(1911 年)一书的城市构想中，展示了一种全息性的未来空间和建筑设计(图 5-30)。

2)文学创意——情意空间的创设

城市文学之于城市，绝非只有简单地“反映”和“再现”一种空间关系，而是一种超出经验与“写实”的精神提升。城市文学通过对城市的不同叙述，为城市提供着某一阶段、某一地域的精神诉求，进而转换为真实的城市空间创造。张英进在《中国现代文学与电影中的城市》一书中，考察了一批描绘北京“故都景象”的作品后发现，作为北京主要地标的胡同、城楼、城墙、四合院等，大多都与自然景物相关联，而且在整体上遵从于传统的乡村价值观。这些小说在进行城市“空间构形”的同时，也在营造一种理想化的人们日常行为的稳定性和人际关系的秩序感[135]。

3)产业创意——创意空间的创设

各种产业创意的产生需要相应的城市空间的生成，用来聚集产业创意人员及活动。首先，创意空间的开发模式、发展模式以及规划建设为城市形态设计带来了一整套新的设计理论和设计方法，并形成了新的城市空间生长点及相应的区域形态。创造性环境可以是一个房间、一栋建筑物、一间整修过的仓库、一条街道、一块地段、一个邻里街区，它们应该是可以让参与成员感知自己能够展开想象和创作的开放性的场所和地方。如文化创意产业园区、艺术创意产业园区，一些“都市工业园区”也正向着“创意产业园区”的方向发展。其次，设计师提出的创意性的空间类型对社会文化及生活方式具有极强的塑造作用。例如：“咖啡馆”和“阁楼”在过去的20年中，出现在许多英国城市中心区，形成了“咖啡馆社团”、“阁楼生活方式”以及相应的城市生活文化。

图 5–31　地狱

图片来源：http：//book.QQ.com

5.1.2.3　个体因素

除了城市空间规划在人与人之间的社会交往和交流的作用之外，自由组织的社会活动也是城市文化景观生成的直接动因。一个星期天的下午，美国墨西哥城的广场一侧的大树下的乐队表演，灯光被架在树上。乐队的表演成就了一个独特的人文景观，同时也在广场的景观结构体系中形成了一个子结构，使得空旷的广场的适应性更加多样化。还有，艺术家个人的创作对于城市的装点活动及其作品都将成为城市空间人群聚集及活力的激发点，例如，哥本哈根的街头立体绘画艺术（图 5–31、图 5–32）。

图 5–32　哪个是真人

图片来源：http：//book.QQ.com

5.1.2.4　经济因素

经济功能是城市最基本的功能之一，由于经济的需求而引发的城市建设及空间的更新，对城市空间形态的巨大影响。城市的消费文化和商业文化是带动城市经济发展的重要因子，它们促使城市空间的形式和功能结构发生改变，由此产生两种效应：形式经济效应和功能经济效应。

1）消费文化→形式经济效应　形式经济效应主要是从社会大众的对文化资源形式特色的各种体验出发，从而带动社会大众的消费意识并促进城市经济的发展。正是文化的介入，使得建筑从生理性消费转向精神性消费。

（1）历史化的建筑形式。历史建筑是城市重要的特色文化资源，对历史建筑形式的消费是城市经济发展的主流。上海“新天地”项目位于淮海中路南侧太平桥地区，分为南北两个区块，南区以现代建筑为主，其间点缀一些保留的传统建筑，北区则整体地保留了里弄的格局（图 5-33）。这片传统的石库门建筑群，在外观上保留了当年的砖墙、屋瓦、石库门，让人们可以触景生情；但是，每座建筑的内部结构都作了较大的调整，以适应新时代的商业、办公、居住、餐饮、娱乐等需求（图 5-34）。有人说，整个项目是在“保护传统”的标签下实现商业运营利益的手段，但是，现代的经济因素—— 一种引领时尚的商业性生活形态，确确实实地为这片本已“凝固”的传统文化注入了新的活力。在这里，上海的里弄空间功能结构得到了转换，“新天地”给予它的是“合理的变化和延续”[136]。

图 5-33　上海新天地南里俯视图

图片来源：http：//hi.baidu.com

图 5-34　上海新天地

（2）概念化的建筑形式。住宅生产模式从标准化大生产向个性化定制的根本转变，促使开发商和建筑师开始探讨能够反映生活与文化的居住形式。这是这些依附在建筑形式上的时尚的生活方式和居住文化等，如 Townhouse、SOHO、酒店式公寓、单身住所等新型的居住形式在都市中的出现，日趋成为消费者与众不同的品位的表征。这些居住理念的创造与炒作，左右着大众居住的消费观念，亦成为市场中最突出的卖点。

（3）商业化的建筑形式。在某种程度上，商业中心成为消费社会中城市中为数不多的公共活动密集的场所，物质的丰富、商家的汇集使得商场变成真正的商“城”，同时也带来了购物、餐饮、娱乐、文化等功能的汇集。对于中国城市来说，购物中心的建造日益形成了一种独特的符号体系，它既展示着流行的建筑样式以及历史遗迹的混合符码，又表征着现代的价值观念、生活模式以及传统习俗之间的混合共生。例如，大幅商业广告、装饰化图案、亦真亦幻的灯光效果补充进了建筑的形式语汇；传统的、为人们所熟识的语言和符号、样式和风格也作为一种文化商品，用来唤起人们对于历史的回忆；地域的、风俗的纹样和色彩甚至仿真的遗迹也混杂进去，所有的这些共同形成一种不同地域、阶层、年龄的大众所能雅俗共赏的建筑形式。

（4）娱乐化的建筑形式。“娱乐”作为今天城市发展的主题之一，不仅体现在人们的生活方式上，而且也正使得建筑形式发生着悄然的变化。建筑形式本身也正被娱乐化和被消费化。霓虹灯所组成的流动影像、仿真的梦幻符码、流行与传统的拼贴等等都是消费社会中产生的新的建筑形式话语，建筑本身迷幻的色彩以及各种形式符码拼贴出来的戏剧性的狂欢气氛更是消费的对象。

（5）展览化的建筑形式。在今天的城市中，“展览”一词比以往任何时期都更深刻地与城市的政治、经济和社会文化联系在一起，各类展览馆、陈列馆、科技馆等在城市中纷纷涌现，大型的现代化展览场馆日趋成为城市对外交流与展示的名片。展示建筑的形式并不是以经济与适用作为主导原则，它的形式本身就是一种展品，既作为一种商品参与着市场的流通，并不断地被注入新的内容，包括自然、科技和文化等主题。到目前为止，中国已有182个城市提出了建设国际化都市的发展目标。而跻身国际化大都市的八项参数之一就是成为国际会展城市，即每年至少举办150次以上由80个以上国家和地区参加的国际展览活动，以此拉动旅游、广告、运输、通信等第三产业的发展。

（6）标志化的建筑形式。高层建筑作为现代城市中的“基本物体”，从其出现一直到现在都备受关注，不仅因为它是避免用地日益紧张，提高城市内部效率的一种极好手段，而且也是城市追求标志性和天际线的必要途径。摩天楼永无止境的生长，成了现代化与富强的表征。高层建筑形式的设计被简化成图景和外壳的塑造，制造一些新奇的地标式建筑来象征企业形象、吸引外资、带动地方经济、满足大众的视觉消费，例如，KPF事务所的设计风格与五花八门的顶部处理都曾是一时的流行。中国一些城市，如北京、上海、广州、深圳等迅速成为超高层建筑的根据地，其他国家也在不断地创造着各种超高层建设的神话，迪拜的世界第一尚未建成，其周边国家的城市又创新高。这样做的目的只有一个，就是要提高国家及城市的声望，以期获得更大的经济利益。但是，这种做法的失败之处也比比皆是，应当适度而为。

2）商业文化→功能经济效应　功能经济效应是指通过空间的功能组织带

动城市经济的发展。在市场经济体制下，不断地出现一些能够带动城市经济发展的相关区域，如CBD和RBD。

（1）CBD——中央商务区（Central Business District），集中了城市的经济、科技和文化力量，同时具备金融、贸易、服务、展览、咨询等多种功能。这一区域的形成对城市经济具有较强的支配力和控制力。向心力是经济体系的一个重要特征，而全球化的力量使得这种的向心力转向了一种新的建筑和空间类型—— 一种代表着跨越区域性经济力量的新形式——中央商务区，如国际商务的高层空间、社团办公大楼和酒店等等。

（2）RBD——游憩商业区（Recreational Business District），是集旅游、休闲、购物于一体的一种空间形式，有时兼具会展商务功能。根据市场的需求，各种形式的RBD通常与城市特色的旅游景点相伴而生，形成了互补性或者一致性的空间功能组织结构，以带动城市的经济收益。市内旅游景观入口处的RBD，要么构成一条有特殊风味的商业街区，要么构成一个专营旅游土特产品的繁华市场和文娱广场。大凡市内有寺观庙宇的地方，庙观前常有相配套的RBD，形成一种热闹非凡的庙市，或庙会集市景观现象，如南京秦淮河一带，围绕夫子庙由食肆、文具店、书画轩等构成的购物街区，上海城隍庙地段的商铺区等等。庙寺合一，商旅互动[137]。重庆市南滨路是重庆开埠发祥地、巴渝12景独占4景，南滨路RBD的形成，构成了重庆主城区休闲产业的发展中心和增长极，促进了城市商业和旅游业的繁荣，并促进了城市功能的优化和重组，以及城市形态、空间组织结构的演变与调整。远离城市的旅游景点周边地区常常向着城市商业化的方向转型。如承德避暑山庄的出入口处，早先为旅游者服务的RBD，业已发展成了今天的承德市；秦始皇陵的兵马俑坑，使周围的农村卷入了RBD的产业活动中，获得了巨大的经济利益。

5.1.2.5 政治因素

除了社会经济的发展会对城市空间结构和形态的转换带来契机外，政治因素的作用也通常被作为影响城市空间建设的主导性因素。

首先，出于政治运动或是政治需求，政府往往采取更加直接的干预和控制作用，对城市的建设产生影响。德国柏林的波茨坦广场曾经是地处美、英、法、苏管辖区的交界处，并有柏林墙整体横穿，这里曾经是二战前柏林最重要的广场之一。在半个多世纪的过程中，以波茨坦广场为核心的结构转换实际发生了两次，包括一拆一建。在东柏林和西柏林对峙期间，为了军事需要，广场基本被拆毁。在1961年柏林墙建成前，有大规模的人越过分界线，从东部涌入西部，使得西柏林面临严重的住房短缺问题。所以，二战之后柏林大规模重建计划的重点就是建设福利住宅、拆除中心区被战争破坏的危旧建筑。20世纪80年代，又对计划作了进一步调整，以减少城市犯罪。柏林墙

图 5–35　波茨坦广场及周边环境鸟瞰图

倒塌之后，波茨坦广场因肩负着国家统一和城市再生的象征，而再度成为关注热点。在 1984 年 IBA 计划的报告里提出了一个关于广场及周边老居住区的更新提案，以塑造新的城市形象，并试图成为欧洲历史城市更新的一种新策略。在对这个包括 35 个小街坊的历史地区的改造中，城市设计的原则是保留原来的街道布局和风格（图 5–35），以及整个地区中所有的历史老建筑，只是在每块街坊废弃空地上进行修补建设。在单体建筑的设计中，除了要尊重原有街道和广场的氛围和尺度，保持原有建筑高度之外，建筑师可以自由地表达各自对建筑的理解（图 5–36）。

图 5–36　波茨坦广场俯视图

其次，政治因素作为一种文化策略，可以成为决定建筑保护价值的标准之一，为实现公众利益提供有效的手段。20 世纪 90 年代初，曼哈顿上城的社区领导人竭力主张纽约市历史建筑保护委员会从政治重要性的角度出发，认定历史建筑的价值，由此，这一认定标准被作为城市文化发展的重要策略之一。1965 年马尔科姆 · 艾克斯遇刺的奥杜邦舞厅，自身并不具备作为历史保护建筑的久负盛名和美学价值，但是，它作为非裔美国社区政治文化的焦点，为其成为历史保护建筑提供了非常明确的理由，并使其成为整个社区精神和经济发展的激发点。现在，对于美国城市来说，由于政治原因对于文化象征经济的发展，以及对于建筑视觉形象的控制作用愈发强烈[138]。

图 5-37 “9 · 11”事件之前的双子大厦

图片来源：http：//hi.baidu.com

5.1.2.6 事件因素

事件因素是城市发展中不可或缺的部分，多指在一定时空内偶然发生或者是突然发生的一系列重要活动和事件的总和，既包括影响范围较大的重大性事件，同时也包括影响范围较小的事件；既包括预期安排策划的文化性活动，也包括预期之外的突发事件。例如，世界博览会和奥林匹克运动会是预期安排策划的文化和体育事件，“9 · 11”恐怖袭击是影响纽约、美国乃至世界的重大政治性突发事件，还有一些突发性的自然灾害等。

图 5-38 “9 · 11”事件之后的遗址公园

图片来源：http：//hi.baidu.com

首先，突发事件的发生常常是促成城市外部的有形形态以及城市空间的功能发生转换的重要动力。昔日纽约地标性建筑世界贸易中心“双子大厦”在 2001 年“9 · 11”恐怖袭击事件中倒塌（图 5-37），而如今这里已经发生了功能及形式的转换，变成了“9 · 11”遗址公园（图 5-38）。

其次，经过预期安排策划的重大性文化活动所引发的大量的建设项目能够促使城市形态发生改变。热那亚的哥伦布国际展览会置身于热那亚的心脏地带，并位于城市海港最古老的部分。在 1985~1992 年的重建工作中，修复了港口周边的一些老的建筑，设计并建造了一些新的建筑、休闲设施和其他的辅助设施，将古老的城市与那些港口再次连接起来（图 5-39、图 5-40）。修复的建筑紧密地环绕在广场的周围，而广场则一直延伸到水边。石块路面及连接桥穿插于建筑之间，将建筑有机地组织并连接起来。这样就使得步行者可以在水边的设施以及建筑之间自由地穿梭。从大到小，从宏观到微观，都得到了重新的改造。2008 奥运会对于北京的影响是巨大的，大量场馆、设施的建设，及其赛后利用问题，都将影响到城市局部空间结构。奥运场馆的建设量非常庞大，既有对北京现有的建筑场馆规模的改造，又有新建场馆的建设，还涉及大量的地下铁路的建设、100 多条道路的改造，以及几十处重点地区的环境改造等，覆盖面非常广泛。

图 5-39　热那亚海港改造局部鸟瞰图

图 5-40　热那亚海港改造建筑局部视图

图片来源：http：//www.renzopiano.it

再次，还有许多举行活动的场所都将作为城市的重要遗产和独特标志，直接影响着城市形态。例如，1889 年巴黎世博会的埃菲尔铁塔、1929 年巴塞罗那博览会的德国馆、1964 年东京奥运会的代代木体育馆，都已经成为了这些城市永久的形象代表。1992 年巴塞罗那为了迎接奥运会的到来，在城市中建设了 150 个相互连贯的公共空间网络，这些公共空间都是利用建筑和道路的间隙所开辟的，诸如小街心花园、有喷泉和雕塑的广场，这些小空间和小景致为人们提供了更多可以自由呼吸的休闲空间。

5.2 双向交互的主体选择机制

主体的交往“活动”是进行双向组织与设计的基础，技术主体的设计活动与文化主体的参与性活动是在交互的过程中，完成着对城市形态的设计和决策（表5–3）。设计方案的完成并不仅仅是设计人员单方面的任务，应当使公众能够直接参与进来，以增强公众对方案的认知和理解，只有这样才能够实现城市的永续发展。正如理查德·罗杰斯所说：“一座美丽的城市，应当促进社区活力和居民思想的活力，而不仅仅是技术、金钱和商业法则。”[139] 那么，在实现城市空间的永续生存、成长和运作的过程中，应当结合环境、经济和社会目标，寻找并建立社区发展和居民共同参与的平台，以平衡各方的观点。

单向式设计与交互式设计的比较 表5–3

	单向式设计（理性主义设计）	交互式设计
设计主体	主体——客体	主体——客体（参与型客体）
理性类别	工具理性	交往理性
设计性格	指令性描述	情感性与直觉性的交互
设计过程	封闭的直线形目标——手段——行动明确分离	公开的尝试错误型目标——手段——行动无清晰界限
设计本质	最优化行动计划	满足性
设计目标	指向解决问题	指向公众理解性
设计依据	科学原理、分析和统计数据	相互理解和合意
分析模式	效率、竞争	公共选择的有效性条件
价值倾向	价值中立	公共价值
知识系统	一元的科学技术知识	交互的知识结构（科学、生活经验、历史文化等）
设计结果	技术性成果、政治性成果	技术性成果、社会性成果
运作方向	自上而下	自下而上＋自上而下
设计模式	为决策者提供依据的精英模式	自行选择参与的设计模式
决策模式	政府、专家和开发商	公众参与

首先，从人类的心理特性来看，城市文化主体本身具有三种获取审美途径的方法：感知、想象和理解，这就使得他们相应地获得了感知性情感、想

象性情感和理解性情感。将主体的情感“移入”城市空间，就使其具有“场所”的特性和“场所感”。“场所感”就是指“场所”的“情感”，是在人与场所的特定关系互动中加以体现和认知。第一，感知性情感。感知性情感是指审美主体通过感知审美对象所获取的那部分审美情感，是外部物理结构、生理感受结构和社会情感结构三者之间的直接契合。种种社会生活模式和情感内容由于与某些生理感觉在结构上相似，就不自觉地或无意识地进入我们的感觉之中，与它契合和渗透，使它具有特定的社会意义，从而与动物的感觉完全区别开来，这也就是格式塔学派的异质同构说。通过感知性情感人能够对于城市建筑、空间、环境等要素构成的完整形象特征进行整体的把握，并形成与城市所处的特定时期、特定文化背景等情感生活模式联系在一起的知觉体验。心理学研究表明，绝大多数个体在相同的情境中的反应是类似的，具有高度的“共同性”。感知性情感作为文化主体行为决策的基础，它的背后隐藏着主体全部的生活经验，包括他的信仰、记忆、爱好，从而不可避免地带有想象、理解的参与。由于人具有深刻的社会文化背景，而心理意象的过滤产生总是以积淀在大脑中的文化因子为基础，对心理意象的判断和评价，也以观念中固有的价值规范、行为动机和心理期待作标准。第二，想象性情感。心理学上对于想象的定义是：“人在头脑里对已储存的表象进行加工改选形成新形象的心理过程，它是一种特殊的思维形式，属于高级的认知过程。”[140]影响“想象性情感”发生的因素，既包括“个体行为”的高度个性因素，同时又包括“集体态度”所依赖的情境因素。一个没有文化基底和生活经验的人，或者是在一个文化信息极端贫乏的环境，都不可能产生丰富的文化“想象”，因此，只有将与特定文化相关联的主体想象性情感加入到城市设计之中，才能实现“空间”向“场所”的转换。第三，理解性情感。理解性情感主要是从生活中来，从人的最直接的体验中来。理解性情感是对形式中融合着的意味的直观性把握，这是一种渗透在感知、想象等因素之中与它们融为一体的某种非确定性认知。

其次，城市设计技术主体的思维结构，一部分是来自于清楚的意识和分析的思维——对于科学和技术原则的把握，起到理性的框定作用；一部分是来自于直觉思维的判断——对公众情感的有效把握，设计主体在很大程度上依靠它们对决策需求情境进行判断。决策理论大师西蒙在决策心理学的研究中告诉我们，“请不要忽略非逻辑性或直觉在决策中的作用”[141]，尤其是对一些复杂和模糊的事物。在心理学上分析思维即指逻辑思维，是指常规性的体现着一定的步骤或程序的思维。在一定程度上，直觉也是一种分析，直觉思维就是分析思维的凝结或简缩。直觉思维的基本内容包括直觉的判别、直觉的想象、直觉的启发三个方面，其中，直觉的判别就是我们通常所说的思维的洞察力，不是按部就班地进行逻辑推理得出的，而是对问题所作的一种直接的判断和整体的把握；单凭这些有限的信息很难作出一种判断，这就需要求助于直觉的想象和猜测，才能形成一个大致的判断来。

在整个交互的过程中，设计者将设计目标及公众的情感需求与自己的设计知识相结合，将构思转化成有形的形态及信息，给公众一种启发和引导。然后，公众根据自己的需求以及所具有的知识，借助经验的或者想象的方式，以语言表达及问卷调查的方式与设计者相交互。当这种交互达到与某种期望一致时，那么这一设计就满足公众的要求，是适合的设计；当交互不能与期望一致时，达不到公众的满意度，就需要进行方案修改、整合或者重新组织设计。这两个过程只有经过反复的磋商和取舍，才能使得公众领域与设计领域之间相互沟通，逐渐接近一致、趋向平衡（图 5-41）。

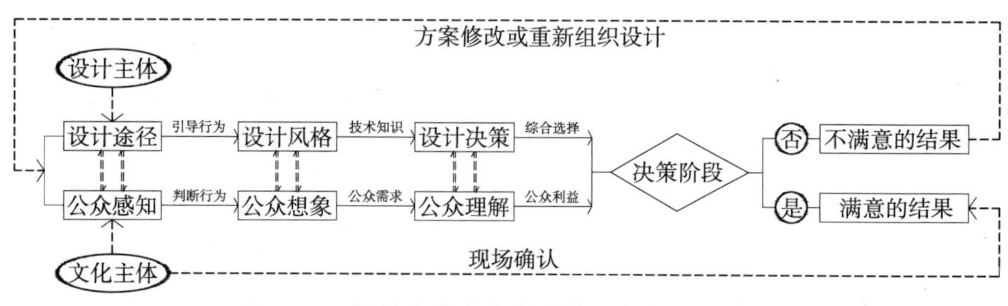

图 5-41　设计主体与文化主体之间的交互过程

5.2.1　感知的交互

在设计场景的构成中，中心性的实体要素及空间要素的分布方式，起着增强空间的文化意象性的作用，使人们得以感知。这种感知不应当是技术主体单方面的判断和选择，而应当是在技术主体与文化主体的知识交互过程中逐渐生成。为了使公众的感知性情感具有真实性和确切性，设计人员需要相应地为公众提供最直接的“态度”汲取和可供直接参与的途径，以及对公众态度正确引导的方式。

那么，在设计过程中建构一种“自行选择”的设计途径，直接引入公众的想法，这样既能突出个体行为的独特性，又能为设计增加趣味性和实际性。公众的感知性情感是由公众的知识背景和知识层次所决定，主要具有两个基本特性：一个是实用性，包括对使用方便及经济性的需求；一个是自主性，也就是每个人都倾向于根据自己的爱好和趣味对事物进行选择。根据公众的实用性情感，设计者可以为公众模拟预算分配，比如确定预算总金额，然后让大家每人按自己最需要的预算项目自行选择，每人一项，讨论无人选择的项目未被选中的原因；根据公众的自主性情感，设计者可以运用统计的方法，针对某个主题，请参与者把自己的看法、想法做成卡片，组织者进行整理，最后根据各种类型的卡片归纳出设计构思的内容和要点。由于单个人的想象是复杂、分散而且毫无限制的，在为设计带来多样性的同时，也需要设计者提供科学的知识和理性的基本准则作为选择的标准，才能保证设计目标的一致。

20 世纪 90 年代，加拿大蒙特利尔默克基尔大学低造价住宅研究小组，针对发展中国家的自然聚落空间及贫民住宅建设，提出了一个"自行选择"的设计过程[142]。"自行选择"的设计过程实际上是一种使用者直接参与设计的方法，旨在解决"缺乏文化的住宅建设、无个性的城市环境的创造以及对使用者的错误假设等方面"的问题。具体研究项目的地点选定在印度一个人口增长比较快速，城市住宅严重缺乏的城市中，并选择了一个平整的 2.84 公顷的场地作为试验基地。根据设计目标，这里将容纳高达 400~500 户居民。为了满足这些居民的基本生活需求，首先在场地上进行了基础交通网络和公共设施的设计，其中包括一条联系居住区和城市中心的主干道，一个公共汽车站，在站前规划了一个狭长的市场区，并在场地中设计了两个公共水龙头。剩下的部分可以让居民参与到设计中来，建筑师和规划师协助他们实现梦想。让居民根据自身的经济状况、家庭结构等情况自行选择宅基地及其形式，然后由建筑师和规划师作出具体的技术分析，并协助他们根据统一的建设原则进行设计，比如：两块宅基地之间的最小距离，建筑红线要求，对必要的公共设施及绿化配置距离和数量的确定等等。根据用户选择的宅基地形状，逐渐延伸道路、增加公共开敞空间、增加主街道的铺面、公共水龙头的数量等等，使整个方案逐渐得到完善，最后形成了一个"密集的和有机的"居住区（图 5-42）。在这项研究中，"自行选择"的设计模式使得公众情感得到了直接的展现[142]。

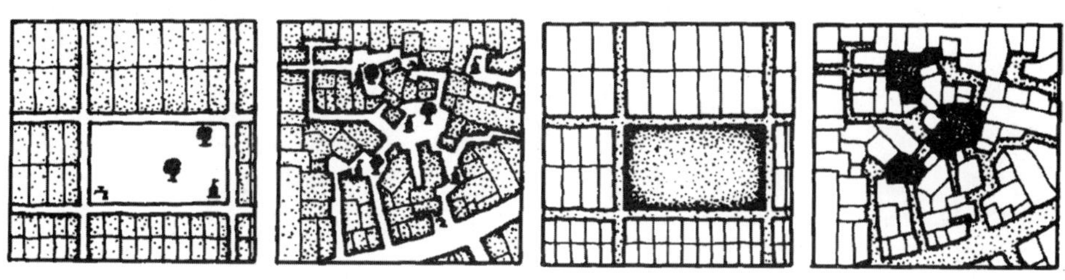

图 5-42 "自行选择"的设计方案[142]

5.2.2 想象的交互

在审美观察中，"如果离开了想象，山便是山，水便是水，如此则永远不可能有美的发现；直觉的启发是通过其他信息的提示或从其他信息中获得启发，以寻求其他解决问题的方式和答案"。在具体的设计过程中，设计者除了要根据科学的原则对设计项目进行分析之外，还需要凭借一种直觉性的思维模式来协助了解公众的情感与设计的互动作用，以辅助设计决策。

5.2.2.1　抽象性与现实性

人的想象性情感具有补偿性特征，符合心理学中的“差异原理”，即不是太熟悉又不是太不熟悉的变异，能唤起知觉的新鲜刺激而感到愉快。生活中总会有某些不如意或者是令人感到抑郁和疲倦的部分，所以，在人们的想象中通常表现出那些现实生活中的事物迫使我们牺牲掉的那部分情感进行补偿。能够让人们珍视的环境和建筑，就在于它们能够使人们不安的心理重新恢复平衡。例如，在设计风格的选择上可以通过引入“渴望的情感”来获得公众的认可。按照艺术风格的不同，可以将城市及建筑形式划分为现实的和抽象的。现实艺术是一种由无序、不规则和自由精神支配的艺术形式，致力于通过自然生发的社会秩序唤起人们的现实体验（图 5–43）；抽象艺术，是一种由对称、秩序、规则和几何精神支配的艺术形式，致力于创造一种以单调重复的视觉平面为特征的平静气氛（图 5–44）。从心理学角度出发，不仅只有设计者会倾向于选择一种有秩序的艺术形式，不同时期及历史背景下的社会大众对于城市形式的感知也会有所不同。“处在喧嚣的背景之下的居民，会体验到沃林格称作‘对宁静的强烈诉求’，因此他们就会求助于抽象艺术。那些生活完全按部就班而且得到高度秩序化的社会，一种相反的渴望就会应运而生，市民会希望逃离按部就班的日常规范和令人窒息的束缚——因而就会转向现实主义艺术以洁净甚至可被重新体验的那种稍纵即逝的强烈情感。”[143]

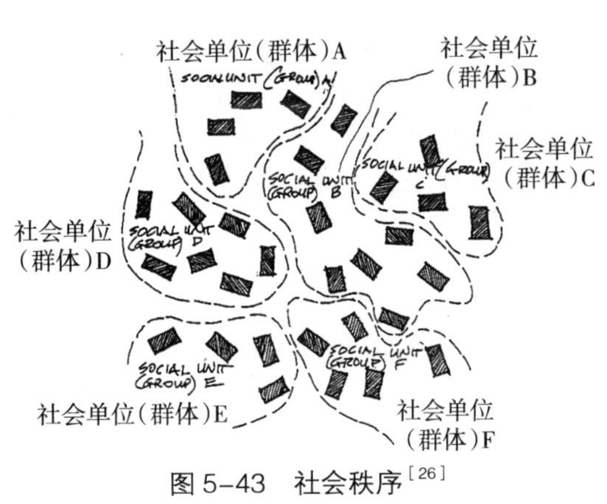

图 5–43　社会秩序[26]

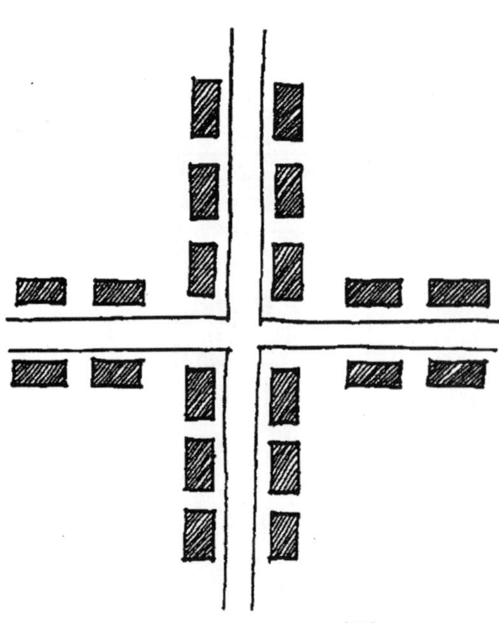

图 5–44　几何秩序[26]

1923 年，勒·柯布西耶接受了一项为工人及其家庭设计住房项目的委托，在这里，他对工业技术以及现代主义思想体系的青睐通过一组组没有任何装饰的水泥匣子表现得淋漓尽致（图 5–45）。然而，这个设计却没有得到居住在这里的工人们的喜欢。因为他们每天都工作在冰冷的工厂空间，回到家之后，他们真正需要和渴望的是能够唤起家庭温馨感觉的环境。因此，几年之后这里就完全变了模样，每家都按照各自的意愿进行了改造和装饰，给房子加上多样的坡顶、百叶窗和墙纸，并安装上了本地风格的尖桩篱栅（图 5-46）。

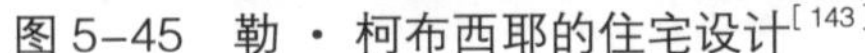

图 5-45　勒·柯布西耶的住宅设计[143]

图 5-46　居住者自行改造后的住宅[143]

5.2.2.2　隐喻性与场所性

人的想象性情感具有特殊性特征，特定的情感呼唤出符合这种情感的知觉形象。在人们内心中通常都有希望通过建筑及周围环境来唤起内心中珍贵记忆或是激发内心潜在欲望和想象的愿望，这种愿望往往需要通过对事物内涵进行挖掘。

首先，在设计中直接保存一些可见的“历史之物”或者是运用隐喻的设计手法都是唤起人们想象性情感的重要方式。如果细心观察，环绕在我们身边的建筑、环境设施、家具，乃至室内装饰物绝不缺少各种各样存在的物体形象的性情暗示，通过形状、颜色、线条和质地等表现出来。例如，乌尔比诺公爵庭院中的圆状拱门与贝叶大教堂的尖顶拱门（图 5-47），表达的就是两种截然相反的性情，前者是安详与稳定的，而后者则是激情和热烈的[143]。特殊的心境产生一种特定的情感，特定的符号则能唤出符合这种情感的记忆形象，心理学研究表明，脑海中出现的形象不能脱离眼前的知觉对象，而且具有与眼前的知觉对象保持着某种接近或类似联系的特征。

其次，对于各种隐喻方式的选择与特定的场所密切相关。在某些场景和建筑设计中，同样也需要“精神独白性”的技术审美表现形式，因为它们“独一无二”、“舍我其谁”的自我表现性的隐喻特征，同样能够激起人们心中共鸣性的文化情感。当技术解决了现实难题之后，表现出优美和经济，而又毫无装饰的简洁之美时，它就具备了一种优雅的文化品质——一种与自然和现实环境共存的谦逊的品质，能够引起人们的共鸣。阿兰·德波顿对比了罗贝尔·马

图 5-47　相反的性情：乌尔比诺公爵宫与贝叶教堂[143]

亚尔的赛金纳特贝尔吊桥与伊桑巴尔 · 布律内尔的克夫顿吊桥（图 5-48、图 5-49），并认为前者“独白性”的、毫无装饰的技术之美，更能与大自然的神奇力量相媲美，也更能与自然环境和谐一致。

图 5-48　赛金纳特贝尔吊桥[143]

图 5-49 克夫顿吊桥[143]

还有，在一些城市标志性形式单元的设计中，特别需要一些震撼性或者是突破性的技术要素的存在，在人们的视觉上甚或是心目中形成巨大的冲击力和震撼力（图 5-50），以此激发起人们的信仰和高境界的想象。古代城市的一些教堂建筑，虽然在今天已经不再具备它所在的那一特定时期的精神统领地位，但往往因其震撼性的形式冲击和技术突破而在人们心目中留下了永久性的中心地位，是今天的建筑所不能企及的（图 5-51）。

图 5-50 巴西里约热内卢城市标志

图片来源：www.lvtou.com/h/post/19TTydDQ/20070306/11/88738_4.html

图 5-51　法国汉斯大教堂

图片来源：刘松茯教授提供

5.2.3　利益的交互

设计决策是由各种集团的利益共同决定的，那么，就需要在各个利益之间进行协调和平衡。民主政府决策理论认为，实现民主必须具备两个条件：一是支持独立于政府权力之外的多元化社会组织的充分发展，二是建立民主的制度规则。公众通过理解性情感决定着方案的选择结果，而这一情感主要是由其自身利益所主导。由于目前我国公众参与决策的现有组织结构单一，它们对公众参与公共决策产生的实效性不强，很难起到其应有的作用。因此，不断拓宽公众参与公共决策的组织渠道，建立传达多元利益呼声的社会中介性组织——“第三部门”（图 5-52），和建立相关的政策法规都显得尤为重要。

5.2.3.1　构建公众参与决策的组织渠道——“第三部门”

“第三部门”是一种中介性的组织机构——介于政府、私营部门及社会公众之间。第三部门在影响西方公共决策方面发挥了重要的和积极的作用，例如

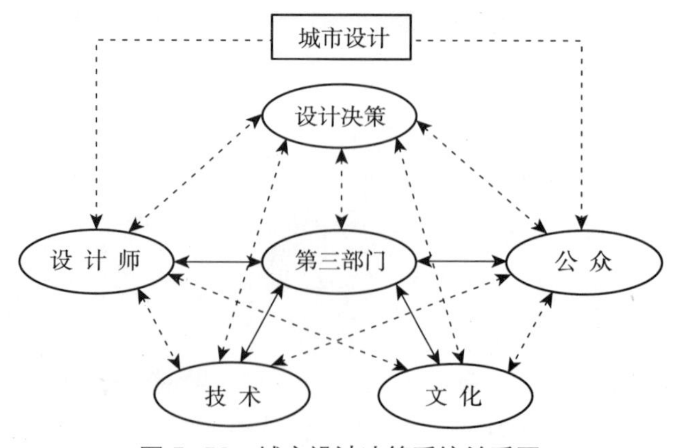

图 5-52　城市设计决策系统关系图

美国公共参与决策的技术方法中的地方专责小组（Task Force），对于公众参与决策的过程中的每一个步骤都是适用的[144]，见表5-4；而像英国合作伙伴组织（English Partnerships，简称EP）则主要是参与设计前期项目开发研究，提出研究议案，并与政府部门共同决定项目开发的具体事宜。各种“第三部门”以不同的方式和不同的协助作用参与其中，如图5-53所示。

美国公众参与决策的技术方法[144] **表5-4**

	适用阶段	公众参与决策的技术方法
1	各个步骤都适用的方法	地方专责小组（Task Force）、情况通报会和邻里会议、公众听证会、公众通报安排、专家研讨会
2	确定开发价值和目标阶段的方法	居民顾问委员会、意愿调查、邻里规划会议、制定公共政策机构中的市民陈述会、机动小组、德尔斐法
3	选择比较方案阶段的方法	公众复决、社区专业协助、直观设计、公开性规划、比赛模拟、利用宣传媒介进行表决、目标达成模型
4	实施方案阶段的方法	市民雇员、市民培训
5	方案反馈阶段的方法	寻访中心、热线

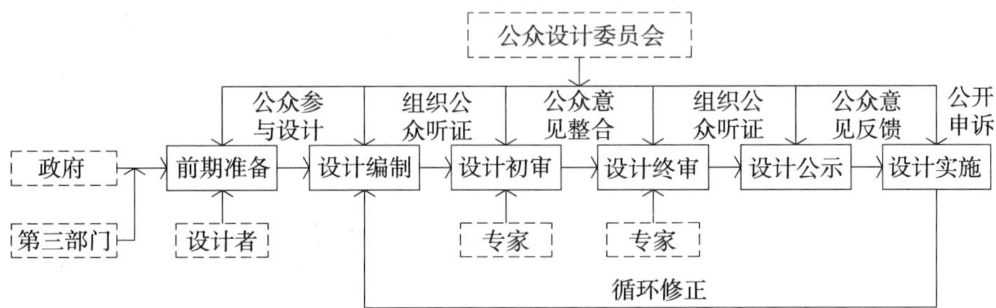

图5-53 以公众设计委员会为代表的公众参与决策过程

在政府组织开发活动的前期准备阶段需要“第三部门”的介入，为城市经济发展与城市复兴作出开发计划、投资计划及相关策略，如英国合作伙伴组织就是这样的一种“第三部门”。英国合作伙伴组织主要是由两个部分组成，一个是于1959年建立并于1961年正式运行的“新城建设委员会”，另一个是1993年成立的城市住宅及住宅租赁改革的城市更新机构。英国合作伙伴组织的工作是在政府部门及社区相关行动的前期介入的，并被授权来判断城市中哪些土地应当用于开发活动以提升城市活力及土地本身的价值。英国合作伙伴组织利用中央政府和议会授予的权力，借助财政支持的各种基金，以区域可持续发展为目标，协调国家、区域、地方各个层面的政府机构、社会团体和私人公司的行动。英国合作伙伴组织既是一个跨行业、跨行政边界的协调平台，同时也是代表国家拥有一定土地权益的法人主体，它为英国区域经济发展与城市复兴起到巨大作用，对于中国建立区域协调机制具有相当的借鉴意义。2003年，英国合作伙伴组织和米尔顿凯恩斯议会共同发布了米尔顿凯恩斯中心区（CMK）住宅建设计划，该项提案的目标是建设城市中心的高质量和高密度的综合住宅区[145]。2004年新修订的《城乡规划法》将原来的指导性地区规划上升为立法性规范，从而起到强化政府宏观调控的作用。目前该地区已呈现出规划合理、环境优美、设施完善、经济活跃等成功的整体规划建设和发展的特征（图5-54、图5-55）。

图5-54　米尔顿凯恩斯新城规划

图片来源：http：//down.winfang.com/content_60 746.com

图5-55　米尔顿凯恩斯的住宅

图片来源：http：//down.winfang.com/content_60 746.com

在整个设计决策的过程中，都需要有第三部门——地方专责小组（Task Force）的加入，这一部门相当于国内的公众设计委员会，原义是为了某一确定目标和完成特定任务而由政府部门临时组织的工作小组。在城市设计中，代表着公众参与的专责小组，主要有地方居民代表，同时也包括开发商和设计者，政府官员是以“观察员”的身份参与其中。每个参会的人员都提出代表各方利益的意见，然后在不断的审议中进行决策。通过地方专责小组的建立，公众才有了“自行选择”和决策的可能。地方专责小组的主要任务是为开发项目确定规划目标和原则，参与规划决策包括方案制订和选择，并且监督规划的实施。通过合作、讨论和倡导性交流等途径，才有可能有效地把规划付诸实施，经由这个过程，设计师的构思会有不同程度的修改和调整。地方专责小组的所有会议，都由专业的咨询公司组织，以保证各方意见获得充分表达、讨论和达成妥协。由于参与主体代表了不同团体的利益，这种利益多元化的组织结构使它们在参与公共决策中能够表达各自不同的利益要求，这必然对科学决策和民主决策产生极大促进作用。此时，政府的主要任务应该是“制定利益集团竞争的规则，安排妥协与平衡利益，制定政策以规定妥协的关系，执行妥协的结果以解决集团间的冲突”[146]。在中国现阶段的城市规划和设计的过程中，公众参与并未完全付诸实践，而从国外的成功案例中可以看到，公众参与应该贯穿于整个规划设计和决策的全过程，这一过程也必须由政府部门或者是专业部门进行组织，才能得到理性的实施。

5.2.3.2 完善公众参与决策的保障体系——“政策法规”

决策的公开化是决策民主化的体现，而决策的法制化则是决策公开化的保障。没有健全的政策法规作为保障，好的决策体制也会被破坏，依然会出现独断专行的决策局面。然而，在我国，公众参与公共决策却在很大程度上缺乏必要的法律保障体系。与公众参与公共决策相关的权利有知情权、集会权、结社权、选举权等，但其中很多权利至今尚无法律确认。为维护公众参与决策的权利，政府部门应当建立相应的制度化体系，如公众设计委员会制度、公众听证制度等等，以保障普通市民或弱势集团自身意愿的表达和付诸实现。雷姆·库哈斯认为，荷兰设计决策系统的“特色病症”就是由一系列不明确的东西所导致的，如非常不透明的公众决策制度、委员会权力的不完全以及政府决策力量的不显著，这些都是造成决策衰微、行动迟缓的病症所在。所以，让公众明确得知其决策的影响力，以及作为“第三部门”的公共设计委员会所具有的权力范围是实现民主化决策的重要保障。除此之外，还要通过建立社区文化信息系统及相应的数据库，构建数字化的交流平台，为公众提供参与决策的机会，共同营造良好的社会文化氛围。

5.3 本章小结

城市形态的转换是在双向交互的形态转换机制和双向交互的主体选择机制的共同作用下完成的，在两种双向交互的过程中，城市形态得以有机生长和持续发展。

城市形态的转换主要来自两个方面的交互性组织动力，一个是“技术—文化”组织动力，另一个是“文化—技术”组织动力。“技术—文化”组织动力主要是以技术创意和创新作为空间形态转换的基础和活跃因子，技术进步能够对社会文化形态产生影响，在更新了的社会文化形态之后，为城市空间的创新提供动力和条件；同时，技术性创意也可以直接参与城市空间的创新，使城市空间呈现出理想的生存状态。一个方向代表着个人梦想及计划的实现——是由技术想象开始的城市；另一个方向意味着环境可以通过何种方式获得更合乎人类愿望的改造——由现实情况开始的城市。“文化—技术”组织动力主要来自于主观因素，包括文化主体的生活方式、相关的创意因素、个体因素；以及经济因素、政治因素、事件因素等客观因素的影响。它们共同促进着多样化城市空间及其形态的生成和发展。

设计者的工作如果没有公众的参与和介入将变得毫无意义，所以，理性的设计可以被定义为这样一种对话的过程，即：为寻求社会交流而对整个设计和设计的决策进行批判的调整。作为技术主体的设计者应当具备两种思维，一个是科学的分析思维，一个是直觉的判断思维；作为文化主体的公众本身也具备三种情感：感知性情感、想象性情感和理解性情感。首先，设计者的知识结构和公众知识结构的交互,决定了整个设计途径和设计方案的初步形成。其中，公众知识结构决定着其感知性情感的两个基本特性，一个是实用性，包括对使用方便及经济性的需求；一个是自主性，也就是每个人都倾向于根据自己的爱好和趣味对事物进行选择。通过公众感知性情感的发掘，设计者能够对设计场所进行整体性的认知,并初步确定设计场地与周边环境之间的关联和布局形式。其次，通过对公众想象性情感的直觉判断，设计者针对不同的设计情境能够对设计风格有所选择。公众的想象性情感主要包含两个部分：一个是补偿性情感，即希求的是生活中缺少部分的情感；另一个是特殊性情感，即能够唤起共同记忆和共同想象的情感。再次，设计决策是由各种利益共同决定的，各种利益之间的平衡需要“第三部门”的协调和政策法规的监督。公众通过理解性情感决定着方案的选择结果，而这一情感主要是由其自身利益所主导。总之，在公众参与和自行选择的设计和决策过程中,每一步都应该体现出公众的情感和权利，只有这样才能够实现城市的永续发展。

第 6 章　城市形态的双向组织模式

只有作为整体，作为一种人类的住处，城市才有意义。[147]

——奥斯瓦尔德·斯宾格勒

城市空间和建筑是构成城市形态的基本组分和元素，它们如同人们生活的舞台，见证着不同历史事件的发生，它们是构成城市环境的人工部分和主体部分，构成了城市环境的地方情境和文化氛围，同时接受着城市整体环境的约束[148]。柯林·罗在《拼贴城市》一书中，提出了现代城市的两种“空间困境”——“实体的危机”和“肌理的困境”，其中，“实体就是指空间中自由挺立的雕塑式的建筑，而肌理则是指界定空间建成形式的背景基质”[91]。那么，这就决定了城市形态的双向组织至少包括两个过程：一个是建筑物如何以聚集的方式创造具有城市性质的空间模式；另一个是空间模式如何通过塑造人的运动，创造出良好的城市所具有的既有秩序又丰富变化的感觉。在整体设计的过程中，“时间”是一个具有普遍影响意义的重要因素，而且转换成了可见的东西，“时间结构上的多样性使城市部分避免了当前的单一刻板管理以及仅仅重复过去的一种韵律而导致的单调”[45]。将城市建筑和空间这两个基本的研究对象放回到城市这一大的系统之中以及复杂的关系之中，通过双向组织的互补互证着重呈现这两个“中介”对象的本质特性和人性化的价值。正如J·O·西蒙兹所说：“最好的设计应当是多样性与统一性相结合。”[100]最好的建筑、空间和环境，就是在满足不同功能的基础上，提供丰富而连续的印象或宜人的体验，以及将一切要素结合成为一个富有表现力的整体。

6.1　异向复合的组织模式：以空间作为中介

空间——城市物质形式及人的社会活动之间的媒介。技术组织由城市物质形式开始，通过空间的几何特征限定了人的活动；文化组织由人的社会活动开始，以人的自身需求来改变物质形式并导致城市空间特性的变化。空间对象除了具有各自的几何特征（位置、形状）和非几何特征（属性值）外，空间对象之间的一些具有空间特性的关系更为重要，这些关系被称为空间关系。双向复合的组织作用，构造了城市空间中“人与人、人与事物、事物与事物之间的段落、距离”[30]和整体拓扑的网络关系。

现代的城市空间不可避免地具有两种特征，一个是“自上而下”的标准化网络结构的几何性特征，各部分之间由形体结构和交通系统相关联；另一个是“自下而上”，随着时间的推移逐步形成的空间肌理结构的“有机”特征，各部分之间由人与人之间的相互交往以及人的活动相关联。但是，即使是看上去相似的网格形式，也有可能是不同时期不同条件下形成的不同类型的肌理模式，比如，北京旧城区与纽约都呈现出网格状形态，但前者是宇宙模式下统治者借以巩固皇权的产物，而后者代表的则是以秩序化、模数化和标准化为特点的现代规划技术程序引导的结果。在这两种结构之间事实上并不是完全矛盾的，两种相互对立的结构，可以是你中有我，我中有你，界限模糊；在两种相差悬殊的尺度之间，可以建立层次嵌套的自相似结构。也就是说，多样化的场所空间中也包含标准化的部分，仍然可能带有标准化的连续形式特征；反之，现代城市标准化的网络结构同样也可以进行多义化的转换，使其产生更为辩证的、复杂的含义。“自下而上”生成的传统建筑及空间结构充分地显示了人与城市空间之间互动的形态特征，具有较强的可意象性，承载着意义，并形成了城市中最具特色的景观形态。与“自上而下”创造的现代性的建筑及交通网络结构相比，形成了巨大的反差。两种完全不同的秩序差异，揭示着不同社会、经济、文化系统同时并存的状态。那么，异向复合的组织模式就是要在二者之间建立相关的和整体的联系，使城市空间和肌理形态既能适应现代都市功能，反映现代生活，符合现代的开发方式；又能延续和发展传统的城市空间形式，这是进行城市公共空间及空间肌理结构“重构”的主要目的所在。

6.1.1 均质性网络的异向复合

城市的均质性网络是由区域网络和路径网络共同决定的，二者的空间拓扑关系决定了均质性网络的拓扑特征。拓扑特征就是空间网络在作拓扑变换时保持不变的性质，“形变”这一术语突出了研究对象在经过了连续的拓扑变换之后保持不变的那些性质，包括连续性、有向性、连通性、路径连通性等，如图 6–1 所示。其中，有向性和连通性是城市空间网络拓扑关系的两个重要指标。区域网络的拓扑特征是指区域在发生拓扑变换时，各区域的性质也随之发生改变，即有向性，它由特定的区域文化特征所决定；路径网络的拓扑特征则是指路径在发生拓扑变形时构成路径的各个点之间保持不变的性质，如连通性、封闭性等，它由空间的邻接关系决定。

6.1.1.1 路径网络——连通性的空间拓扑形态

路径网络作为城市的“形态框架”，是限定和塑造城市用地形态的基本骨架，其中两个形态元素“地块边界”和“道路系统”相对稳定并构成“形态框

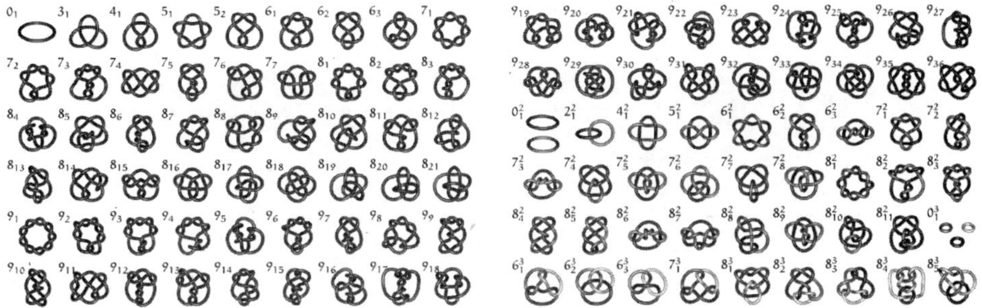

图 6–1　拓扑形变图示

图片来源：http：//hi.baidu.com

架”。路径是城市交通网络中的基本元素，连通性是路径网络重要的拓扑特征。当用节点和弧段表述路径时，路径的连通特性可以归结为节点之间和弧段之间的连接关系，这种连接关系构成了路径网络的整体拓扑特征。路径网络的设计是一个全局性的问题，路径网络不仅起到联系城市外部空间的作用，而且还是建筑与城市空间联系的纽带。路径网络结构是在公共交通网络的分层级和分尺度的拓扑关系中构造生成，这样既保证了路径网络的可靠性，同时也保证了路径网络的实体可达性。

1）可靠性：分层级的网络结构　路径网络的连通特性要求路径具有可靠性。如图 6–2 和图 6–3 所示，在规则而有序的简单网络连接中，任意节点及路径出现故障时，都将破坏整个网络的连通性，经过修复之后，网络才能维持其原有的功能。最典型的例子就是 1996 年 8 月美国西部大停电事故，最初在得克萨斯州的一个小城的供电故障，最后遍及六个州，导致几百万用户电力断供。而复杂的拓扑网络结构，在网络上的任意节点及路径出现故障时，不需要重新分配网络上的连接关系，网络就能够保持其原有的功能[149]。前苏联学者 S·A· 萨拉科夫提出了一种城市形态的网络拓扑分析方法。运用这种方法，萨拉科夫根据城市交通网络的构成将城市分为若干个拓扑等级和若干核心，即一系列由交通网络骨架外缘回路所构成的同心环带，以及由最里层等级所构成的回路集合，将城市形态表述为网络骨架的等级数、核心数、岛的现状和分支的形态等等。从路径网络拓扑分析角度来看，城市交通

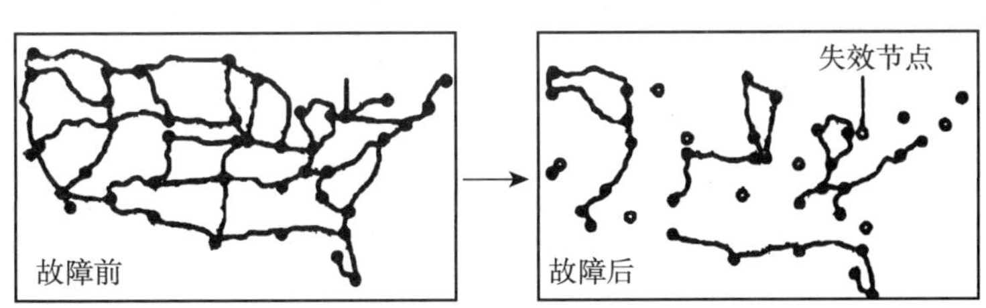

图 6–2　简单的路径网络分析图[149]

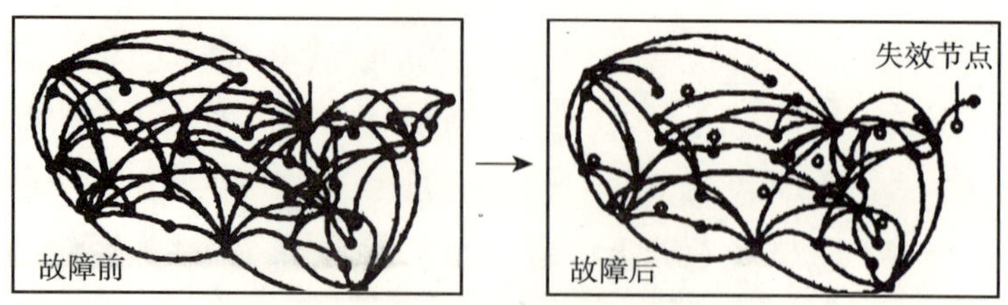

图 6–3 复杂的路径网络分析图[149]

网络可以看作是多种等级性要素的组合：分支、回路、干和岛，以网络形式表示结构形态的主要特征就是网络本身的复杂性、组成形式以及单中心或多中心等等。

路径网络的整体建构是从城市整体及其与周围环境的关系出发，利用已有的交通联系与城市主干道连接，并与周边邻近区域联系，也就是说首先确定与城市整体及邻近区域的联系的出口位置，包括对地下及立交交通的考虑。其次，与区段内现状肌理叠加，综合考虑视线秩序要求、可达性、街区尺度等等因素，确定路网结构的形式。再次，分析区段内人行与机动交通要求，根据不同的使用性质将道路以层次秩序分级，如城市快速干道、次干道、支路等等（图 6–4、图 6–5）。分层级的交通网络的确定还需考虑到不同层级的道路及其空间形式对人的行为与心理产生的影响，分为适于步行的“宁静交通”与机动车行的“动态交通”。

2）可达性：分尺度的网络结构 路径网络的连通特性要求路径具有可达性，是指从某一空间到达另一空间的方便性。在路径网络中通往节点之间的弧

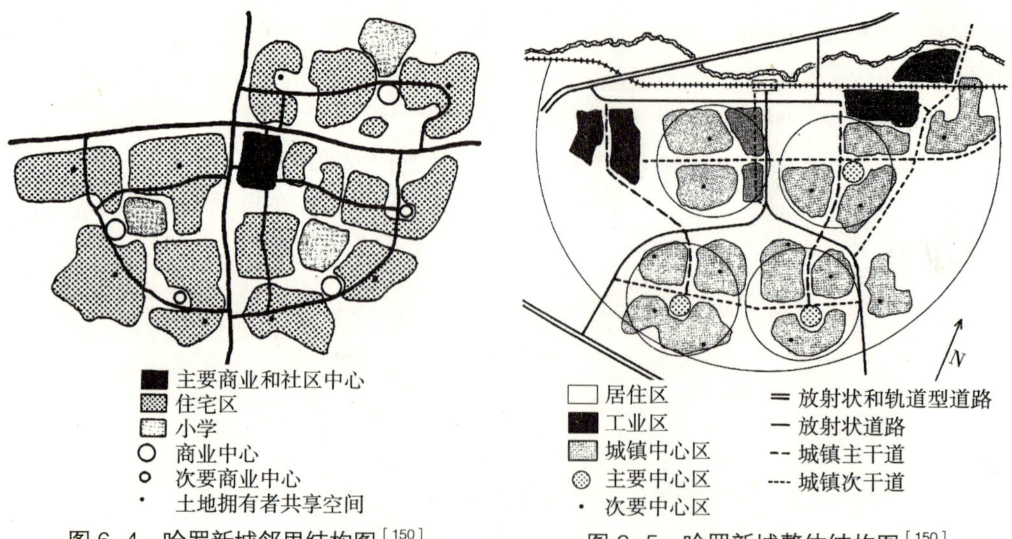

图 6–4 哈罗新城邻里结构图[150]　　图 6–5 哈罗新城整体结构图[150]

段数越多，可达性越高。同时，节点数目的增加会导致与节点相关的道路数量的增加，进而使整个区域的通达性得到提高。联结度指数是与路径网络的总节点数和总弧段数有关的指标，用于衡量路网的可达性程度，具体计算如下[149]：

$$J=\frac{\sum_{i=1}^{n}m_1}{N}=\frac{2M}{N} \qquad (6\text{-}1)$$

其中，J 为路径网络联结度指数；N 为路径网络节点总数；m_i 第 i 节点所邻接的路段；M 为路径网络弧段总数。在网络节点总数不变的情况下，路径网络弧段总数的增加将有助于提高路径网络的连接指数，进而提高整体网络的可达性，以及公共交通系统的综合效率。

对于一个机动城市来说，其内部必然应当包含有人性尺度空间、非机动尺度空间、机动尺度空间。速度与空间形态经过相互适应过程具有相互表现性，形成了不同的速度对应不同的空间形态。第一，人性尺度空间。人性尺度空间隐含着乡村生活的特质，以步行为主要的通行方式。步行尺度道路形态随机、自然，无明确的空间边界，道路空间呈现为开敞、松散而随机的形态。大部分的人性尺度空间都与日常生活中的居住、休闲、旅游等场所相关，为人们增添了亲密尺度交往的机会。第二，非机动尺度空间。非机动尺度空间是由中心和道路构成的空间骨架，具有较为清晰的、符合城镇尺度空间人性化的空间特征。非机动尺度空间和道路，比由“人”的尺度和速度塑造出的具有乡村特质的道路具有更加清晰和宽大的空间形态。非机动尺度空间既可以是纪念性的街道和广场，也可以是繁华的步行商业街区，反映了更大范围的不同群体之间的社会交往以及满足不同群体对丰富的精神生活的追求。非机动尺度空间更强调区域的整体性，而不是构成整体区域的各部分之间的关系。第三，机动尺度空间。机动尺度空间追求功效，汽车、轻轨等公共交通工具的运转速度决定了中心开放空间追求高效率的功能空间特征——清晰有序的空间秩序，简洁明了的空间组织关系。同时，机动尺度的公共空间更关注如何满足城市人对物质的享受，甚至是刺激城市人对物质欲的渴求，为的是促进物质商品在城市空间中的快速流通。

3）集聚性：耦合式的网络结构 路径网络的连通特性要求路径具有集聚性，是指从某一节点到达其他节点的连通程度。对现实的城市路径网络进行拓扑分析，在某一节点与其他节点之间应当建立三种基本的连接方式：从全局出发的全耦合网络、从邻近关系出发的最近邻耦合网络，以及以自我为中心出发的星形耦合网络[151]。三种节点连接方式的集聚性能各不相同，可以根据不同的需要进行选择。根据现实网络各节点的集聚程度计算，可以在不同节点之间进行比较，根据公众的不同需求进行相应的调整。

（1）全耦合网络：全耦合网络是从网络的整体出发，在各个节点之间建立全局性的连接，在现实的城市网络形态中表现出高集聚的特性，如图 6–6（*a*）所示。全耦合网络的最小平均路径长度为 1，最大集聚系数为 1。一般来说，假设网络中的一个节点 i，有 n_i 条边将它与其他节点相连，这 n_i 个节点就称为节点 i 的邻居。明显地，在这 n_i 个节点之间最多可能有 n_i（n_i–1)/2 条边。而这 n_i 个节点之间实际存在的边数 E_i 和总的可能边数 n_i（n_i–1）/2 之比就定义为节点 i 的集聚系数 C_i，计算公式如下[151]：

$$C_i = \frac{2E_i}{n_i(n_i - 1)} \quad (6\text{–}2)$$

整个网络中所有节点的集聚系数的平均值 C 的计算公式如下[151]：

$$C = \frac{1}{N}\sum_{i=1}^{N} C_i \quad (6\text{–}3)$$

其中，集聚系数的取值在 0 到 1 之间。当且仅当所有的节点均为孤立节点，即没有任何连接边时，C=0；当且仅当网络是全局耦合的，即网络中任意两个节点都直接相连时，C=1。也就是说，C 值越大，网络的集聚程度越高，相应的可达性也就越高，反之亦然。

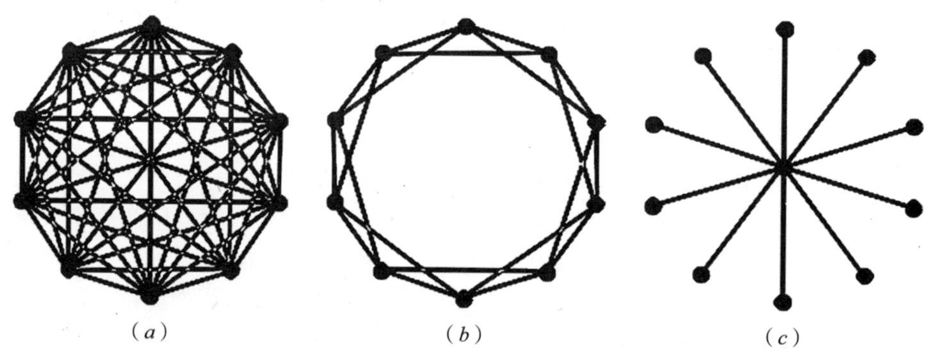

图 6–6　几种规则耦合网络模型[151]

（*a*）全耦合网络；（*b*）最近邻耦合网络；（*c*）星形耦合网络

（2）最近邻耦合网络：最近邻耦合网络是从相邻节点之间的连接关系出发形成的网络形式，呈现出环状结构特征。这种环状的网络形式具有较低的集聚性，但是却具有较高的贯穿性，邻近区域之间的联系较为方便。一般意义上的栅格规则网络是两维的，但实际上它也有其他的几何形式，最小的栅格是一维的，在一个环形的结构中，如图 6–6（*b*）所示。每个节点 i 都与它邻近的 $i\pm1$，$i\pm2$，…，$i\pm K/2$ 节点相连，其中，K 为偶数。K 越大，这个网络就越稠密。最近邻耦合网络中每个节点都是等价的，其集聚系数计算公式如下[151]：

$$C_{nc}=\frac{3(K-2)}{4(K-1)}\approx\frac{3}{4} \tag{6-4}$$

它的平均路径长度 L_{nc} 为[151]：

$$当N\rightarrow\infty 时，L_{nc}=\frac{N}{2K}\rightarrow\infty \tag{6-5}$$

最近邻耦合网络的度分布跟 K 有关，其表达式如下[151]：

$$P(k)=\begin{cases}1，& k=K\\ 0，& k\neq K\end{cases} \tag{6-6}$$

（3）星形耦合网络：星形耦合网络是以某一节点本身为中心，与其他节点之间的连接关系网络，呈现出放射形的结构特征，如图 6-6（*c*）所示。星形网络能提供最直接的中心形流向，从中心区域伸出的放射线不仅能够有效地将外部人流引向中心区域，而且外部人流从各个方向到中心区域的通行便捷。这种网络形式具有较高的集聚系数和短的平均路径长度。在这种情况下，它的平均路径长度计算如下[151]：

$$当N\rightarrow\infty 时，L_{star}=2-\frac{2(N-1)}{N(N-1)}\rightarrow 2 \tag{6-7}$$

集聚系数计算如下[151]：

$$当N\rightarrow\infty 时，C_{star}=\frac{N-1}{N}\rightarrow 1 \tag{6-8}$$

全耦合网络的优点是连通性好，可供选择的路径较多，在纵、横及斜向均能提供很强的通行能力，路径和节点处的人流分布也比较均匀，如三角形格网和方形格网的叠合。但是，在现实情况下，网络的全耦合程度不可能达到最高，因为那样会形成过多零碎而分散的地块，不利于大型项目的开发。整个路网中没有大规模的交通聚集中心，节点分布分散化、节点规模均衡化；网络的最近邻耦合和星形耦合常常同时存在，相辅相成。形成了环状网络与星形网络的叠合，即环状放射形结构，一种通过环线将各条放射线有机地联系起来的结构，结合了环形网络和星形网络二者的不同特点。环状放射式路网由中心区域向四周引出的放射干路使中心区域与外围相邻各区域之间有方便直接的交通联系，由于增设一道或几道环路，城市各区域之间的联系也变得方便。它既具有放射网状结构的优点，又克服了其不足之处，方便了环线周围空间之间的交通，对中心区域人流起到一定的疏解作用。

6.1.1.2 区域网络——有向性的空间拓扑形态

城市整体性网格的确立是以区域的划分作为基础的，而区域本身是一个弹性的概念，它的规模和边界将随着不同的建设目标而发生变化，任何区域组织都有其独特的发展方向和文化特质。区域网络结构有不同的层次分级并反映特定的区域特性。可持续发展的区域网络组织应当共同遵守一个首要的原则——发展高效的公共交通和建设有地区文化归属感的选区。

1）历史向度：嵌套式的网络结构 针对现代城市所存在的尺度宏大的问题，佩雷提出了运用增建转换的方法来将空旷和超尺度的现代城市予以“再都市化”和“再人性化”的方法。这种方法是通过“不断细分的嵌套方形”[150]表现出古代城市的宇宙化象征。例如，东南亚城市就是以层次分明的嵌套格网结构自然地表现出了宗教和人权的阶层性，“每一个阶层都有其恰当的区位、色彩以及建筑材料”[150]。佩雷首先运用图—底分析方法对诺利的古罗马地图进行了逐步的简化分析。他发现，如果没有作为背景的城市空间结构和实体肌理，分散布置的城市纪念性公共建筑将无法独自创造出真正的城市秩序，而这正是我们在昌迪加尔城政府中心区看到的景象。柯布西耶设计的昌迪加尔城政府中心区无疑是以僵化的功能分区为主导的现代主义城市实践的典型。佩雷以昌迪加尔城市政府中心区城市设计为例，他认为，如果将分析过程反向，就能够得出改造现代城市的新方法，可以让那些缺乏城市肌理相配合的、矗立在旷地上孤立的现代主义建筑也能以填充和修补的方法被结合到一个有宜人的尺度和适宜的密度的理想都市环境之中来。因此，佩雷以一种嵌套式的网格结构对柯布西耶的昌迪加尔城政府中心区进行“再都市化”的改造（图 6–7），就像他所分析的那些以先前的历史建筑为基础进行增建和改造的实例那样，他在昌迪加尔城的平面上叠加了一个 50 米 ×50 米的网格，然后以此为基础，在柯布西耶疏离的城市空间中创造出了更为明确的空间层级秩序和更为适宜的尺度感，由此而增加的密度为城市带来了活力和生机[152]。

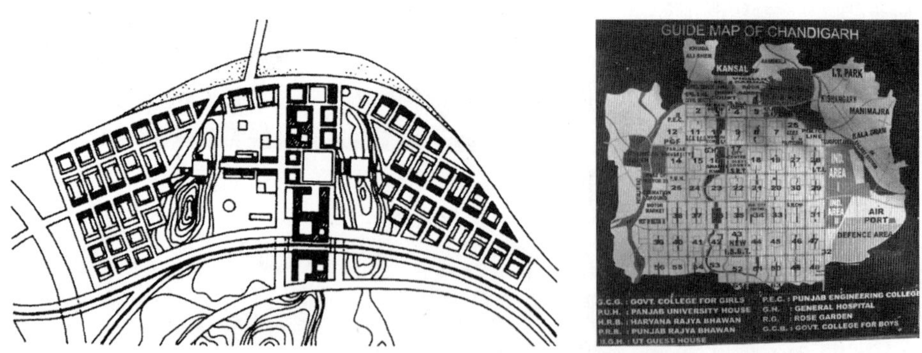

图 6–7 佩雷的昌迪加尔城市政府中心区“再都市化”的方案[153]

2）社会向度：折中式的网络结构 根据有机城市的理想，在区域的构成上是由各个单元构成，而单元又是由次级单元构成，以此类推，次级单元依次由更小的单元构成。按照不同标准可将城市区域划分为三个级别：一个是指倾向于人口在 2~10 万人的北美的大型行政组织分区，一个是人口在

5000~12000 人之间的欧洲城市传统的邻里单位区域，还有一个是 C · 亚历山大主张的人口在 500~2000 人之间的社团组织街区规模。由于城市发展的多样化，城市网格的划分形式多种多样，大小不一。城市规划人员通常更倾向于从技术角度出发，将网格划分的区域规模与区域中心到边界的适宜性的步行距离要求相关联，这是遵循欧洲城市传统的邻里单位规划方法。但是，仅仅遵循技术层面的区域划分方法，将带来一系列的社会问题。无论哪一种网格分划的形式，都必须既能够在政治上合法化，以保证有效管理和提高当地的环境质量，又能够与公共交通系统相协调，并能促进公交系统的完善。英国的分区特点介于北美方式和欧洲大陆方式之间，采用的是一种折中的手段。在战后早期的英国新城规划中，约 5000 人的邻里单位规模，按照英国传统偏好的中低密度居住环境进行布置，使得人们从中心到边界可以在适宜的步行范围之内[150]。

3）个体向度：定向式的网络结构

各区块的功能类型将决定着区域网络形成的基本方向。定向式的网络结构是一种按照指定方向发展和变换的结构形式，强调沿特定方向平行的道路之间轴向发展的趋势。定向式的带形网络结构结合了正交网格严格的几何特性和带形形态对增长的适应性，可以根据不同的功能需求和行为特征，形成环形、带形、自由形的网络形态。乔治 · 凯利的指令性表格网技术，是一种通过“认知轮廓”显示个人构想的关系层级结构的图示技术，构想的节点（意象单元）按照被其他构想指向连接的曲线数目垂直排列[25]。被连接指向的数目越大，其地位越重要，与外界的连接程度也就越大。如图 6-8 所示，假设 G 为新设计的意象单元，那么，它与 H 之间是并列关系，二者可能是具备相同功能，或者是完全没有功能联系的意象单元。而 G 与其他单元之间都存在着相互串联的关系，都具备某种程度的相对可达性。通过此项研究可以确立设计项目本身与其他各相关意象单元之间相对可达性的需求关系，并将其转换成实质可达性的定向式街道和交通网络。

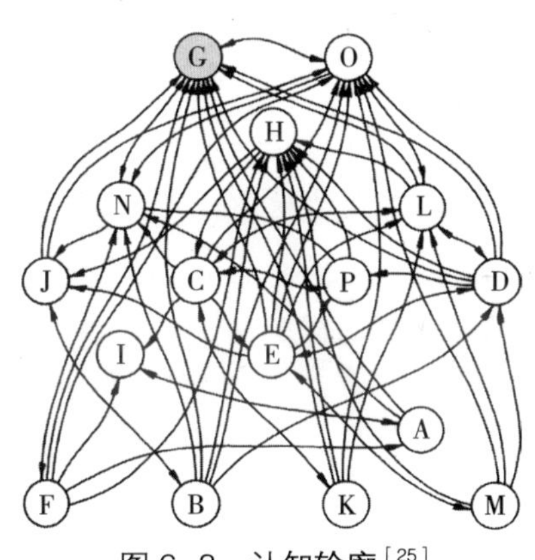

图 6-8　认知轮廓[25]

6.1.2　差异性网络的异向复合

差异性网络的生成是对均质性网络的“批判”和“重构”，重在矛盾关系的表达，以及理性与感性的交织，最终将形成一种模糊多义性的辩证结构。“重构”是一种以适应时代精神需求建立“新秩序”的方法，新内容的介入进一步为区域增加了尺度，在“S、M、L、XL”等各种大小的网格之间重叠、扭曲、渗透的层次的混合形式。尺度与它所在的时代相对应，与该时代的技术手段等物质内容以及精神需求等相关，用柯布西耶的话来说就是：“一种尺度即代表一个时代。”[154]尺度等级会因为不同的原因而发生改变[29]，在公共交通和公共行为两种肌理之间建立联系，相互修正，将使得现实生活中的城市网络转换成为具有不同功能意象的加权网络，以及具有不同形式意象的有向网络。有向网络和加权网络能够对实际复杂网络的动力学演化特性提供更加真实、细致和全面的描述。

6.1.2.1　*有向网络——空间肌理的异向复合*

有向网络，即在均质性网络的基础之上，通过增加或者是保留空间中的形式性吸引点来增强网络空间的形式意象，进而提高网络自身的形式特征。形式性吸引点主要由各类形式性意象单元构成，这些意象单元多因其强烈的视觉特征或其所具有的特殊蕴意（诸如社会文化意义）而成为人们行为中定向和定位认知的锚固点。在中国，由于城市文化的多样性发展，同时存在着三种不同的网格形态：新城区的建设大多以大尺度的行政组织及公共交通组织的区域分划；老城区则根据地方制度及公共行为模式的差异而呈现出多种尺度的网格形态；还有一种自发生成的区域——城中村，在城市的夹缝中生成，区域的规模基本没有限定，与小型村镇的规模相类似。对于不同的空间肌理需要进行不同的修正性的设计——“批判重构”，既不是要“以豪斯曼式的尺度剪除原有的细密丰富的由历史重叠而成的城市肌理”[155]，也不是要完全保留原有的肌理形态阻碍城市的现代化进程和物质需求。也就说，既不是要回到过去，也不是要步入全新的境域，而是一种具有积极关联价值及丰富含义的结构策略。它既是对现代粗糙的“可达性”的方格网形式的优化，同时也是对传统城市肌理形式及高密度街巷体系的现代化转换。凯文·林奇用生活方式对其进行比喻：“许多人如果被要求描述他们理想中的房子，他们就会这样描绘：房子前面与繁华的城市相连，房子后面与安静的乡村环境相连。”[30]新区与内城、城市与乡村似乎可以指代这两种截然不同的，甚至可以说相互矛盾的组织结构，在“批判重构”观念的作用下发生着相关性的转变。

1）新城区——“互补式”的批判重构　对于标准化的网格体系来说，需要不同尺度的“层”间进行“叠合式”的重构。诸多“层”如交通网络系统、基础设施系统、开放空间系统以及建筑物等，作为复杂的城市结构的一部分，可以分别考虑，这样就增强了城市设计的可操作性，并趋向于“理性的程序”。这种重构既可以是针对内城结构意象而言，也可以是针对自然结构意象而言。正是这样与内城、自然景观产生良好的关联的新区结构才能够保持持续性的开放特征，避免由于单一的标准化、宏伟的纪念性而产生千篇一律的形式秩序，是对我国目前新区结构的修正和优化。

（1）面向内城的肌理重构。相对于内城而言，在新建设区域形成特定的场所感才是结构关联追求的真正目标。O・M・安格斯是“批判的重构”这一思想和理论的主要倡导者之一，他在《辩证的城市》一书中提出要理性地分解设计要素，并可以通过“层的叠加”和“场所的互补”两种对策来获得现代与传统之间的均衡[156]。在 Enroforum 的城市设计中，O・M・安格斯在现有的城市交通设施网络的基础上，将新规划的 41 米 × 41 米的格网与之相叠合，再通过给予每一地块基于自身结构性格的功能和空间，以恢复在巨大城市尺度下失去的传统文脉。根据现实的需求以及对于现状的叠加，可以修正理想化的结构概念和原来碎片般的结构，这是一条处理复杂矛盾的理性方法。出于实际功能的需要，可以将若干个格网单元合并使用，而且各地块之间的功能和空间组织类型是互补的（图 6–9），如居住区周边相应地要与购物场所、文化设施及娱乐场所、工作场所等相毗邻，对于保持不受交通穿越的干扰和创造统一的土地区块，以及缓解城市交通问题和节约能源起着十分重要的作用。这样不仅保持了单独地块的主导功能，又使得各地块之间存在着交互的作用力，从而形成适应性的形态。可以说，正是几何形式的确定性和功能的灵活性之间的合理渗透和层间叠合，保证了这一规划区域的整体活力（图 6–10、图 6–11）。

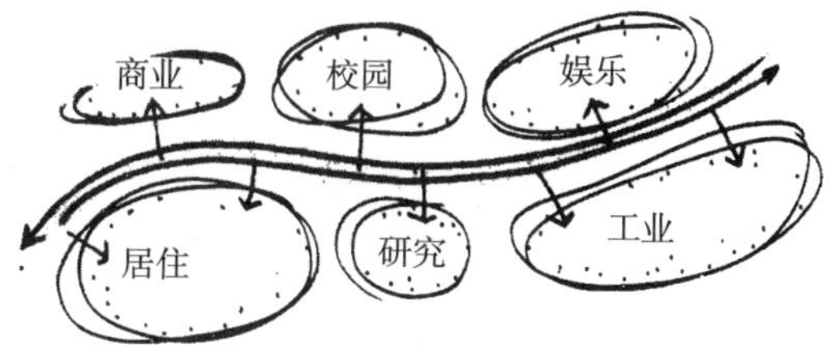

图 6–9　互补的功能分块示意图[100]

（2）面向自然的肌理重构。对于面临自然景观结合部的新区而言，基础

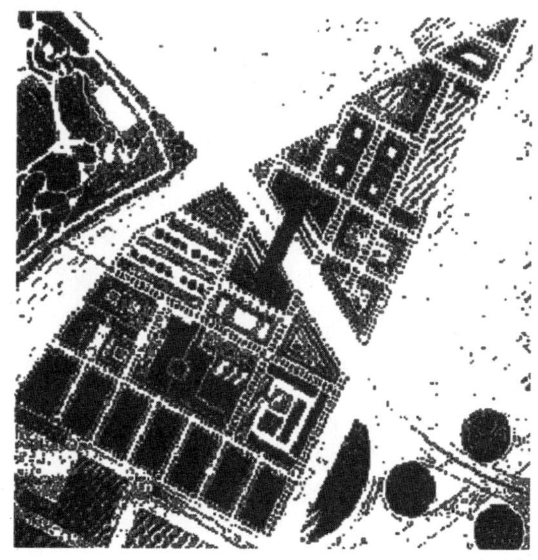
图 6–10　Enroforum 街区改造设计平面图[156]

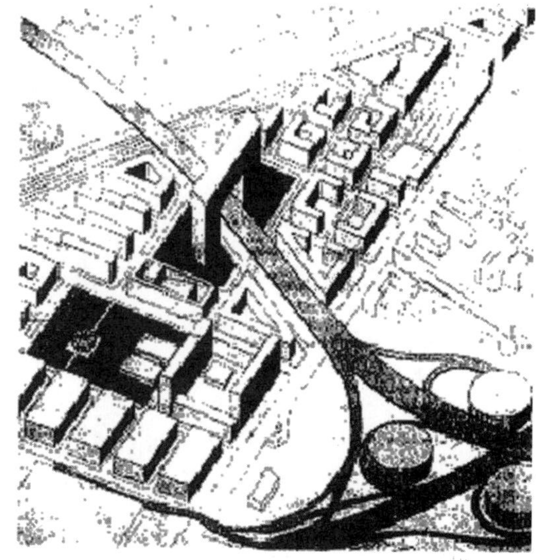
图 6–11　Enroforum 街区改造设计轴测图[156]

设施网络结构与自然生态结构的叠合将有利于一个内在有机的场所产生。场地内特色的自然景观斑块，如园地、农地、林地和湿地等自然气息地的网络结构，对于区域网络和路径网络的生成具有决定性的作用，打破了以往新区均质化的网络结构。在北京中关村生命科学园区的整体规划中，整个园区就像一个“生命细胞”一样，是一个具有完善的结构、健全的生态功能、新陈代谢能力及自我繁殖功能的景观综合体。在这一设计中，设计师把对生命的结构规律的理解转换为设计的语汇，没有轴线，没有对称，没有平行，没有两个完全相同的形状，看似杂乱，实则传达出繁杂但有序的环境理念。园区的车流、人流、物流与自然相交织，共同形成了物质和信息联系的绿色通道，穿行于建筑群体之中。健康的场所环境为员工提供了清新的空气、开阔的视野以及自然化的交流平台,从而减缓了高效的工作节奏给人们带来的压力（图6–12）。

图 6–12　北京中关村生命科学园区局部视图

图片来源：www.chinaeteam.com/blogs/netlph

2）老城区——“保存性”的批判重构　对于以传统城市肌理为基础的老城区，可以进行“保存性”的批判重构。“保存性”的方法和标准并不是单一的，既可以是以旧城肌理格局为主的“有机更新”，也可以是新旧肌理之间的“有机融合”，或者是二者之间的“对立并置”，这样才能形成丰富的城市肌理形态。

（1）有机更新。“有机更新”是在延续旧城肌理格局基础之上建立起来的新“秩序”。北京菊儿胡同的改建采用了以保存原有的街区空间结构和特有的城市肌理为主的方法。北京旧城区仍然维持着一种严谨的体形秩序和空间结构体系。所以，在新建的建筑设计中应当保留这种原有的秩序——也就是我们所熟悉的城市肌理。菊儿胡同的更新主要表现在从四合院变为庭院式公寓的“顺旧城肌理”思路，正是把合院类型作为城市空间类型的运用，如：从传统四合院探索到一种以单元住宅为基础的庭院式公寓“类四合院”，从传统鱼骨式胡同系统探索到一种连串“类四合院”为组群的“新里巷（胡同）系统”（图6–13）。从顺旧城肌理格局的“有机更新”，使菊儿胡同成为新的有机体，融合到旧城的肌理之中[32]。

（2）有机融合。“有机融合”是将新的城市网格有机地融入旧城的结构之中，设计的重点在于对城市脉络和肌理的整理，使其适应现在与未来的城市发展。布林德利地区位于英国第二大城市——伯明翰市中心区部，是典型的工业革命的产物。布林德利地区的重建计划体现的是一个阶段性融合的过程。自1993年之后，一系列的城市改造计划对旧有城市肌理进行了调整，以便更好地适应不同的建筑形式（图6–14），目标是要创造一个积极的、受欢迎的，能够自然地融入城市肌理中的新城区。例如，不再简单地规划大体量的办公建筑；同时调整机动车流线，使在本地工作、居住和来游览的人能通过机动交通方便地到达，并以此作为布林德利地区的日常交通方式；根据周边地区的变化和公交系统的规划调整布林德利地区的步行系统；住宅相对集中开发，而且要求先期一次性完成；在显著的位置安排休闲娱乐设施；以主要公共空间的设计和建设为框架来引导整个开发工作。

图6–13　菊儿胡同的院落空间

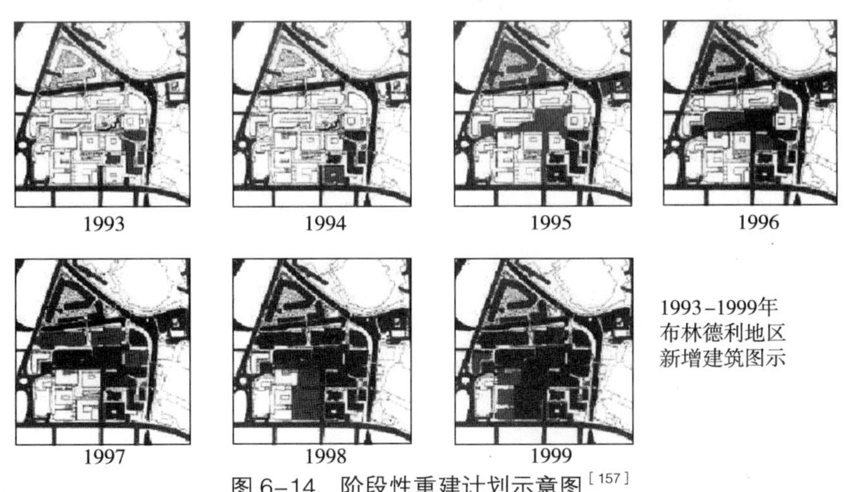

图6–14　阶段性重建计划示意图[157]

（3）对立并置。“对立并置”是要在两个完全不同的空间肌理和实体的组合形态之间，允许新旧冲突、传统与现代对抗等矛盾因素的同时存在，追求一种明晰的、截然不同的关系，以及在两种要素之间呈现出鲜明的对比效果。雷姆·库哈斯的“通用城市”的概念已经获得了在中东城市迪拜实施的机会。他以曼哈顿密度为参考进行规划，岛城由整齐划一的25个街区组成，在毫无

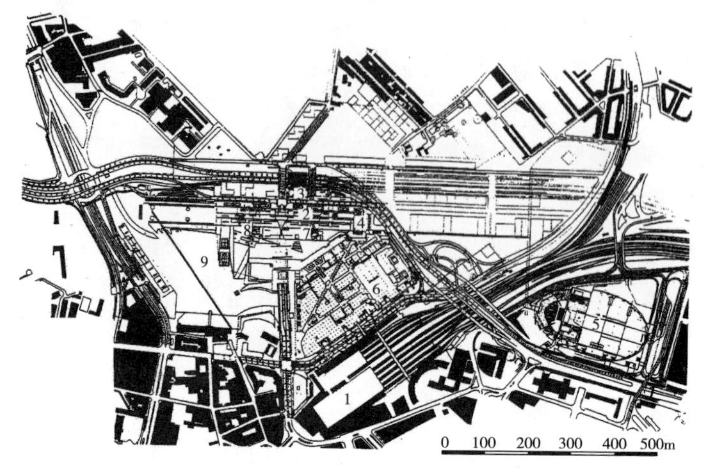

图 6–15　法国里尔欧洲之星车站规划设计[3]

1. 正线站；2.TGV 车站；3. 地铁站（Val）；4. 世贸易中心；5. 里尔大宫；
6. 购物中心；7. 办公室；8. 未来旅馆；9. 停车场

图 6–16　车站标志性建筑

图片来源：http：//hi.baidu.com

特征的摩天楼宇之间，穿插着一些标新立异的巨型建筑，以此打破街区的单一形式。从城市上空俯瞰，好像用手术刀精准地切下了一块曼哈顿，又把它插入中东。“里尔欧洲之星”是雷姆·库哈斯于 1988 年规划设计的大型城市中心公建项目（图 6–15、图 6–16），因为是他在里尔的第三个重要的城市建设工程，所以将其命名为“第三个离心机”。为了将里尔建设成为欧洲中心城市之一，在整体规划设计中，雷姆·库哈斯局部地打破了城市旧有的肌理形态和城市形象，因其不能适应新的生活方式和城市发展需求；城市建筑与新建道路、停车场和铁路之间保持良好的联系，成功地将一个品质不高的地区转变为大型商务中心。其中，高速铁路的引入不仅有利于展现富于前瞻性的城市形象，同时也有助于激发城市的商业活力和文化氛围。

3）城中村——“混合性”的批判重构 “混合性”的城市肌理形式为城市建筑形式和尺度提供了多元性，使得整个区域在视觉上更加宜人，并更具地方特色。在城市建成区的边缘地带和城乡结合部地区，普遍地存在着一些“非历史性”的社区式建筑群，它们是构成城市特征的一种特殊的细胞单元。有人将其称为“都市里最后的村庄”，也就是我们通常所指的“城中村”——自发形成的贫民地带，兼具城市和乡村双重特点的“问题”社区。那里既没有老城区那样值得高歌颂扬和永世留存的历史文脉，也没有城市新区所具备的那样发达的交通系统和高档生活品质。但是，它们却拥有着一种原生状态下的自由空间格局，代表着“劳动人民”的一种基本城市生活方式，和老城区一样充满了生活气息（图 6–17）。近似儿童画的“房子”、“非功能”性的自由“留白”、“房子”之间成各种角度的“小巷”，这些形容词汇概括了这些地区的主要特征[158]。为了使城中村能够适应于城市的发展和社会的进步，就必须进行多方位的融合，城乡人口融合、政治融合、经济融合、文化融合、技术融合、空间融合以及城乡生态融合。从设计角度出发，可以从公共交通可达性及相对的心理可达性两个方面对城中村的公共交通结构及建筑布局形态两个方面进行“混合性”的批判重构。

图 6–17　上海的一个城中村

（1）公共交通肌理的重构——混合型的交通模式　对于城中村这样整块的建筑群体而言，它们全部远非“现代”的，但是都需要涉及周围环境，并从中建立起来。那么，要实现城市物质形态的现代化，必须加强现代化基础设施的建设，使城中村的物质形态能够融入现代城市的整体中去。首先，为了与城市整体环境相连接，需要对原有的城市肌理进行改造，拓宽一些关键性的机动车行道路，改进配套设施。其次，在原有的肌理形式中设置层级式的公共交通和节点，将低层高密度的居住区沿公交线像一串珠子一样成行排列，依次接入连接主要节点的城市密集快速交通体系。

（2）建筑布局形态的重构——混合型的街巷模式　从发展城市多元文化特征的角度出发，应该保留这些村庄的“原创”性风景线，适当保留村庄原有的肌理形态。首先，从形式上看，需要对单调的建筑形式进行多样的改造。城中村原来的住户希望从他们身处的“不堪”环境中脱离出来，出于一种补偿性情感的需要，使得他们大多数人都更喜欢现代化的居住环境，都市化的商业氛围和娱乐设施，甚至是装饰得艳丽活泼的小区。他们会在这样的风格中体会到一种勃勃生机，可以使他们内心压倒性的衰败情感得到释放和舒展。其次，在多样的现代建筑表皮之下可以蕴藏深层的文化内涵。从功能模式上看，这一区域应以“居住”与“商业”、“娱乐”配套发展，不同阶层、不同职业的居民的混合，对不同功能的有机混合以及新的产业经济链条的发展起到了支撑的作用。这样才能给这一区域带来新的价值，新的工作，促进这一区域经济的复苏，从而给居民带来崭新的生活品质和面貌。

那么，多样的建筑形式需要统一在肌理形式的规定之下。在传统的社区结构中，房屋的类型常常会因街道而异，因为，“街道才是最牢靠的社会单位”[91]，不同的房屋类型代表着各种权属的混合。从居住模式上看，这种“贫民式”的空间框架为不同阶层人群的共融提供了可能性，将不同职业不同收入的社会阶层适当地混合其中。根据英国混合权属开发的调查表明，权属混合最好不要出现在同一条街道上或街区上，而是出现在不同的街道间，这样社会网络的优点才会显现[91]。在东京曳舟车站区的更新设计中[64]，运用了“混合型”批判重构的方法，获得了成功的收效（图 6–18）。

图 6–18　东京曳舟车站区

图片来源：3230.s–re.jp/topics/index_2.html

6.1.2.2　加权网络——公共空间的异向复合

加权网络，即在均质性网络的基础之上，通过加入功能性吸引点来增强网络空间的功能效用，进而提高网络自身的重要程度。各种类型的功能性意象单元构成了城市空间中的功能性吸引点，这类意象单元多是因为其所具有的功能而吸引人们，支持着人们的公共行为活动，进而形成对其的意象，可以说这是人们理解城市环境的一种功能要素。公共空间既包括支撑着城市整体运行的公共交通空间，同时也包括支持人们日常行为活动的公共活动空间。单单创建“畅行无阻的公共交通”或是“完美的建筑单体”，并不能满足人的生活需求和精神需求，只有通过“空间关系”的双向组织和建构才能形成有意义的及健康的城市环境。建筑作为独立的元素主要是通过“公共空间”的共同创建而在相互之间形成一种整体的关系形态——“集群形态”。“集群形态”是一种基于人的行为以及内在活动组织在空间中生成的要素体系进化而来的形态，强调群造型对社会交流和公众生活的意义，“文化关系”在建筑与室外空间的共同创建中形成。其中，“公共空间”是用来联系建筑室内外、建筑与周围环境、建筑与人的中介物，是使它们相互对话、相互融合的区域，是将人们聚集在一起，让城市更加完美更加丰富的一种手段。

1）社会功效：公共空间与社区文化的复合　“社区”包含了居民的共同生活和价值认同，规划平衡的社区应当是多种功能的建筑通过社区方式进行混合组织，并与公共交通空间相结合，以此来实现城市、街区或者社区的可持续发展（图 6–19）。

（1）内向复合型——传统性社区文化精神的回归。传统的社区文化精神通常是内向型的，公共空间作为集群形态的媒介与建筑实体构成了一个弹性的整体。“庭”和“院”是许多国家传统居住建筑中的重要元素，它们的本质内涵是一致的，都反映着人类共同具有“围合”取向的生活传统。作为交通空间和交往空间的结合体，环绕的庭院或天井，形成了一个围合式的群落，将室内空间与室外空间融为一体，既体现了对隐私性、安全感的关注和追求，也流露了对亲情及邻里情的关注。院落的设置不仅关乎于一个民族的精神文化特质，而且还与地理位置、气候特征都有密

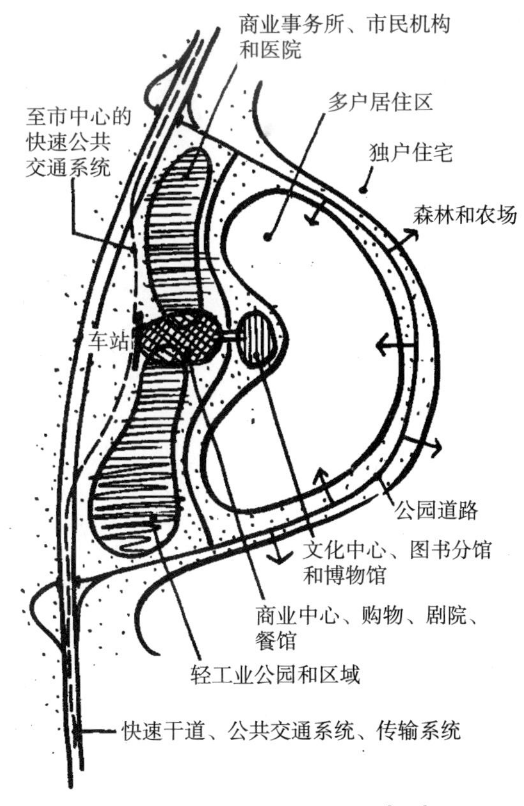

图 6–19　规划平衡的社区[100]

切关联。住宅庭院的大小与气候冷暖直接相关，气候愈是寒冷的地方，院子就愈大，呈现出丰富多彩的样态。1961 年，桢文彦提出了“集群形态”理论，对丹下健三的新陈代谢理论及东京规划中的技术形体结构进行了批判，反对其城市构想中对于技术基础的过度重视，并主张对承载传统文化精神的“聚落形态”的回归。桢文彦在代管山街区的设计中运用日本传统“庭”和“奥”的概念来组织不同层级的公共空间，并借此为人们提供一种都市体验。街区的图底关系相互交织而非相互割裂。查尔斯 · 柯里亚在新孟买贝拉布尔的“渐进式”住宅的设计中，将公共交通与城市形态的统一格网作为整个区域的结构基础，以保证开发的整体统一性（图 6-20、图 6-21）。然后，以南部印度村庄的带有多功能的“向天空开敞”的庭院空间为“原型”，组团的、社区的等一系列的“开敞空间”由小到大进行叠合，将每一个居所都置于一个更大的聚居范围内进行设计，营造了一种整体性的场所氛围。标准化的均质网格在这里被转化为特殊性和个性化的地块，在深层次上的细化过程中产生了重叠、混杂的状态。

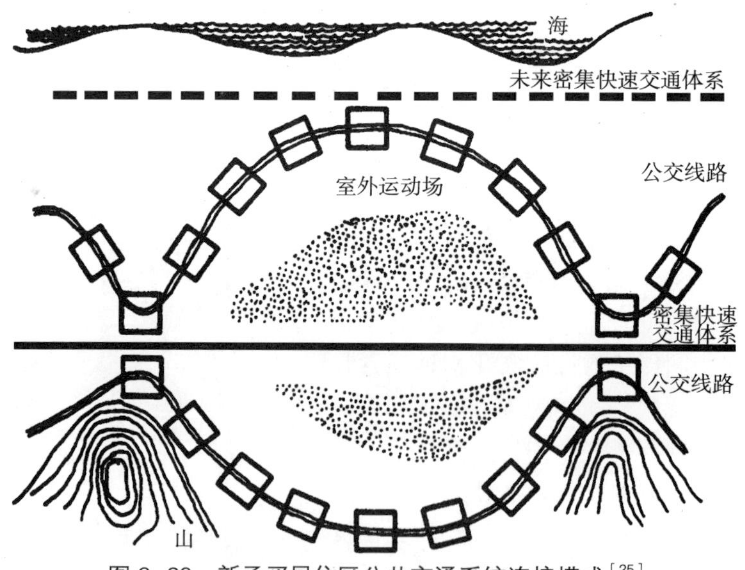

图 6-20　新孟买居住区公共交通系统连接模式[25]

（2）外向复合型——开放性社区文化精神的彰显。现代都市的生活方式是“外向型”的，体现的是开放性的社区文化精神。公共交通空间作为“集群形态”连接性场所的设计，显示出的是公共生活及交往行为的原则，使其能够适应社会环境的变化。那么，赋予每一个公共空间以精确合理的功能是不必要的，也是不适用的。因为，在注重空间的理性思维、物质功能、静态行为和恒常事件的同时，还存在着更多有意义的非理性思维、不定行为与突发事件等等。

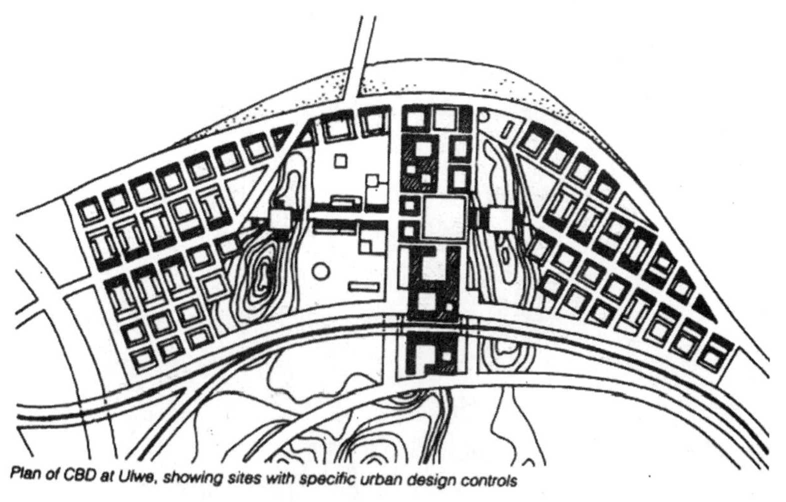

图 6–21　新孟买乌尔韦城市中心规划[25]

图 6–22　泰国湄丰颂的飞机场跑道[64]

例如，城市机场作为大型城市公共空间常常与本土文化及活动无关，然而，如图 6–22 所示，在泰国湄丰颂的机场设计中，却将机场跑道转换成为城市最富活力的公共空间，这样做要比单单采用历史建筑形式的象征作用更能激起人们的兴趣。飞机场跑道被设置在城市中心地带，在城市居住区与学校机构区域之间形成了一道屏障，有两条人行道穿越飞机跑道，在有飞机起飞的时候会实施必要的保护措施。夜晚，这里自然地转变成繁华热闹的公共场所，慢跑者、踢足球以及各项体育锻炼和休闲的人们，共同营造了一种活跃的氛围。机场功能的多样化，在单一线性形式的沥青跑道与城市生活之间形成了鲜明的对比。人们的自由活动遵循着某些时间上的规律，以免给机场秩序造成混乱，夜晚和白天存在着明显的差异，在各自的时间段形成各自的组织秩序。机场跑道——这个即兴形成的露天广场，与城市的一个主要的市场相邻，一到晚上各种各样的摊位沿着与机场跑道平行的公路一直延伸到远方。两个场所相互补充，共同营造了一个真正意义上的社会活动中心[64]。

2）经济功效：公共空间与商业文化的复合 城市公共交通空间的建设不仅关系到整个城市运行和发展的效率，同时也关乎于城市经济的发展。城市必须采取明智的增长策略，而不能偶然无序的增长。一个有效的策略就是在城市中心和外围的几个可达性较好的、能进行高密度开发的地区进行集中建设。曼谷规划的重点就是围绕着城市核心的五个复合中心和城市周边的五个未来大都市副中心。这些复合中心既是交通集运系统的中转地点和换乘站，同时也是城市开发的重点部位，它们位于城市中心区的边缘地带，在每个中转地点都预留大量的停车位，而且在周边进行高密度办公和住宅，以及商业、娱乐设施的开发，以混合功能为主。这样一来，不仅能够带动边缘区域经济发展，而且起到鼓励人们换乘集运交通的作用，以缓解中心区域的交通压力。在新 Lat Krabang 大都市区副中心的规划方案中，为了进一步提高中心的吸引力，在中间位置规划了一条宽阔的林荫大道和一条带形公园，两侧配备各种商业服务设施及辅助设施（图 6-23），形成了良好的活动氛围和休闲环境[64]。

图 6-23 Lat Krabang 林荫大道[64]

3）生态功效：公共空间与生态文化的复合 公共空间作为建筑、空间和环境之间相互联系的部分，其布局形态与城市生态环境的形成密切相关，并表现出特定环境下的自然文化特征。

（1）基于气候环境的公共空间。建筑与城市空间的紧密结合（图 6–24），有助于对周边环境条件，包括微气候、日照与遮蔽、建筑周围气流以及照明的控制，环境条件随着季节和发生的活动而有机地变化。2010 年上海世博会建筑集群的布局形态与气候环境密切相关。按照城市季风路线，打破以往横向的街道布局，采用纵向的城市街道组织按照风向排列。举办期间正值夏季，主要受东南季风影响，因此世博园区的建筑不仅走向大多为东南方向，就连窗户也朝东南方向敞开。建筑布局依街道布局形式展开，以形成可以导入每栋建筑里面去的穿堂风。为了最大限度利用好穿堂风，世博园区的部分展馆还将采用底层挑空的设计，将展馆转换成为导风板，届时就算馆内温度超过 30 度，也不用开空调，从而达到节约能源的目的（图 6–25）。

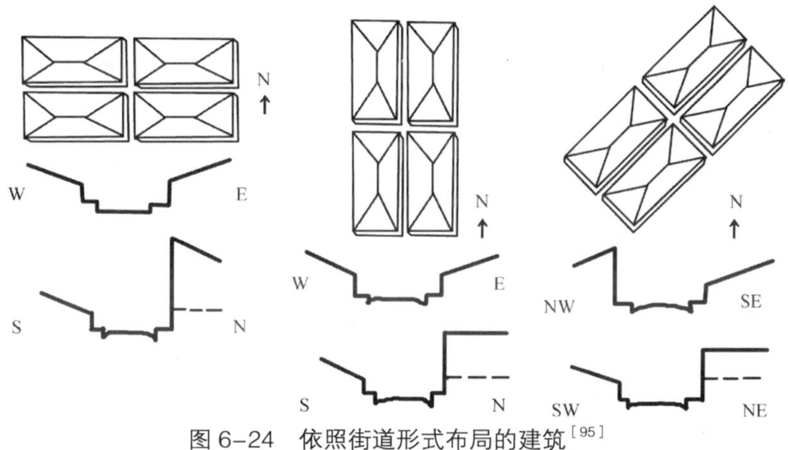

图 6–24　依照街道形式布局的建筑[95]

图 6–25　2010 年上海世博会滨水区规划设计

图片来源：www.expo2010china.com

（2）基于能源环境的公共空间。“集群形态”是一种紧凑的布局形式，能够以最小的能源与能量提供高品质的生活，使其能够适应于气候环境的变化。“巴利阿里公园的信息通信业务改革（ParcBIT）”项目，是巴利阿里群岛自治政府积极推进的一个可持续发展的“生态城市”项目（图 6-26）。这个项目既是一个利用新型技术的现代化社区，同时又是一个适应地域条件、利用循环和可再生能源的可持续发展人居环境的新范例。1994 年，理查德 · 罗杰斯获得了 ParcBIT 的规划设计权。在总体规划设计中，罗杰斯遵循着地中海的传统特色。在公共交通系统的设计中，考虑了步行街道、自行车、电车和巴士、小型的单脚滑轮车。街道都是窄窄的，用林荫来抵御夏日的炎热。动力能源系统的设计与建筑及公共空间紧密结合，在每个社区的中央都围绕着一个雨水蓄水池，不仅可以用于娱乐休闲，也可以用于农业灌溉和日常饮用，遵循着正在恢复中的当地传统惯例。新型的电信系统，如光学技术、碟形卫星、区域网络等，应用于整个用地范围之内，为居住在 ParcBIT 社区的人们，提供了

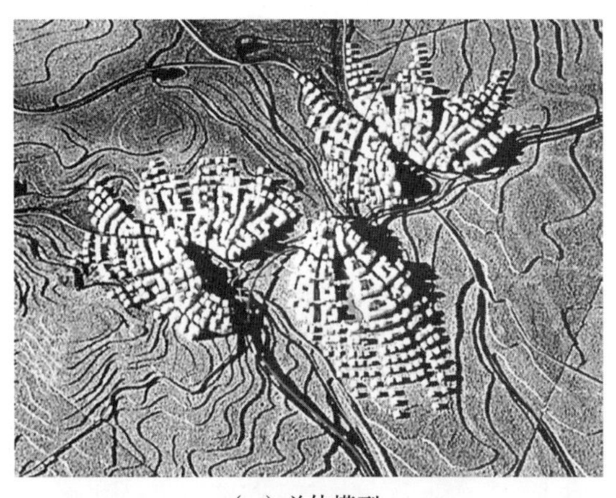

（*a*）总体模型

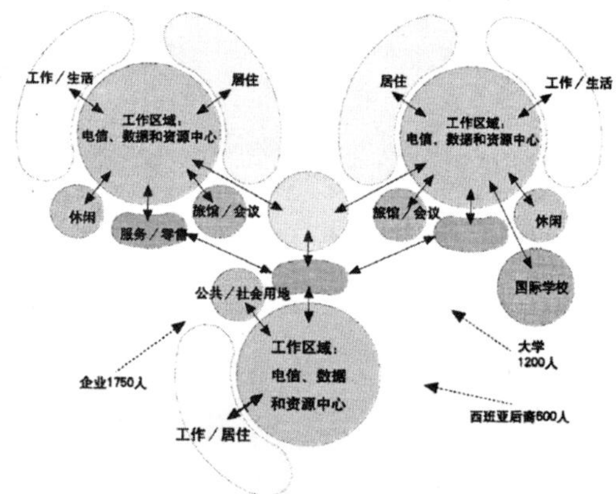

（*c*）功能分析图

（*b*）局部模型

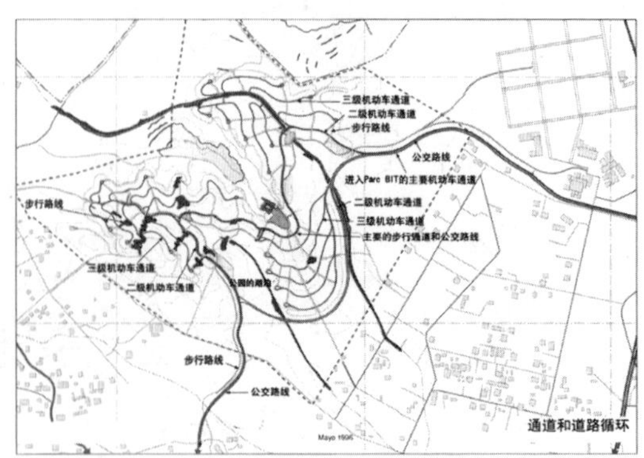

（*d*）交通系统分析图

图 6-26 “巴利阿里公园的信息通信业务改革”项目方案图[159]

快速、可靠的全球信息交换平台。

（3）基于绿化环境的公共空间。与自然景观相结合的“开放空间”构成了建筑集群形态的自然生态环境，如城市公园与广场等，其中，“绿化”体系代表了生态组织的关键，树木和其他植被能够特别有效地阻止二氧化碳的增加和提供氧气、降低城市空间中的风速以及过滤尘埃和污染。绿化体系不仅能在平面布局上形成紧密的关联作用，垂直绿化体系的生成使得建筑集群在三维的空间中也得到了密切的结合，在空间中形成了健康的微观气候环境。可以说，垂直绿化体系作为补充性的“自然景观”也是整个生态组织中的重要部分。尤其在高层建筑中，得到了广泛的应用。追求独立封闭系统的现代高层建筑不仅忽略了地方性，而且大多以浪费土地的模式进行建造，种种弊端在实践中已渐渐显露无遗。将现代高层建筑与一种“开放连接”的群体模式结合起来，融入城市的行为环境，可以改变其独立封闭的本性，相应地，集群形态也得到了纵向的拓展。杨经文从乡土建筑及“院落”的概念中吸收灵感，采用了“热带城市花园”的隐喻，将自然引入高层建筑群体之中，以创造一个连续的立体城市绿化及景观方式（图6-27）。这将有助于建筑的遮阳、吸收温室气体和提升人的精神，并作为对城市公园和广场等开放空间的补充。这种将具有地方特色的植被引入到城市开放空间的设计之中的方式，既能够突出城市本身的个性，又有助于改善城市外部空间环境以及小气候[25]。目前，这种立体的“开放空间”或者“空中庭院”在中国楼市中不断地涌现出来，它们存在于挑空的楼层之中，突破了以往将阳台、露台作为私密空间的形式（图6-28）。从传统建筑演化而来的开放的庭院和平台扮演着多重角色，一方面是对当地炎热气候的适宜解答；另一方面透露着文化象征的意义，

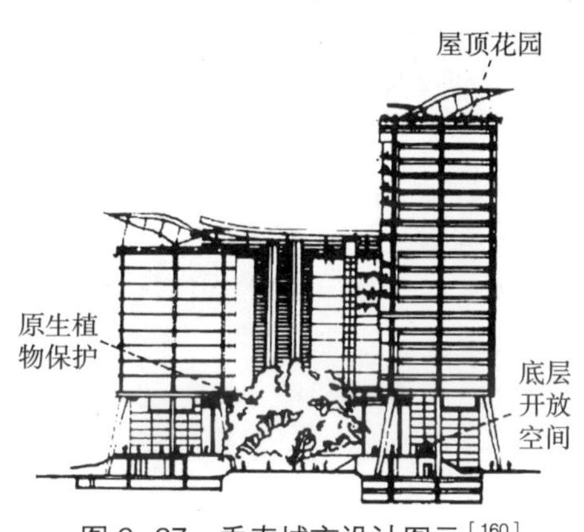

图6-27　垂直城市设计图示[160]

图6-28　垂直绿化[159]

从精神上是对高密度城市生活压力的缓解。

6.2 同向复合的组织模式：以建筑作为中介

只有城市的形态才能确实地表现出一个时代的建筑成就以及在那个时期人们组织自己生活能力所达到的水平。[161]

——S·吉迪翁

建筑在本质上包含了两层内容，一是与城市自然环境相关，二是与城市文化环境相关。基于此，应当从自然生态与人文生态两方面阐述建筑这一连接体的“中介”作用出发,探索双向组织之间的关联作用。同向复合的组织模式，就是要在矛盾的现象中找到一条“共存”的出路，使传统的文化思想及技术片断在新思想和新技术不断发展的今天依然充满活力。在现代的时空维度下，应当将多种层次的技术因素，低技、中技及高技适度地应用于自然生态和人文生态的建设之中，使得技术本身就带上了地域自然特色及人文特色；同时，将城市设计研究集中于历史、现在与未来的文化交织，以及新时空环境与地域自然交织的两极互动下城市形态的多元发展趋向。

6.2.1 功能要素的同向复合

“形式追随功能”[60]——沙利文的这句格言多年以来，一直被看作是用来论证功效和机械机能主义的现代主义建筑设计理论之一。实际上，这句格言可以表达更广泛的理论范畴。因为，功能本身既是实用性的空间需求，同时也是社会性的活动需要。为了使形式同时满足两种功能需求，就必须进行双向的关联。建筑的内部使用空间和外部公共空间共同构成了完整的建筑空间体系，在技术与文化的共同作用之下，形成了功能要素双向关联的建筑形式——巨构建筑和应变建筑。

6.2.1.1 巨构建筑——连接技术与行为文化的聚合体

随着人类社会不断发展、进步，人们总是不断追求更高品质的生活和更方便快捷的生活，便出现了多样性的建筑功能单元。建筑作为空间的聚合体是指建筑应突破其自身功能,而越来越多地接纳原本属于城市空间的职能。例如，在建筑空间中引入城市街道，中庭成为城市的集散枢纽，屋面成为城市广场，使建筑空间与城市空间互相咬合、连接、渗透，它们的界限也越发模糊。这种社会化的建筑设计在环境形态上表现为建筑的城市化，它是城市领域和建筑领域间的一种“中间领域”，通过中间领域可以使建筑与城市之间相互作用，默契结合。

从文化组织的角度出发，巨构建筑是一种自发性的聚合形态。空间是通过影响人的流动来促进聚集的，这是理解建筑物如何聚集成为生机勃勃的城市的关键之一。可以通过建筑空间的构成形式来反映并体现各种主题的社会模式，如商业主题、文化主题等，可以把各种类型的活动和文化固化在空间的安排之中，这是由消费文化和新的“体验经济”所提供的机会共同塑造的建筑空间，源于人们社会交往、娱乐、休闲、放松的愿望以及简单地拥有一段美好时光的渴望。例如，商业综合体的出现，涉及前期需要制定出商业运营的计划，对各种购物环境人流的配置进行考察和研究，合理地安排空间的功能组织，以使空间能够自发地吸引人群的聚集，并获得建筑空间艺术性之外的价值。这就是台湾学者陈明竺先生所强调的都市计划在建筑设计中的体现，用他的话来讲就是“使建筑成为能够生金蛋的鸡”——在满足人的精神需求的同时，也能够带动市场经济的发展。这样一种建筑类型的形成还需要有赖于通过技术组织生成实体性聚合形态。

1）建筑屋顶功能的放大　建筑屋顶最初的功能是人们对其最本质的需要，即围护作用，这时还没有精神上的需求。在古代，由于生产力低下并且发展速度缓慢，建筑屋顶单一的功能一直持续了很长的时间；但是到了近代，随着生产力的高速发展，人们对屋顶提出了越来越多的功能要求，也就促使了屋顶形式的多样化，并伴随着技术的进步和大众审美情趣的变化而不断地发展。屋顶位于城市的顶端，相对于周边环境具有一定的隐蔽性和私密性，加之它居高临下，可以为人们提供一个能够俯瞰城市的视野开阔而又舒适静谧的休闲场所。

（1）围护功能。全天候设计作为改进城市公共空间环境的主要技术手段之一，具有重要的实用价值。尤其是对于一些气候变幻无常的城市，以及一些重要的公共性场所，如公共交通换乘站点等。

第一，带拱廊的街道。带拱廊或遮阳篷的街道不仅能够适应气候环境的变化，而且能够为增加的活动提供相应的条件。布雷恩·理查德斯针对纽约的一项带拱廊街道的研究表明，下雨的天气，商业街上的步行交通量将减少30%左右，所以，有必要在一些面向街道的商店建筑上设计雨棚或者是拱廊。这样的地面层拱廊下方的活动，增加了街道空间的活力。在英国利兹一条商业街的设计中，玻璃顶棚由独立的支柱支撑于两侧建筑的上方。业主们很乐意共同承担建造屋顶的费用，因为所有的商店在这条长长的玻璃屋顶的覆盖下，变成了一个大型的购物商场，能够吸引更多的人流。还有一些公共交通换乘站利用简单的顶盖为乘客挡雨蔽日，大型的换乘中心通常也转变成了地区性的聚集中心，提升了地段的商业价值[3]。

第二，被覆盖的城市。巴克敏斯特·富勒（Buckminster Fuller）在20世纪60年代编制的南极城市规划方案中（图6-29、图6-30），都提出了用穹顶覆盖整个城市中心的设想，并作了相关的可行性研究。这个方案虽然仅仅停留在计划之中，没有得到实施，但是，对于全天候的设计技术的研究仍将备受关注，而且在持续的进行中[3]。

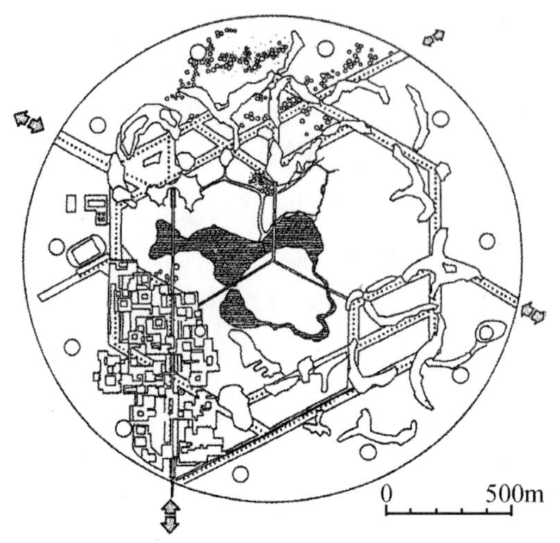

图 6-29 南极城市规划设计平面图[3]

（2）连接功能。屋顶作为建筑界面七种特性：功能、面性、方向性、凸凹性、不连续性、多样性和几何性。通过建筑屋顶界面各种特性的变换和功能的放大，能够实现建筑与城市空间的连接。FOA（Foreign Office Architecture）建筑事务所于 1995 年获得了日本横滨国际港设计国际竞赛一等奖。这一设计可以看成解释和阐述 FOA 关于“界面”理论研究的最好实例——一种从生物学上发展出来的“物种—系统发生（Species-Phylogenesis）”理论。建筑整体四面环海，只有一面与陆地相接，形成了城市主要道路的尽端收口（图 6-31、图 6-32）。在这个建筑中，没有绝对意义上的地面、屋顶、墙面，而是这三者结合成一体，互相穿插，交会，而且互相间没有明确的交界（图 6-33）。整个公共空间由建筑入口处开始，向两侧逐渐升起，并与建筑屋顶相连接。这个室外广场随着室内功能的不同而有所起伏和变化。建筑屋顶作为城市公共空间的延续，可以担负起景观、餐饮、娱乐的功能，设置有各种娱乐设施以及绿色植被。人们自发地聚集、休闲、娱乐并促进消费，在增加建筑使用功能和精神价值的同时，提升建筑

图 6-30 充气穹顶模型户外全景[3]

图 6-31　日本横滨国际港局部视图

图片来源：http：//hi.baidu.com

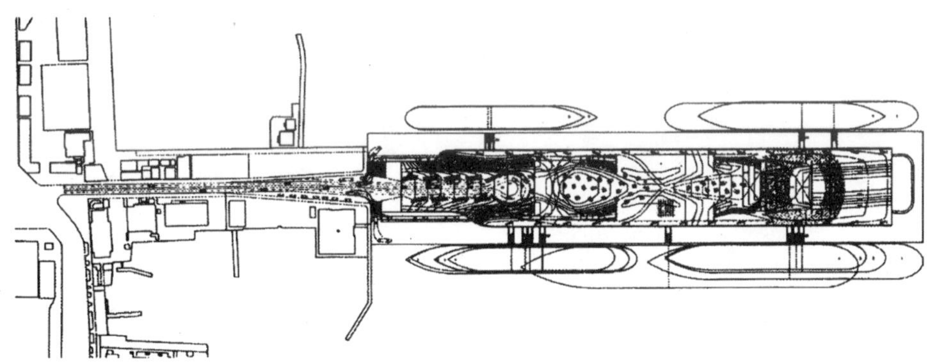

图 6-32　日本横滨国际港总平面图

图片来源：http：//hi.baidu.com

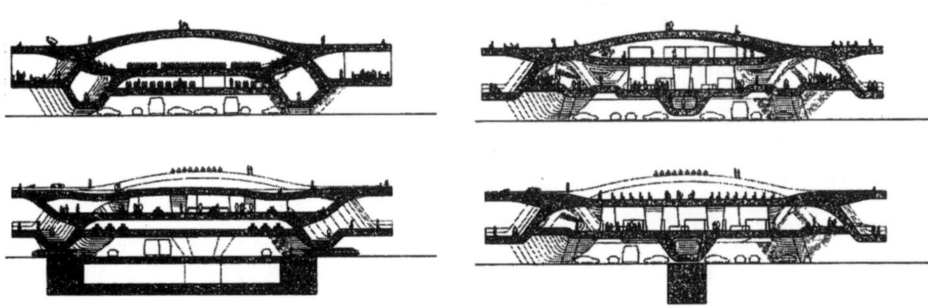

图 6-33　日本横滨国际港剖面图

图片来源：http：//hi.baidu.com

的商业价值。

2）公共交通空间功能的放大 建筑作为城市空间聚合体，可以通过交通技术手段的更新实现人流的聚集，使空间得以在水平和垂直两个方向延伸。加拿大的多伦多市，以其规模庞大的综合服务设施和地下步行道系统，方便的交通和优美的环境而享有盛名。这些综合的服务设施及地下步道系统为巨构建筑的形成提供了必要的条件，同时，巨构建筑也保证了那里在漫长的严冬气候下各种商业、文化及其他事务交流活动的顺利进行。

首先，公共交通空间的横向连接。伊顿中心位于加拿大多伦多市中心的东北部，是多伦多地下步道系统中的一个涵盖两个街区的最大的多功能活动中心和商业综合体，是蔡德勒事务所20世纪70年代的杰作（图6–34）。在地面层，伊顿中心选择了与临近街坊相对应的尺度系统，并通过地面步行线将伊顿中心与临近的圣三一教堂、贝尔公司大厦及老市政厅整合起来，而其地下中央商场则是地下步行系统关键的空间节点和人群活动的集散点。伊顿中心的设计考虑了商业综合体与公共汽车、电车、地铁系统等交通设施的相互衔接，其南北两端分别连接着中央街下部的两个地铁站。

其次，公共交通空间的纵向连接。整个伊顿中心的构成重点其实就是环绕建筑的交通动线——在地下是一条环形的车道，以此连接各大功能块，在地上则是购物的步行街，以此达到各区域串联以及人车分流的目的。首先，形形色色的天桥、建筑露台、广场以及地下通道，把不同属性的办公楼、商场、酒店、剧院、轻轨、地铁统统连接起来，成为一个三度立体空间的有机整体。其次，通过这样的共构，完全模糊了地下、地面和地上的差别。在任何一层都给你处于地面层的感觉，这样的效果满足了开发商和商家以及公众等多方的利益。伊顿中心内部空间组织综合运用室内中庭和步行商业街相结合的手法，在其与跨街主要商店之间，一个巨型玻璃天顶的中心长廊和一个透明过街天桥将两大百货公司——伊顿百货和哈得森贝百货相贯通，不仅使行人安全迅速地穿过街道，而且不受室外气候的影响

图6–34 加拿大多伦多伊顿中心建筑外观

图片来源：www.r1-consult.com/html/kanwu/2002/227.html

（图 6–35）。正是中庭与步行街完成了该地区地面上部空间及下部空间之间的转换。由此，我们便不难理解伊顿中心内庭所具有的城市尺度。

图 6–35　加拿大多伦多伊顿中心中庭空间

图片来源：www.zpa.net.cn/portfolio/retail/index.htm

6.2.1.2　应变建筑——应变技术与自然文化的聚合体

面对当今建筑形式趋同的现象，“选择适合的技术路线，寻求具体的整合途径，对多种技术加以综合利用、继承、改进和创新”[7]；在技术的应用上结合生态的、人文的、地域的、经济的等诸多观点，建构一个全面的、多层次的、整合的技术模式是设计的关键。“应变技术”是城市建筑生态化的一个重要领域，是建筑对城市环境，尤其是自然环境中的无形元素的真实反应和应答。设计者需要考虑气候变化的可能影响，为清洁、可持续的城市发展重新开发新的模型。许多现代建筑与自然环境的联系已通过建筑形体、建筑结构、建筑外墙、建筑设备和服务系统等设计技术的有效控制来实现，以抵抗任何气候变化带来的不利影响。这种设计体现的不是自然界的形式，而是来源于自然、适应于自然的形式。

1）环境控制技术　建筑作为城市覆盖层，可以看作是一个城市的环境控制的主要构成部分。那么，通过对建筑及城市空间的设计，能够有效控制和调节城市物理环境质量，也就是说，通过对地域自然环境中的无形元素包括自然气候、光、空气等可循环利用能源的有效控制，能够提高建筑自身的应变能力。

（1）气候环境控制。不同气候区的建筑形体、朝向及空间组织反映出不同的气候特征，也就是说，通过对建筑形体、朝向及空间组织类型的把握，能够有效地控制和调节城市气候环境[162]。根据温度和湿度两项指标可以将全球分为四个主要的气候区：寒冷气候区、温和气候区、干热气候区和湿热气候区。从气候环境控制的角度出发，可以得出不同气候区的建筑空间组织类型，如图 6–36 所示。

（2）光环境控制。通过建筑及空间形态的设计，可以对城市光环境形成有效的控制，进而调节城市物理环境的质量。首先，建筑物对太阳辐射的反射要高于空地，同时，建筑高度及其之间的距离对光环境的控制作用也有所不同。那么，城市与郊区太阳辐射效应及热环境必然具有巨大的差异，如图 6–37 所示。建筑高度与建筑之间距离的比值越大，表示被反射的次数越多，被建筑界面吸收的能量也就越多，相应地被反射掉的能量越少，反之亦然。此外，具有不同

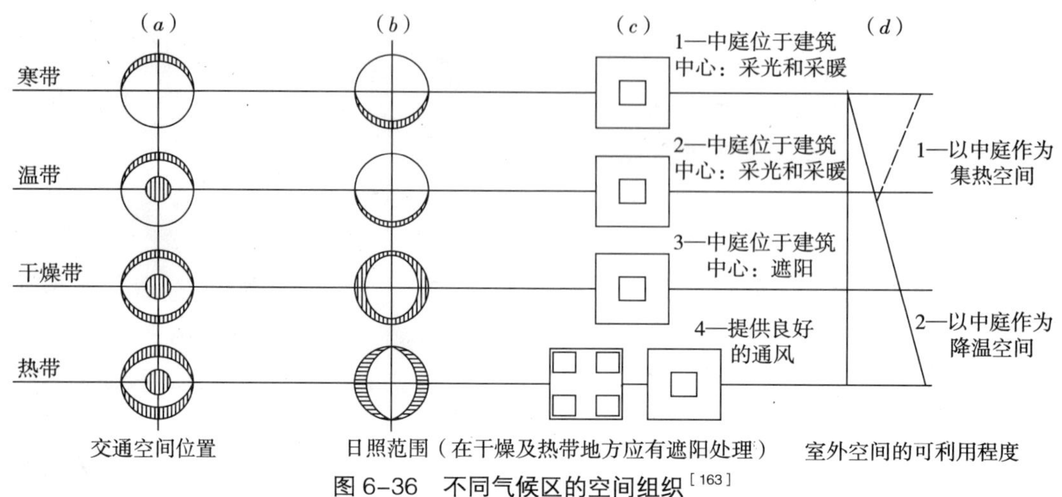

图 6–36　不同气候区的空间组织[163]

反射率的界面材料、色彩，以及建筑周边栽种的植物，对于太阳辐射都能够起到控制作用，并影响着城市光环境的质量[162]。

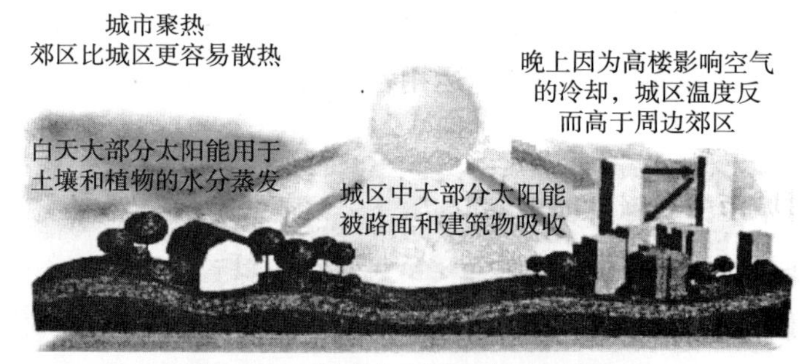

图 6–37　城市与郊区反射率对照图

图片来源：http：//usatoday.com

其次，建筑界面形态对光环境的控制作用。运用自然光控制技术带来的建筑空间和建筑形态的自由变化，可以在伦佐 · 皮亚诺 1969 年在热那亚建立的第一个建筑工作室的实践当中看到。这是一个仅有 20 平方米的单一空间，伦佐 · 皮亚诺将其称之为“小棚屋”。建筑采用的是一种较轻的、棱锥形的钢结构框架以及一种他们工作室专利的透明聚酯板材料。这种板材呈波浪形，被作为建筑的外部皮肤（图 6–38）。面对北方呈透明的波纹状，而面对南方则是完全不透明的，可以根据需求进行人工调节。在不同的季节、不同的日子以及不同的时刻，随着自然光的变化，建筑的外观都在发生着不断的变化，形成了与城市外部环境之间交相辉映的效果。透明聚酯板材料将自然光引入室内，进而带来了室内空间变化多样的效果。在这里，自然光被运用得美妙莫测、神奇多变。

建筑屋面的双层皮肤——建筑采光的主要部位，通过自动调节的百叶系统可以有选择地控制阳光的射入，以保持室内舒适的温度。应该说，该建筑是伦佐·皮亚诺建筑创作研究和实践过程中，对自然光和建筑节能的重要试验品，它完全符合技术和自然之间进行“温和的协调”的原则。

图 6-38 “小棚屋”局部围护结构

图片来源：http：//www.renzopiano.it

（3）风环境控制。对城市建筑与外部空间的通风效果进行调节，能够有效地提高城市环境的舒适性。风环境控制是形成建筑通风散热的主要手段，良好的风环境可以减缓因夏季通风不良而引起的局部温度过高的问题，从而减少空调设备和能源的消耗[162]。首先，建筑高度及其之间的距离对风环境的控制作用。如图 6-39（*a*）所示，当建筑之间的距离 *S* 大于建筑高度的 2.5 倍时，建筑之间的空间会形成较大的气流；如图 6-39（*b*）所示，当建筑之间的距离 *S* 大致为建筑高度的 1.5~2.5 倍时，经过建筑之间的气流能够带动场地的空气交换；如图 6-39（*c*）所示，当建筑之间的距离小于建筑高度的 1.5 倍时，

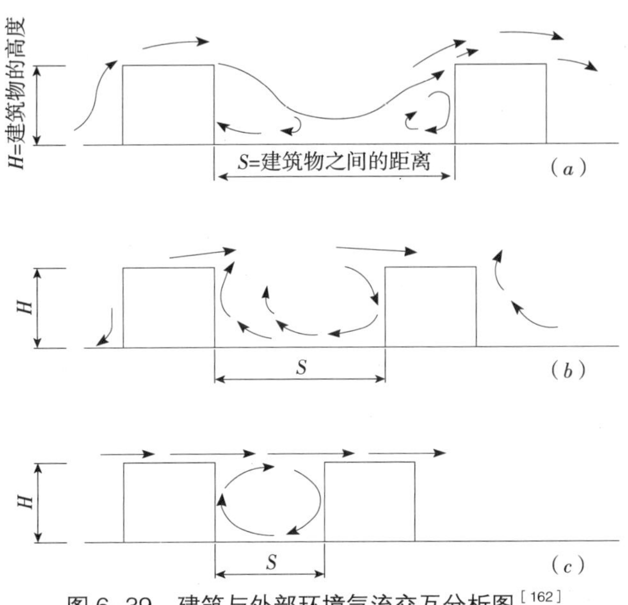

图 6-39 建筑与外部环境气流交互分析图[162]

建筑与外部空间环境之间只能形成有限的气流交换[162]。

其次，建筑群体形态是影响周边环境气流状况的主要因素。充分利用原有的地形条件和植被，可以对城市风环境产生有利的影响。例如，日本奈良的新风水城位于群山包围的盆地最低点，利用坡地形成的阶梯式房屋可以使每个居住单位都具有自己的室内、外空间，并形成良好的通风效果，沿外围坡面布置的高层建筑可以减弱强风对沿低洼处布置的低层建筑的侵袭，如图 6–40（*a*）所示。同时，在不同的城市格网中，建筑群体的布局方式及体量组合应当基于城市气候条件及盛行风向进行设计，如图 6–40（*b*）所示。

再次，建筑空间形态对风环境的控制作用。空气控制技术对于建筑形态及其布局形态也有重要的影响。伦佐 · 皮亚诺设计的日本关西国际机场航站楼那超环形曲面的屋顶造型和动态的内部空间至今仍令人为之赞叹不已。这是一个由自然风导向系统决定建筑形态的典型实例（图 6–41）。自然风由航站楼一侧的陆地进入建筑，沿着顶棚的曲线流动，并在此过程中完成与室内空气的

（*a*）利用地形改善城市风环境

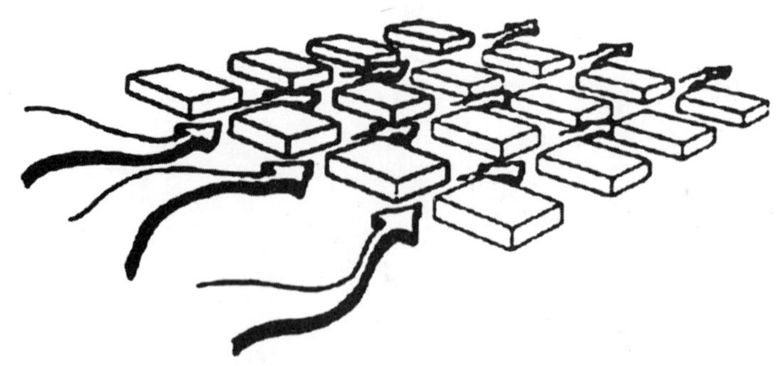

（*b*）利用建筑布局方式改善城市风环境

图 6–40 基于风环境控制的城市设计[159][164]

图 6-41　日本关西国际机场建筑局部视图

图片来源：http：//www.renzopiano.it

交换，从而达到调整室内微观物理环境的目的。顶棚的形状正是根据减速进入室内的自然空气流动的曲线而定，接着又因此而产生了一个顺着曲线行走的主体桁架拱（图 6-42），从而使得结构的方向性变得非常明确。这种经过空气动力学研究产生的结构外形不需要封闭管道就可以引导气流从机场候机大厅吹向跑道那边。皮亚诺把风的流动、人的流动、车的流动、飞机的流动有机地联系在一起，并将其有机地组织到建筑的实体、空间及环境之中，因此达到了形式、

图 6-42　日本关西国际机场建筑内景

图片来源：http：//www.renzopiano.it

功能和技术的高度统一。

2）绿色技术 水资源及绿色资源的保护是应对气候变化的主要策略之一，所以在建筑设计中应当尽量与这些资源相结合。建筑的外观标识性及生态空间的营造，如绿色空间和建筑绿化，动植物生境和生物多样性的营造，水景观和其他人工景观的特异性，外观的易维护性，公共空间的美化，对当地自然环境的亲和性、适应性等。2010 年上海世博会主题馆是一个展现技术美学的绿色生态建筑，设计方案既突出上海城市“里弄式”的肌理特征、传统城市生活的记忆和空间意象，还考虑从外墙与屋面的保温与隔热、屋面通风与采光等方面实现建筑节能。例如注重运用新型建筑节能材料；东西两侧的外墙还在墙体材料外侧设计了一层立体绿化，植物通过屋面的雨水收集系统进行灌溉，充分带走建筑物的热量，能在夏季起到良好的隔热效果。整个园区的绿化覆盖率将超过 40%，在为观众提供蔽荫和休息场所的同时，也将起到调节园区内气候和降温的作用。建成后的主题馆将是代表上海现代化城市面貌的经典建筑，成为一座绿色、节能、环保的场馆（图 6–43、图 6–44）。

图 6–43 2010 上海世博会局部规划设计

图片来源：www.expo2010china.com

3）仿生技术 仿生技术是遵循与地域自然环境结合及协作，尽量减少人工层次这一生态设计原则的重要手段之一。仿生学研究表明，生物在长期的生存竞争中，为了适应自然界的规律需要不断地完善自身性能与组织。事实上，人类在建筑上所遇到的问题，自然界早已具有相应的应对方式。

（1）建筑形体仿生。在仿生技术的引领下，我们可以创作出各种各样与自然生物相类似的形态，从而赋予建筑以生机和力量。同样，将生态学原理应

图 6–44　2010 上海世博会主题馆

图片来源：www.expo2010 china.com

用于建筑结构设计中，也能够赋予建筑以生命的活力。在日本大阪的关西国际机场的设计中，仿生的建筑形态以及结构体系给人以极为深刻的印象，它们都强调了场地的动态特性。生态仿生的设计目标规定了建筑的主题、从整体的构思直至微小细部的特性，比如说模模糊糊有点类似骨头的支柱，连同拱形桁架一起形成了关西国际机场那类似恐龙骨架的结构体系，使得建筑能够适应当地自然条件，充分体现自然、采光、隔热、制冷、绿化、美化及其他生态工程原理对建筑结构的要求。

（2）建筑界面仿生。建筑的外界面也应该像动物的皮肤一样敏感，对城市环境中的动态要素特别是气候变化作出反应。“双层皮肤”是一个运用双层构造面来调节室内外气候环境的生态技术体系，即在建筑的外层表皮与内层表皮之间形成一个有一定距离的通风换气层，由于换气层中间的空气流通和循环作用，仿佛给建筑添加了一层会呼吸的生态皮肤，所以将其命名为“双层皮肤”。在 1986 年法国里昂国际城的设计中，为了能够调节建筑的光线和热能等方面的自然机制，减少建筑的能耗，伦佐 · 皮亚诺第一次使用了“双层皮肤”这一生态的技术方法，给整个街区的建筑外墙都穿上了“双层皮肤”（图 6–45）。在这里，建筑内层表皮由陶瓦及能够开启的玻璃窗组成，外层由玻璃百叶单元覆盖，其中一些玻璃百叶就像天窗一样能够打开，以加强建筑内部与外部的空气交流，并起到了热量交换、减少能量散失的作用。外层的玻璃皮肤能够遮风挡雨，即使在阴雨天气，建筑内表层的窗户也能够打开，使建筑保持良好的通风。夏天热空气向上浮动，通过顶部开启的百叶排出，同时能够带动由下层进入的新鲜空气自由地向上流动，并进入到建筑内部。冬天，密闭在双层表皮之间的空气，蓄积了阳光的热量，进而为建筑提供了一个有效的保温层（图 6–46）。

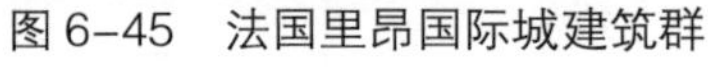

图6-45　法国里昂国际城建筑群　　　图6-46　法国里昂国际城建筑表皮

图片来源：http：//www.renzopiano.it

6.2.2　形式语言的同向复合

> 过去是美的，亲和的——作为哀悼，作为故事，作为一种开放的展示——是一种典型的美[1]。
>
> ——阿格妮斯·赫勒
>
> 创新实质上是一种整合的过程，不只是打断过去，而且要揭示一个新秩序，这个新秩序至少部分地根植于原来的传统中。[25]
>
> ——约瑟夫·布罗德斯基

从城市形态的角度来看，时间隐喻着“历史”，包含着“变化”。在时间的延续中，城市形态被赋予了意义与内涵。时间作为城市形态设计的重要维度，决定着城市形态的多样化表征。如果说，时间在传统的城市设计中意味着“永恒”，在现代主义城市设计中意味着“进步”和“发展”，在后现代城市设计中意味着“文脉”，在解构主义城市设计中意味着“虚空”，那么，它在双向组织的城市设计观念中则意味着“持续生长”和“持续发展”。技术创新和文化创新的互现，使得美学观念在城市设计中的表现也由“实在”转变为“潜在”。

两种组织观念可以在同一空间中并存，以反映出一种时间上的连续——对过去、现在和未来的共同尊重。“一方面是在时间中存在的东西，不可逆的东西；另一方面是在时间之外的东西，永恒的东西，这两者之间的区分正是在人类符号活动之始。”[165]城市是“怀旧的”，而作为城市中生活的人们也是“怀旧的”。城市之所以美丽，是因为它们随着漫长的时间而逐渐形成，蕴含了许许多多的记忆。在注重现在与面向未来的同时也适当地“怀旧”，在时代的连续中求变化。“历史的”并不仅仅是时间意味上的含义，更重要的是作为一种解释思维的痕迹，包括民族的、地方的生活、行为，城市发展的事件以及信仰、习俗与真理等等。从许多的要素当中选择那些特别的事件构建设计的切入点并用适当的技术加以表述，既可以从相反的、悖论的观点来看，也可以决定去打破和超越这些因素的限定，这是城市形态整体设计的重要途径之一。

6.2.2.1　*协调单元——无声的闯入者*

当寻求重新创造更加亲切的环境之时，建筑需要与地方建成环境之间取得协调。协调单元倾向于以文化为主导的传统的时空结构体系和以技术为主导的现代的时空结构体系之间的连续性关系的建构，通过艺术技术准则来实现场所文化秩序的表现与延续。在社会进化的过程中，技术进步对于城市空间形态的影响，并不是以变化中的技术去塑造或模仿传统体系中的空间形象及尺度，而是以变化中的技术去体现具有场所感的空间形象、尺度及肌理形式。正如查尔斯 · 詹克斯所说："无论建筑的解决方式多么出色，都无法克服它们所在的城市肌理"[166]，或者是建成秩序的限制。它们是建立在城市空间深层结构上的形态设计依据，为城市空间及建筑设计提供了场所暗示及场所空间的内在逻辑。

1）艺术技术准则作为约定俗成的观念性文化规范而存在　城市是不断变化的有机体，它的生长经历了漫长的历史过程和一系列的演变过程。那么如何在历时性的发展演变和共时性的存在状态之中达到整体的协调，主要有赖于城市和建筑设计中一脉传承下来的艺术技术原则中对于形式、比例和尺度的精细规范，从而形成一种文化精神的延续。这一特征突出地表现在古代西方城市广场的设计上，不同时代、不同风格的建筑在广场周边的相互协调屡见不鲜。圣马可广场的建造过程从 9 世纪一直到拿破仑统治时期，持续了近 1000 年。广场周边的建筑风格，从拜占庭风格的圣马可教堂，到其旁边表现出哥特建筑风格的总督府，再到总督府对面的意大利文艺复兴时期建筑风格的图书馆，使人们能够在连续性的时间中徜徉，感受着不同时代的风格的相互协调。如此多样的建筑作品再加上其表面变化多样的材料，能在一起协调地配合，这都有赖于古代城市和建筑设计中一脉传承下来的美学原则中对于比例和尺度的精细和确切的规范。德尔 · 波波洛广场也历经了一个漫长的发展阶段，其非凡之处正是在于来自多时期及多方面的各种条件在构图中的统一。在漫长的历史过程中，构建的项目主要有：圣玛丽亚 · 德尔 · 波波洛教堂、1586 年封塔纳为罗马教皇西克斯图斯五世树立的方尖碑、1662 年由卡洛 · 拉伊纳尔迪开始的双子教堂，以及 1816~1820 年间法国建筑师及规划师朱塞佩 · 瓦拉迪耶的统一广场的计划[47]。

在现代的城市及建筑设计中，遵循着约定俗成的美学原则不仅能够协调个体之间的关系，而且能够形成整体的感觉。伊克鲁尼亚小区的设计是建立在传统意象形成的文化"组件"的基础之上（图 6-47），这些"组件"为人们提供了丰富的城市体验（图 6-48）。同时，如此多样的“组件”形式，通过统一、对比、连续和对景等形体结构设计方法，获得了连续性和综合性的感知效果[159]。

图 6-47　多样的住宅形式[159]

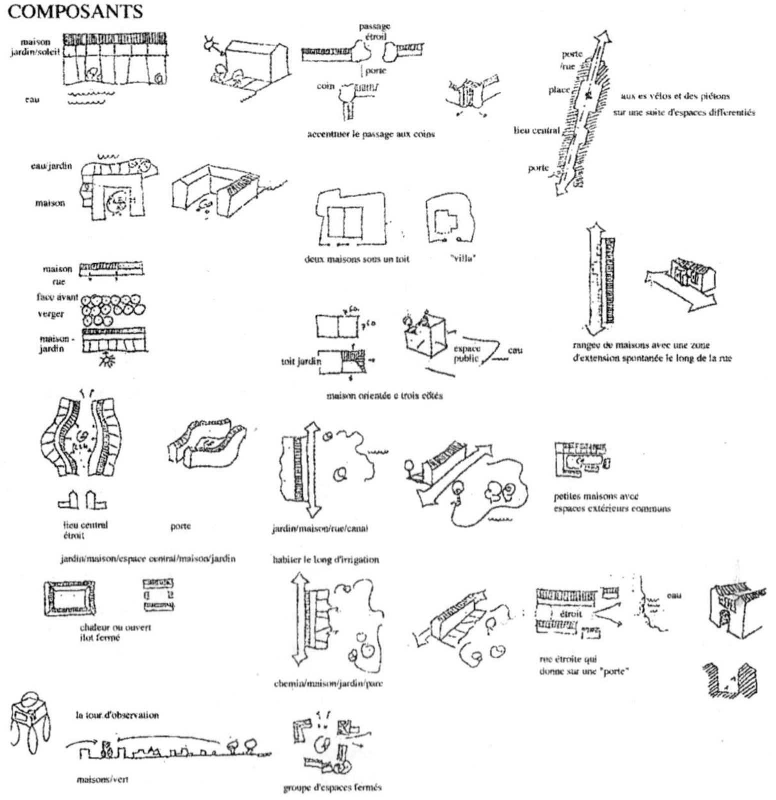

图 6-48　文化“组件”[159]

2）艺术技术准则作为制度性文化规范而存在 自由变化的文化个性元素存在于艺术技术准则以及严格的法律制度的规范之下，二者相对存在而又相互依存，共同塑造着有特色的城市形态。在荷兰开发区的一个毗邻地段，一项严格的建筑法规强制规定成排的联排房屋必须采用同一建筑尺寸：宽 4.2 米，高 9.5 米（图 6–49）。在这个规定的界限内，建筑的材料、窗户式样和个体的地板高度都可以自由地创造。同样可见，捷克共和国的泰尔奇市对主要广场周边的建筑设计有特别严格的规定（图 6–50），都遵循着一个严格规定的外框尺寸。这种严整的设计方式，因人们对颜色、装饰线脚以及屋顶形状的自由而得到缓解[143]。

图 6–49 荷兰某联排房屋[143]

图 6–50 泰尔奇市某广场周边建筑[143]

3）艺术技术准则作为物质性文化规范而存在 从表面上看，钢筋、混凝土、水泥、玻璃等材料是一种典型的现代性的物质媒介，这些材料代表的只是速度、经济以及现代化的技术力量，它们能够使技术时代众多功能性建筑的建造成为可能，包括高层建筑、工厂等。而砖、木、石等传统的建筑材料则似乎约定俗成地成为传统文化的象征。如果只是这样，那么就是我们忽视了或者是小觑了现代技术的强大功能，它不仅能够与传统文化之物共存，而且能够贴切地表现出传统文化的精神所在，通过语言上、材料上或者是形式上的模仿，与城市的建成环境相协调。

协调单元作为新旧城区相关联的部分，从建筑形态构成上以及建筑群体布局上都应当体现出与城市历史建筑取得一致性的视觉感受。波特曼的“城市编织”理念站在城市整体的立场上以及人们的行为心理学层面，关注建筑群体的形态、尺度、布局、材料等元素之间的协调关系，使其具有内在的统一性，从而营造一个整体有机的秩序。美国亚特兰大的桃树中心是波特曼第一个贯彻“城市编织”思想的协调单元，1965~1992 年的 27 年间，共建成了 8 栋办公塔楼，它们在形式、尺度、色彩、肌理和材料上都有内在的统一性（图 6-51）。从设计到开发建设，在建筑形态、外部空间和环境等方面始终都有一个整体的意向，从而最终得以营造一个有机的富有整体秩序的城市空间[167]。在建筑形态处理上，波特曼将办公塔楼巨大的体量分成几部分，前后错开，以满足从远、中、近三种不同尺度感受建筑，同时在体量上减弱了对周围环境的压迫感。桃树中心内大部分建筑的外立面都采用同样的素面混凝土，横竖线条交错，犹如覆盖在建筑结构外面的一块混凝土幕布，形成了很强的韵律感，这也使建筑群体呈现出简洁明快的现代风格。

图 6-51 美国亚特兰大的桃树中心办公塔楼[168]

图片来源：project.zhulong.com/proj/detail8547.htm

6.2.2.2 拼贴基元——刻意的变革者

在现代社会，技术与经济的发展日新月异，新思想和新观念也层出不穷，可以被传统文化吸纳的东西越来越多，而传统文化本身的变革缓慢，表现出极强的恒久性。具体体现之一就是人类对传统的依恋。有学者研究发现，一定区域的人们总是对那些和他们的传统价值观念及组织形式有连续性的或相似性的促进因素最容易接受。可见，传统一直在我们的社会生活中起着不容忽视的重要性作用；另一个体现就是，工业社会之前有很多“没有经过设计的建筑”，它们自发地体现出了地域性的文化特征。各种建筑的形式在一定程度上表现出适应自然气候与地理环境的特征，在建筑的方位、结构、平面形式的选择上也体现出了合理调节室内小气候以获取舒适的生活环境的特质。因而，传统的建造技术及设计思想具备着固有的“生态合理性”，这些约定俗成的东西，被一代代地继承，甚至跨越了社会的发展，这样慢慢积累才形成了我们现在城市中固有的文化特质。但是，随着全球意识的兴起，同样需要摈弃封闭落后的地区模式，变革与现代生活模式不相适应的部分，大力改造地域性技术与现代施工方式不适应的状况，以及与此相适应的社会与文化形态。在这里，技术作为刻意的变革者对城市实施着多样的更新。这种与地域文化相结合的生态观，超越了机械理性主义对“生态建筑”的定义，即那种意识形态化的、技术中心论的生态建筑设计，而具有了一种“可持续性的诗意”。

“基元”是构成事物的基本单元，它像细胞一样，通过复制和传递来延续事物本身的特色。传统文化“基元”与特定时间的城市记忆密切相关；现代技术在很大程度上可以预示未来。“拼贴基元”是在二者之间寻找的一种“共存”之道，既是在新的地域环境条件下对传统文化中得以流传的基本特征性要素的借用，同时也是在现有的建成环境之中，对体现着科技进步的现代物质载体、技术手段和形式语言的运用（图 6–52）。在城市空间及建筑的设计中，可以用来复制和传递的“拼贴基元”决定着城市形态的特色。

1）传统的“技术基元”与现代的生态气候学原理及技术方法，都与特定的地域气候环境密切相关，二者共同构成了设计中的复合“基元”——一种新型的“形式语言” 在马来西亚的城市设计中，本土设计师杨经文受到马来西亚本土热带地方建筑的启发，将“符合生态气候学原理的高层建筑”及符合传统技术模式的“带拱廊的人行通道”一同构成了设计中的复合“基元”。将其作为一种“城市组织原则”，即通过带拱廊的人行通道系统将建筑物连

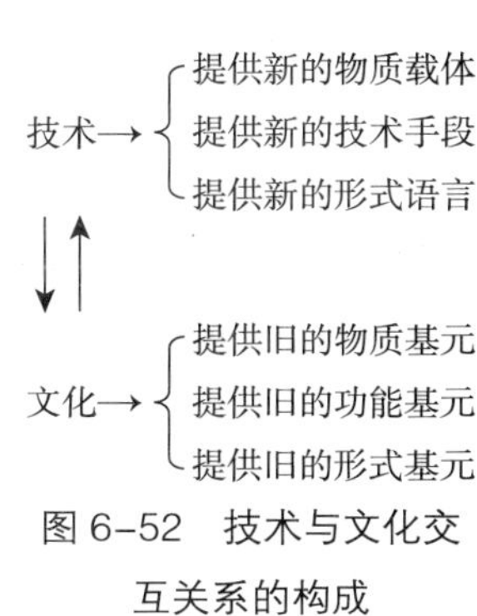

图 6–52 技术与文化交互关系的构成

接起来（图 6-53），这样一来，在总体上避免对当地形式的模仿，而且共同形成了具有地方特色的城市形态。杨经文的技术准则首先来自于特定的地域，而并非单纯的经济技术、科学技术和功能主义原则。采用传统技术并吸收气候控制有关经验，以适合现代的需求和建筑类型，所以，并没有产生那种由道路和管线决定的标准的、僵化的布局形态。除了这些本土的生态技术来源之外，他将一种技术性的准则——“生态气候学原理”运用到设计中，越来越多地加入了精确分析建筑运行和能源效率的方法，以解决日渐复杂和变化的建筑项目[25]。

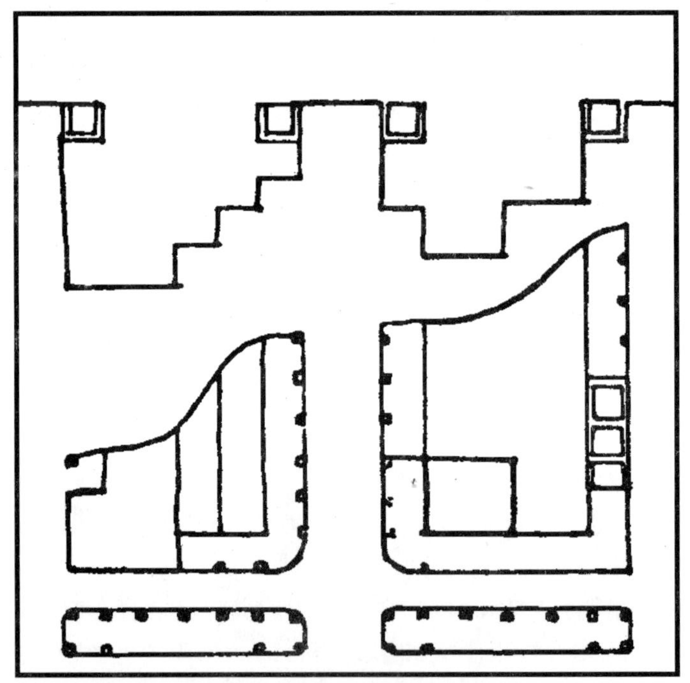

图 6-53　平面和剖面示意图[25]

2）传统的“形式基元”经过现代技术的转换，与现实的功能需求产生着新的关联，进而产生新型的“形式语言”在 1991 年新喀里多尼亚的让－玛丽 · 吉芭欧文化中心的设计中，“盒子”片断更加让人印象深刻。伦佐 · 皮亚诺将“盒子”的片断作为整个设计的统领要素，进而形成了一个完整而又与众不同的建筑形态体系。“盒子”是由一些用金属杆件外包弯曲木质薄板而构成的，其外部形态与当地松树的外观极为相似，因此能够与茂密的树林紧密地融合。它们的形态还能够让人们联想起堪纳克人传统生活的棚屋，这些都使得在当地居住的人们倍感亲切。另外，当地常年不变的信风和日照条件是建筑设计的重要线索，也是“盒子”这一概念得以产生的重要依据。伦佐 · 皮亚诺的设计理念是从自然条件入手，对自然要素很好地加以利用，而不是去抵抗它们。建筑主体可以敞开的部分面向信风方向，以产生对流的作用，进而为文化中心提供良好的自然通风。可以说建筑设计之初的想法及建筑形态，以及之后的调整与改变，都与当地的气候条件尤其是气流状况的影响是息息相关的。建筑最终的效果也会因为采用了不同的引导、控制及应对技术而呈现出与众不同的风姿和魅力（图 6-54）。

图 6-54　新喀里多尼亚的让 - 玛丽 · 吉芭欧文化中心沿岸全景

图片来源：http：//www.renzopiano.it

3）传统的“功能基元”经现代技术的转换，将产生新型的“形式语言”
以传统的行为及空间模式解决土地使用划分上的密度的问题，是城市设计中的一个重要的方法。查尔斯 · 柯里亚在新孟买规划中（图 6-55），将东亚传统建筑类型——双重功能的“店屋模式”作为设计的“分形元”。双重功能的“店

（*a*）鸟瞰图

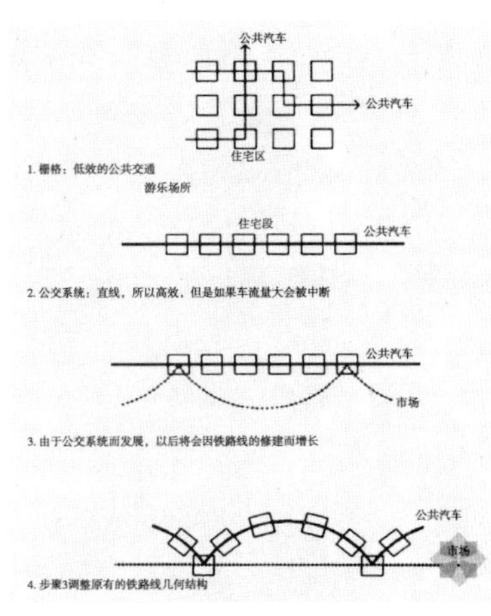

（*b*）交通体系分析图

图 6-55　新孟买规划[167]

图片来源：photo.zhulong.com/renwu/myphoto.asp?m=35 & id=2596

屋模式”是一种小规模经济行为和功能的混合，这种小规模经济行为，对于城市生活和性格的塑造极为重要。现代的建造技术、材料技术和设施技术使得传统的“店屋模式”具有新的形式特色。层级式的公共交通和城市节点的设置，将低层高密度的居住区沿公交线像一串珠子一样成行排列。它们依次接入连接主要节点的城市密集快速交通体系。

6.3 双向否定的组织模式：以环境作为中介

城市形态的发展和演化是一个新陈代谢的过程，在这一过程中城市建成环境得到了不断的更新，其中，一些有价值的历史遗迹、文化遗产以及未经开发的原生态景观常常被作为重点保护的部分，发生着较少的变动，从而成为城市环境中的“永恒”。历史的经验表明：“想要‘为文化作设计’，或是为特定文化设计环境无异于缘木求鱼。”[26]在这样的环境中，与其刻意地去设计或者是以各种技术手段进行创造，或者是以各种语言进行模仿，不如采用一种“无为而为之”的策略，使新建设的部分掩蔽在初始的环境之中，以创造之物本身的设计突出反映其周边环境及事物的存在。矶崎新在《废墟论》中提出了“反”和“非”的概念，这两个概念主要是指面对我们的生存环境，必须要在任何事物之上附加上一个“Anti”，都持有“怀疑主义”的态度，这也就铸成了以否定的姿态来看待建构行为本身和“反极端主义”的基本策略。在此基础之上，本文借鉴了“否定主义美学”中的“批判与创造”相统一的观点，对“反”和“非”的概念进行了重新的诠释,在对城市建成环境进行“反”和“非”的“双重质疑”和批判的同时，将“反”向和“非”向作为一种新的创造性思维和设计方法运用到设计之中。

6.3.1 “反语言”的表达

“反语言”并不是反对规划设计“语言”，而是反对技术性的“形式语言”或者是文化性的“符号语言”,以及各种“隐喻性语言”的绝对中心地位,“反”即是对“正”的消解和补充[168]。任何一种建筑与空间界面特征的形成都是有其制约条件的，除了自身的需求之外，还有纷繁多样的外部制约因素，诸如本地区环境的结构、意境要求，不同地理气候特点、地形特点，不同民族、政治、历史、文化背景等。“反语言”的设计方法是一种体现生态设计思想的表达，提倡一切都是自然而然，随环境的变化而变化[168]。

6.3.1.1 留白设计——初始环境中有利因素的自然显露

留白，即保留初始环境中的有利因素的原状供人们去行为和思考，给予人们充分的可以想象的原生空间。在人们无法从人造环境中找回真正幸福生活以及原始生活情境的今天，城市中弥足珍贵的“初始环境”比人工再造的环境显得更为重要，既包括初始性的自然环境，也包括初始性的历史环境。那么，如何能让这些“初始环境”发挥重要性，这已经成为城市设计师共同关注的问题。“反规划”是“反语言”设计中的一种表现方法，是国内景观设计师俞孔坚提出的一种典型的保留初始环境特色的方法，是建立在文化资源保护研究的基础之上的城市物质空间规划途径。它既不是一种追求城市文化特性的“主观随意性”手法，也不是现代城市设计中一整套的体系制度和技术方法的跟从，而是以土地生命系统的内在联系为依据。如表 6-1 所示，“反”规划成果与传统规划中有关不建设区域概念有着本质的差异。其一，保护和保留原特色的历史文化遗产及历史环境。历史文化遗产不仅是官方文化遗产，还包括和日常生活、家族信仰密切相关的乡土文化遗产；其二，保护和保留原生态的自然环境。一方面，要减少对自然能源的开发和消耗；另一方面，要突出自然环境的原生态特色，保护生物廊道及绿色游憩系统[168]。

“反”规划成果与传统规划中有关不建设区域概念的本质差异[168]　　表 6-1

比较方面	“反” 规划成果	传统规划中有关不建设区域
目的不同	以土地生命系统的内在联系为依据，是建立在自然过程、生物过程和人文过程分析基础上的，以维护这些过程的连续性和完整性为前提的	把绿地作为实现“理想”城市形态和阻止城市扩展的“工事”，而绿地本身的存在与土地生态过程缺乏内在联系
次序不同	主动的优先规划：在城市建设用地规划之前确定，或优先于城市建设规划设计	被动的滞后的，绿地系统和绿化隔离带的规划是为了满足城市建设总体规划目标和要求进行的，是滞后的；是一项专项规划
功能不同	综合的，包括自然过程、生物过程和人文过程（如文化遗产保护、游憩，视觉体验）	单一功能的，如沿高速环路布置的绿带，缺乏对自然过程、生物过程和文化遗产保护等功能的考虑
形式不同	系统的，是一个与自然过程、生物过程和遗产保护、游憩过程紧密相关的，预设的、具有永久价值的网络，是大地生命肌体的有机组成部分	零碎的，往往是迫于应付城市扩张的需要，并作为城市建设规划的一部分来规划和设计，缺乏长远的、系统的考虑，尤其缺乏与大地肌体的本质联系

1）环境的“自然化”显露　覆土设计既是建筑消逝于自然环境之中的重要方法，同时也是城市空间生态设计的重要手段。在长春汽车产业开发区后市场服务区设计方案中（图 6-56），我们实践了留白的设计模式。在它的空间组织、建筑群形体及立面表达中看不到任何隐喻性的因素，而是借助场地内多层跌落的高差，采用半下沉的场地处理方式，融入了场、庭、院、巷的空间体验。事实上，方案的基本理念就是要创造一种在地段上什么都没有建的印象，并与长春独有的历史文化肌理建立一种生态上的联系。建筑看起

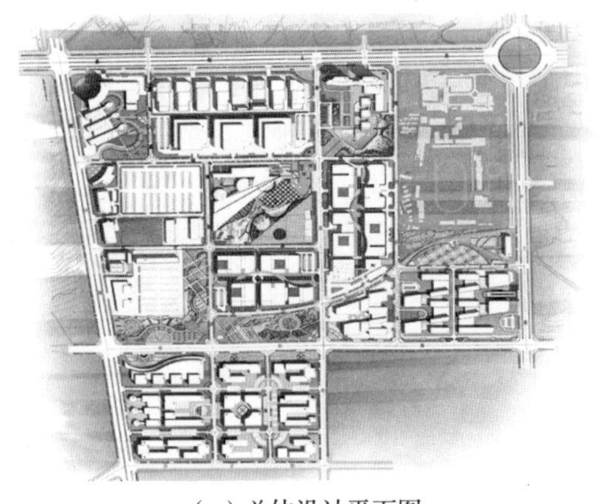
（a）总体设计平面图

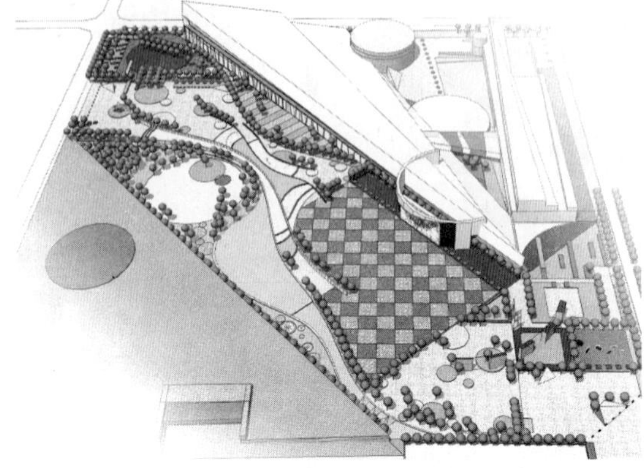
（b）中心公园鸟瞰图

图 6–56 长春汽车产业开发区后市场服务区设计方案

资料来源：哈尔滨工业大学城市设计研究所

来像是从地面萌发出来似的，覆土屋面仿佛是大地的一部分，只是地形决定它应当暴露出来。

2）环境的“初始化”显露 初始环境中的保护要素自身具有很强的影响力，所以，在与其相关的周边项目的设计中，将极大地反映出对初始环境中的保护要素的回应，进而形成特定场所的情境。圣保罗大教堂是世界第三大教堂，也是举行重要仪式的场所，如查尔斯王子和戴安娜王妃的婚礼就是在这里举行。围绕着伦敦的圣保罗大教堂有许多区域改造方案。在周边的发展项目中，建筑师几乎一致地将自己设计的建筑安排成空间的附属，以突出教堂的空间形态。建筑组团的形式均需要在面向大教堂一侧为教堂围合出适度的周边空间，在内部制造街道空间与城市内部的街道空间延伸连接。

3）环境的“生态化”显露 初始环境中的自然保护要素和历史保护要素与周边环境需要进行整体的生态重构，才能形成整体有机的形态特征。Benny Farm 是位于加拿大蒙特利尔西部的一个居住区，过去半个多世纪以来，这个社区经历了发展、成熟和老化的过程。1947 年，加拿大贷款和住房公司购买了这个物业，并且用来安置参加第二次世界大战的退伍军人家庭（图 6–57）。由 1990 年一直到 2003 年 9 月规划被送到市政府批准，在整个过程中专责小组（Task Force）——代表着公众的利益和话语权的机构扮演着非常积极的角色，不断地跟踪并参与到规划的修改，以及其他后续研究课题中。其中，由专家和公众共同认可的两项最重要的内容就是：保护基地的历史文化意义以及为住在小区中的家庭提供更加良好的居住条件。最终中标并用于实施的方案采取了对场地最小干预的设计方法（图 6–58）。设计者考虑了历史遗迹、城市结构、基地上的植被等因素，对区域进行了生态化的“景观结构设计”，目

图 6-57　改造后的 Benny Farm

图片来源：http：//www.guihuawang.com/anli/xiaoqu/052RP2008_2.html

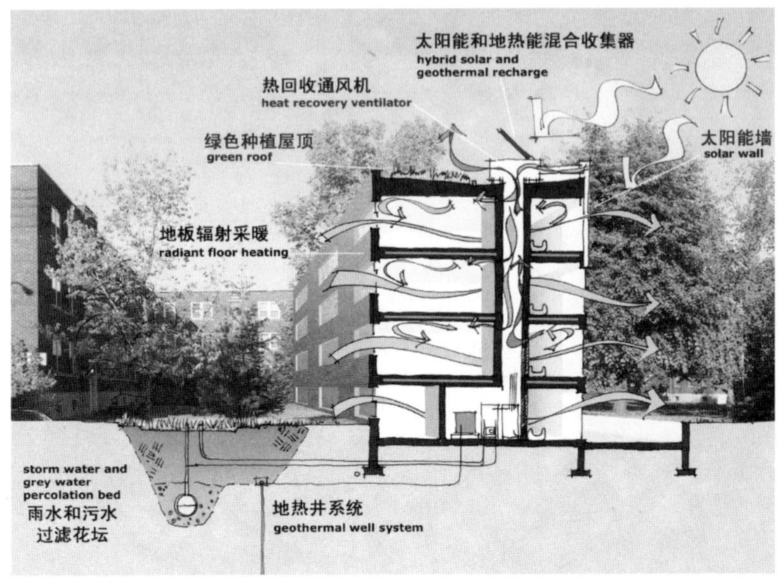

图 6-58　节能设计分析图

图片来源：http：//www.guihuawang.com/anli/xiaoqu/052RP2008_2.html

的是重建和保持区域特征，并且通过对历史环境的整治，再塑该地区传统的特色。整个方案都围绕着突出表现历史环境特色展开，小区的道路格局，延续了该地区传统的特色；小区不是全部新建，而是保留了相当多的原有现代主义风格的公寓进行改造；保留现有的社区花园，保护现有的成熟的大树；

老年住宅和退伍军人住宅被布置在相对比较安静的区域，而新建筑则布置在外围。新建筑的高度得到严格的控制，以 3 层建筑为主，少数为 6 层。在新建筑的建设中，使用了被拆除建筑的砖块，一方面是从环境保护的角度考虑，减少对建筑材料的消耗；另一方面，通过使用旧的建筑材料，也使历史获得延续。

6.3.1.2　*应变设计——初始环境中不利因素的技术应对*

初始环境对场所景观设计的影响还体现在对不利因素的应变。首先，在生活性道路两侧的建筑布局必须考虑防噪声设计。英国伦敦某居住区，占地 4.7 万平方米，北面紧邻环形的卡车干道。1979 年，该居住区建造了一幢经过特殊设计的长条曲线形的五层楼的住宅作为障蔽噪声的建筑。建筑高度通过作剖面几何声线分析确定，住宅的外界面也是经过消声减噪处理，例如：设置双层隔声窗和减噪门廊等。在沿环形干道的“障壁建筑”中，居室均在南向。这样的设计布局，使居住区室内的噪声级不超过 40 分贝。整个设计的主要特色在于充分考虑了初始环境及周围环境的影响（图 6–59）。其次，城市建筑布局设计也必须考虑城市自然气候防护的问题，尤其是自然风向的影响。针对这一问题，英国建筑师拉尔夫 · 厄斯金提出了“风屏蔽”建筑的设计对策，这一设计对策主要是为了抵御冬季寒风的侵袭，以改善冬季居住生活环境，同时引入夏季盛行风以调节城市微气候，抵御城市热岛效应。瑞典的苏瓦帕瓦拉的城镇规划设计中，采用了风屏蔽的设计对策，部分地实

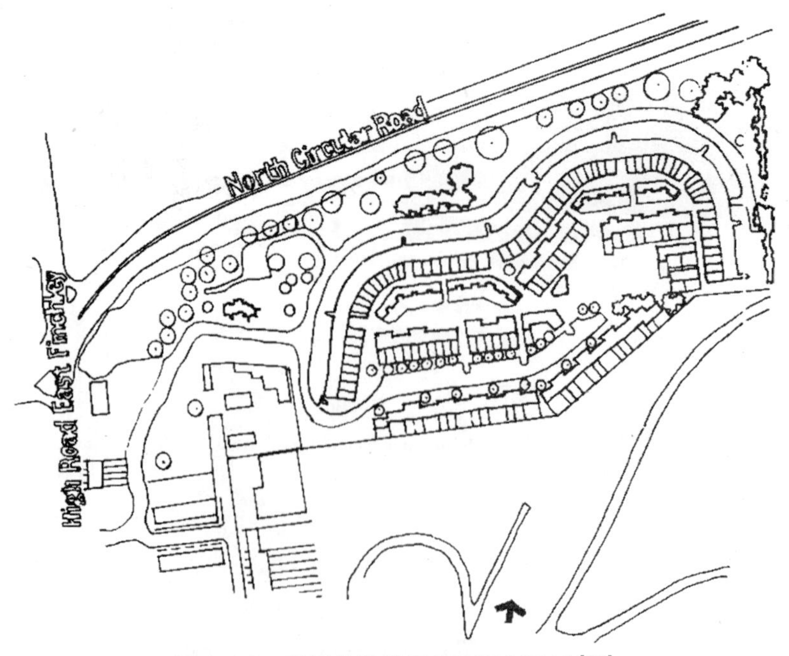

图 6–59　英国伦敦某居住区规划设计[95]

图 6-60　瑞典的苏瓦帕瓦拉居住区[225]

图片来源：www.takspecialisten.com/referens.htm

现了气候防护的设计目标（图 6-60）。

6.3.2 “非语言”的表达

在设计中总有一些用物质性的设计语言所不能够表达和传递的部分，那么就需要“非物质性语言”的表达，简称为“非语言”。“非语言”并不是一种固定的设计语言，它是一种消除与环境之间的隔阂、随环境而改变并突出个体性体验的设计策略。正如美国的拉普卜特在《建成环境的意义——非言语表达方法》中指出，人类具有非言语行为，既非常普遍又极为重要，它提供了其他行为的背景和脉络，本身也在这些背景中发生和为人理解。在规范化的语言中，符号具有约定性的文化意义，而“非语言符号的意义同样产生于社会和文化传统”[91]。以“非语言”的方法来挖掘设计中所体现的环境之美学意蕴，正逐渐成为城市形态设计所追求的目标。

6.3.2.1　非物质性文化语言——趋于移情的空间体验模式

非物质性“文化语言”，主要是指并非通过实体，而是通过空间的塑造来突出场所环境的各种原生性的情感，即感知性情感、想象性情感和理解性情感。城市形态设计不应该仅仅建构在技术理性的基础之上，而应当以使用者日常观察、思考环境并对环境作出共同反应的方式，应该研究那些最容易引起人们原生情感的空间特征，才能够使城市形态体现出丰富的层次和内涵[26]。

1）体验模式之一 ——感知性情感的渗透　中国传统城市和建筑设计中，常常利用空间的深度感、层次感和模糊感，实现与自然环境相渗透的不同效果的“体验型空间”，给人们带来趋于移情于环境之中的感知性体验。体验性主要来自于人们感知性情感的渗透，它的多重含义不是以技术决定，而是与特定的文化环境有关。在城市和建筑设计中引入“体验型空间”的设计理念，不仅能够使人们体味到对传统文化的记忆，而且能够唤起人们的感知性情感。

曹家渡地区位于上海市中心区域西北角，北至长寿路、安远路，南到武定路、新闸路，西接长宁路、江苏路，东临胶州路，是长宁、普陀、静安三区交会之处，作为商业副中心已有百年的历史，素有“沪西小上海”之称。曹家渡作为上海著名的五角地带和商业社区，长期与徐家汇齐名，也多次规划为上海市区的副中心。然而，进入 20 世纪 90 年代，随着大规模的旧区改造，曹家渡的沿街商铺随之消失，未能维持其历史性特征，其有利的商业优势逐渐失去了原有的地位与活力。有学者认为曹家渡由于被静安、长宁、普陀三区行政分割，导致完整的商业社区被逐渐解体，城市规划与设计功能定位很难实现统一，并把此称为“曹家渡现象”。在这样一种现状条件下，美国凯里森建筑事务所主持了曹家渡商业副中心的城市设计（图 6–61）。

图 6–61　曹家渡商业副中心鸟瞰图

图片来源：http：//www.callison.com

静安区副区长是明芳同志为本次设计提出了两个重要问题：“设计是满足人性还是技术？设计是创造生活还是作简单的填充？”经过反复研究和推敲，设计者提出曹家渡这个有着悠久历史和传统的区域的巨大机遇主要是在于营造可供人们体验的空间，人们的感知性情感可以在现有的建筑、街道和公园之间得以渗透。规划共分为从 A 到 F 的六个地块（图 6–62），这些地块的共同点是都有一个住宅和私人需求的购物环境。第一，社区感的建立。不同的地块在本次城市设计中却有着相似的特征，尽管这些特征并不是在地块与地块间或街道与街道间一直延续的。地块 A、B、C、D 和 E 在此次设计中将重塑由沿街商铺、餐厅、私人服务设施，以及之上的三层联排住宅共同形成的社区。这些要素的安排旨在借助商铺及其上部的住宅的连续排列而“保留街道”。沿街的一些现有建筑的立面已经通过增加一层高的建筑，如零售，食品和饮品店，而得到了加强。这些新增的建筑中的一部分将建造入口至已有建筑中或者坡道通往这些入口。这将有助于新旧建筑的整合并使街道有一个全新的面貌和效果，同时也拥有过去的回忆。第二，连接感的建立。地块A到地块D之间规划了人行通道（图6-63）。这一城市人行走道两边是一层

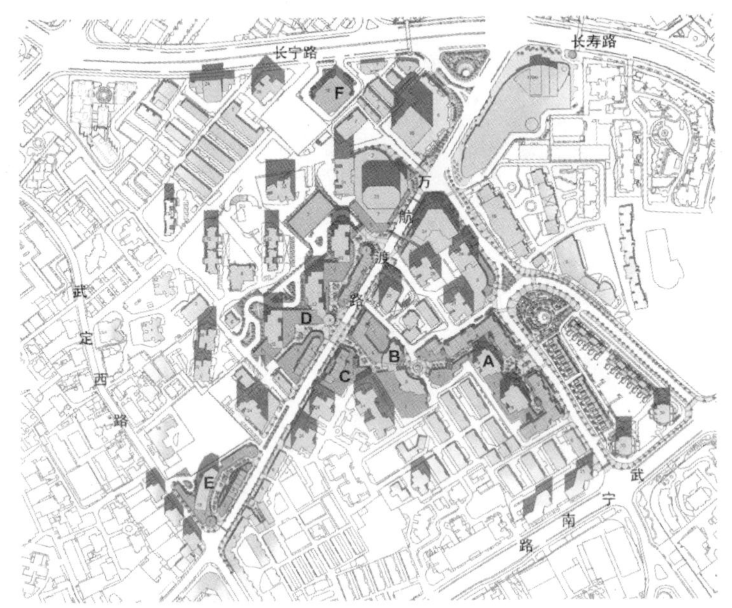

图6-62　曹家渡商业副中心总平面图

图片来源：www.callison.com

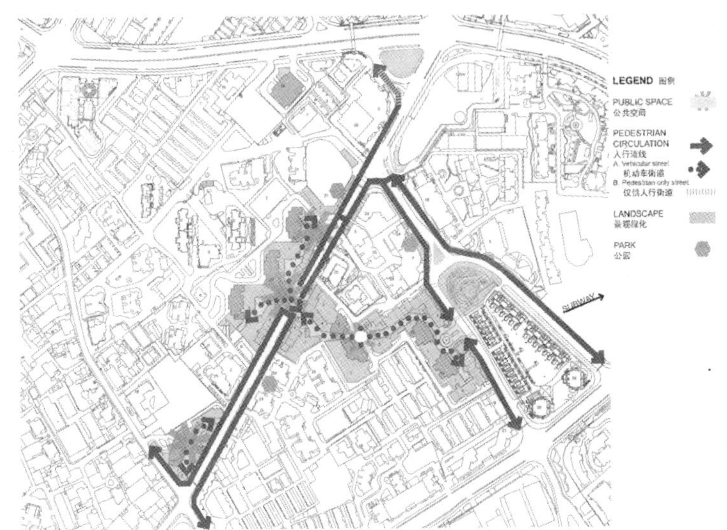

图6-63　曹家渡商业副中心，景观、公共空间及人行分析图

图片来源：www.callison.com

的商铺（部分两层）、餐厅以及其上部的住宅。这些地块大部分都有 8~32 层的住宅楼，住宅楼可以通往这个城市走道。此连接为这一地区去往各种商店、夜总会、娱乐场所、咖啡厅和餐厅提供了一个幽静的通道，同时也为整个上海的游客提供了一个标志性的目的地。这一曲折的城市走道使地块和地块之间有了直接的联系，也为广泛的体验提供了通道。这种曲折的人行走道的结构给人一种“拐角之后是什么”神秘感觉。地块 C 到地块 D 通过万航渡路连接，连接处是一个宽阔的并有着铺地的交叉路口，并由交通信号灯控制机动车通行，使得穿越城市街道也是这个整体体验的延续（图 6-64）。两栋建筑间一座天桥横跨在万航渡路。第三，邻里感的建立。现有建筑的改造和增建（图 6-65），以及新建建筑把新的和旧的店铺、服务设施和餐厅结合起来，并

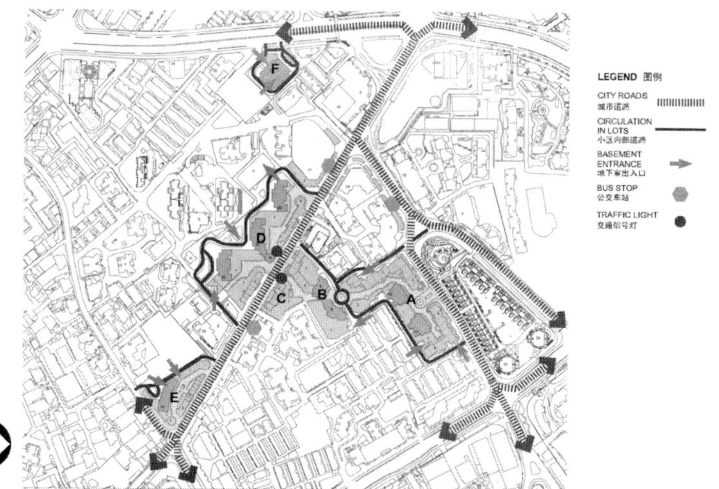

图 6-64　曹家渡商业副中心车行交通分析

图片来源：http：//www.callison.com

图 6-65　曹家渡副中心街景效果图

图片来源：http：//www.callison.com

在街道上提供了连续的体验。在此处，曹家渡的居民将会感受到一种丰富的邻里体验，一个可供生活、工作和娱乐的高档社区，来自外地的游客们也将被吸引到这个地区，去体验城市走道旁异域风情的商铺和餐厅，有着户外休闲长椅的宽阔步道、绿化、新型公园、公共停车场的悠闲生活，以及由餐饮和娱乐场景而激起的公众参与的热情。

2）体验模式之二——想象性情感的激发 “空间”只是一种客观的现象，通过文化主体想象性情感的介入，它就具有成为“场所”的内涵。“非语言”就是要在建立的场景中留出供人们想象和理解的空间，所有的文化内容都可以在这里演绎，给观者充分的想象空间，使人们进入场景之后产生不同的感受和体验。凭着想象与情感的驱使，建筑俨然已经是自然的一部分。在文化主体的想象中，既包括历史记忆和客观经验的事物表象，同时又包括自身联想能力激发下创造出的全新形象。无论是哪一种想象，其实都具有情境依赖性，都需要公众的切实参与。于 1992 年建成的美国马萨诸塞州塞勒姆城的塞勒姆纪念碑（图 6–66），由建筑师詹姆斯 · 卡特勒与艺术家玛姬 · 史密斯共同设计完成，其中体现出了可参与性的情境式设计方法。这座纪念碑是为了纪念那些在 1692 年塞勒姆镇压巫师运动中受到迫害的人而建的。设计者从入口开始就已经加入了记忆性体验的设计，在入口的纪念碑上刻录了摘自当时审判的内容，同时播放来自当时审判现场的有声语音，使游客在整个过程中都能够感受到来自那个悲情时刻的真切体验。同时，设计者精心地安排了一个简单的仪式：让参加者在场地上围成一圈，读出那些在迫害运动中的受害者姓名[169]。

图 6–66　塞勒姆纪念碑

3）体验模式之三——理解性情感的放置 在城市空间的设计中，设计师出于对场所精神的尊重与表现，注重生活气息、人情味和场所感的营造，体现的是一种关注公众理解性情感体验的设计思路和方法。首先，创建一些便捷的人行道去连接区域中心的主要的公共便利设施，以鼓励人们在不经意间自由地在建筑物中穿行。不仅加强了人们对环境及建筑的熟悉及热爱，而且提高了人们生活的质量与效率。其次，通过建筑、公共设施、铺地等材料的尺寸、质地来让人们感受到温暖和生气，从而拉近人与自然的距离。更有助于建筑与场所环境之间的协调，终止空间中不安定的流向，从而为人们创建一个安逸舒适的生活场所。

法国里昂国际城是位于莱茵河和塞纳河之间沙洲上的一块居住区。在1986年的规划设计中（图6–67），伦佐 · 皮亚诺采用了一条弯曲的步行街与老的街区相连接。沿着河岸新建了一条主要的交通干道，把大部分的交通从老街区和公园之间的道路上转移到这条新建的主要交通干道上，从而增加了里昂国际城与老街区及公园之间的联系。林荫大道曲曲折折地沿着水边行进，河岸表面砌着石块，一路都有美丽的景观伴随，还有一座人行天桥将河岸与公园之间直接地联系起来。石块路面及连接桥穿插于建筑之间，将建筑有机地组织并连接起来，这样就使得步行者可以在水边设施以及建筑之间自由地穿梭。新建筑的前面有一条陡坡道，这条小道依次通往新建筑地下三层的停车场。建筑群体由内部的交通相连接（图6–68），并通过一个玻璃长廊有机地组织起来，人们在建筑中可以自由地穿行。一个大的核心是由许多小的完整核心部分共同组成，就像人体组织结构一样。各部分组织由细胞组成，而这些细胞的内在又都有着完整的组织结构。设计中处处都能够体现出“人文城市”的思想，不会遗

图 6–67 法国里昂国际城沿岸全景

图片来源：http：//www.renzopiano.it

图 6-68　法国里昂国际城局部视图

图片来源：http：//www.renzopiano.it

漏任何一个角落，不放过任何一个向人们表露亲切性情感的机会和细节，处处关心着生活中的人的立场和利益。从大到小，从宏观到微观，都尽量做到以人为本。整体方案看不出任何“风格”或“主义”的痕迹，然而，正是因为没有了“风格”、“主义”，任何人都能够与之展开“平等”的对话，从而获得了“全息性”的场所环境。

6.3.2.2　非物质性技术语言——趋于移情的实体消隐模式

非物质性技术包括两层含义：一个是指，相对于传统的砖、石、木建筑材料而言的，即用玻璃、钢及金属板等新材料，表现一种“非物质化”的概念和“反重力”的原则，尽量减弱建筑本身的厚重和体量感，这也自然带来有别于传统建筑的审美观；另一个是指，并不直接呈现物质性技术本身的特性，而是隐匿于环境之中或者以其他的形式进行表现的模式。这种“非物质性”设计趋势的到来和拓展，主要有赖于建筑技术自身的进步和发展。

1）消隐模式之一 ——界面技术　现代技术的进步，使得建筑界面得以消失在空间之中，而这一设计手法的广泛运用，正使得城市建筑、空间及环境之间趋于融合。“消解物质性”的建筑师们，如伦佐 · 皮亚诺、赫尔佐格等，他们设计了一系列倾向于消隐的建筑，在那里透明度、光线的反射与折射强调了视野的深度，同时将事件投射于立面上而刺激它的消隐。这是一种趋于消解的奇迹美学：通过减少物质手段提高性能，一种没有厚度、重量，没有复杂机械，只显示形象的虚拟的现实。然而，这仅仅是从建筑本身出发的一种设计方法，在城市设计中，各种界面物质性的消解还可以通过其他的方式实现，例如，加入绿色植被以及激发人主动参与的设施。在曹家渡商业副中心的街道界面设计中（图 6-69），现有街道旁的人行道和新的城市走道无论从哪个方面来说都是一个主要的整合因素，旨在为街道增加活力，给社区增添邻里的感觉。增加人行道（街道边的人行道）的宽度，让户外的咖啡式的餐饮及其他活动可以开展，这可以通过占用自行车道以及让新建筑从街道退让来实现。在街道的两旁，大部分的商铺都只有一层，商铺上面为两层或三层的住宅。住宅坐落于商铺之上，并从商铺和街道上进一步后退。高层住宅在街道边也有足够的退让，一些在街道边上的住宅塔楼大部分都从街道边缘有较大的退让。儿童游乐区、游泳池和居民露台位于临近商铺的房顶，给街道一个更人性化的尺度。大部分与机动车道相连的商店将是社区服务设施很好的落户之处，比如洗衣店、干洗店、精品糕点店、服装店、礼品店，咖啡店以及其他相近的店铺。此次设计同时建议保留现有的树木，在凸出地面的花坛上增加新的树木和其他绿化。

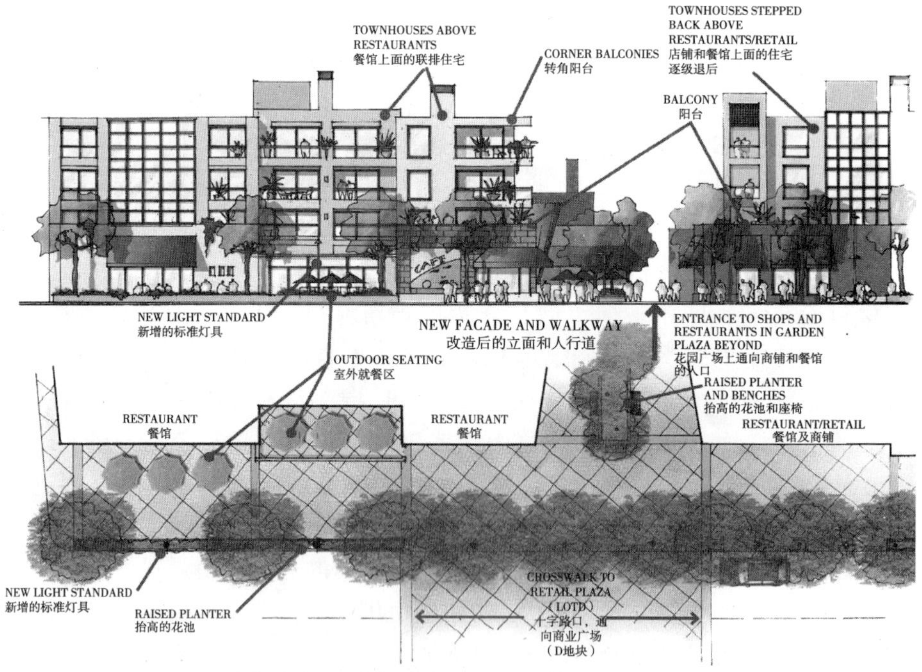

图 6-69　曹家渡商业副中心改造后的立面图和人行道平面布置图

图片来源：http：//www.callison.com

2）消隐模式之二——结构技术　现代建筑结构技术与设计方法同样也能够使得各种人工界面消逝于城市空间之中。N·格雷姆肖设计的康沃尔郡的艾登中心，是一个放弃“隐喻”，趋向“移情”的范例。整个地块被覆盖在菱形的网状结构之下，与绿色的大地巧妙地结合在一起。从上面俯视，

图 6–70　康沃尔郡的艾登中心

就好像自然的地面分隔（图 6–70）。巨大网架将内部的社区空间与外部似隔非隔，身处其中，与外部空间如此真实的接近，使人无法不从时代语境中暂时脱离，进入冥想状态。建筑师中性而又平静的叙事基调，自我克制地将评判与思考的尺度交给观众。格雷姆肖的方案既是质朴的，也是复杂的；既是理性的，也是感性的。从建筑所处环境的角度来说，建筑极大地适应于与传统文脉相结合的周边环境，看似在静默中思考，实则却是对一种审美意境的皈依。

3）消隐模式之三——设备技术　今天的建筑设计之所以复杂多样：一方面是出于单纯的艺术形象方面的考虑；另一方面则是由于建筑本身需要具备满足采光、通风、控制室内小气候等多方面功能的属性，所以集合了众多的照明、空调以及计算机控制系统等设备装置。各种先进的人工设备技术与自然技术结合起来，不但满足了建筑对使用、形态、各项服务功能和管理技术等诸多方面的要求，而且保证了建筑空间及其造型艺术方面的高品质，进而为人类创造了宜人的生活环境。建筑设备技术的发展对建筑创作的影响是巨大的，它从最初单纯的功能性部件发展成具有一定装饰性质的部件，进而成为建筑外部造型以及内部空间装点的重要对象。从这个意义上说，建筑设备的发展是对以往传统空间的解放，它丰富了城市建筑和空间的形式，进而增加了城市形态的艺术表现范畴。

建筑设备装置的向外暴露，恰好为建筑复杂的造型设计提供了一个必要的前提因素，这种外露的表现方式，实际上是对建筑设备自身物质性功能的隐藏。蓬皮杜文化艺术中心是 20 世纪 70 年代走进巴黎城的一座具有前卫姿态的划时代开创性的建筑（图 6–71）。它是在特殊的社会文化背景下产生，

图 6–71　巴黎蓬皮杜文化艺术中心局部视图

图 6–72　巴黎蓬皮杜文化艺术中心及周边设施

并存在于矛盾之中的寓意颇深的建筑，在现实及精神双方面都成为社会关注的审美及物质生活的焦点。设计者的创作思想受到了二战以后盛行起来的存在主义哲学理论的影响，在理性中体现出了颠倒、悖谬、荒诞等非理性的思想意识。蓬皮杜文化艺术中心在其结构及钢梁架的处理上体现的是工业社会的新技术、新材料等的运用，这是对科学技术成就即时代先进性的理性表达，而将建筑内外倒置这种脱离常规的独特手法转化了这种理性。建筑内外翻转，巨大的梁柱构件和钢桁架、各种管道线缆及设备等全部袒露在外，不加任何掩盖，实现了功能构件的装饰化，首次被赋予了艺术属性。这一设计手法后来在周边建筑、广场和环境的设计上都得到了延续（图 6–72），而且已经作为一种高效、经济、灵活的设计手法应用到众多不同类型的城市建筑、空间及环境上，并将继续引领着城市设计的风尚，如：香港汇丰银行大厦（N · 福斯特）、伦敦劳埃德大厦（R · 罗杰斯）等。

6.4 本章小结

城市空间、建筑与环境分别以自身的价值标准构建着完整的城市形态，并在技术与文化的“双向组织”作用之下，构建着城市形态的双向组织模式。第一，异向复合的组织模式是以空间作为“中介”，对城市的均质性网络形态和差异性网络形态进行着双向的修正。其中，连通性的路径网络拓扑形态和有向性的区域网络拓扑形态共同决定了城市均质性网络的生成。从城市意象单元出发，对空间肌理形态进行形式性的意象转换，生成有向网络，对公共交通空间进行功能性的意象转换，生成加权网络。进而在“双极”的物质形态之间，建立了相互平衡的关系。第二，同向复合的组织模式是以建筑作为“中介”，从自然生态与人文生态两方面探索双向组织之间的关联作用。巨构建筑和应变建筑反映了功能要素的共时性连接，协调单元和拼贴基元则体现了形式语言的历时性连接。第三，双向否定的组织模式是以环境作为“中介”，从城市的“初始环境”——初始态的自然环境和历史环境出发，进行“反语言”和“非语言”的表达，即反人工和隐喻性的形式创造以及非物质性的设计方法，它们共同构成了一种与城市原生态环境相和谐的存在方式。

结　论

本文以技术文化学、技术文化系统论及城市设计理论作为基础，从城市技术与文化相互作用的历史分期、系统发展规律、作用特征、作用机制、复合模式等几个方面对城市形态的组织与设计进行系统的研究和论述。通过对城市形态双向组织特征的解读，本文得出以下结论：

（1）城市技术与文化系统的阶段性分期特征，决定了城市形态发展和演化的组织特征的更迭。

本文提出城市技术与文化系统遵循着S曲线叠合的螺旋式上升的系统发展演变规律，根据技术与文化之间的相互协同和竞争的作用特征将系统的发展和变革分为三个阶段性分期：同生共进期、交叉分化期、多元聚合期。根据系统发展演变的趋势，本文提出城市发展的理想状态正是在多元聚合期城市技术与文化的多元聚合状态。城市技术与文化系统的阶段性分期特征，决定了城市形态的设计、发展和演化的四个发展阶段：自然组织发展阶段、文化组织发展阶段、技术组织发展阶段和双向组织发展阶段。在对前三个发展阶段组织模型和图式特征进行总结和分析的基础上，本文提出完整的城市形态应当是在城市技术与文化之间的双向关联和组织作用下形成的，具有双向的组织特征。

（2）城市技术与文化系统的关联性作用力，决定了城市形态的双向组织特征。

本文在对城市形态双向组织要素技术与文化及其特性进行认知的基础上，提出了由技术与文化形成的双向组织系统的四种关联性的作用力：中介性关联、肯定性关联、交互性关联和否定性关联。它们共同决定了城市形态具备的四种双向组织特征：协同性双向组织特征、复合性双向组织特征、偏离性双向组织特征和颉颃性双向组织特征。其中，协同性双向组织和复合性双向组织为城市形态的平衡性和适应性发展提供了基础，而偏离性双向组织和颉颃性双向组织则为城市形态的更新和发展提供了契机。

（3）城市技术与文化的双向组织作用，决定了城市形态双向组织的结构特征。

本文提出城市技术与文化作为城市空间形态的双向组织力，对于城市空间结构的形成具有重要的影响，技术主导着城市形体结构、功能结构和环境结构的生成，而文化则主导着城市意象结构、意义结构和景观结构的生成。在双向组织作用力的复合作用下，形成了分层次的城市空间网络形态。并且，城市技术与文化组织作用力，分别以第一程序或是第二程序作用于城市，应用顺序的不同，将导致不同的结果，首先运用的标准作为主导性的力量，将决定着后续标准的检索范围及后续选择的可能。只有当二者同时强化一种共同的文化理想时，才能实现由宏观到微观的分层网络之间的相互关联与契合，并形成一种具有复合特性的空间组织结构。

（4）城市技术与文化的交互组织机制，构成了城市形态转换的动力；城市技术与文化的主体选择机制，构成了完整的城市形态设计和决策过程。

本文提出城市形态是在技术与文化的交互组织作用下发生“转换”的，“技术—文化”组织动力与“文化—技术”组织动力共同决定了城市形态的整体多样性和适应性的特征。同时，本文建立了从对设计场地环境的整体认知、选择设计风格的情感交互、公众自行选择的设计以及设计决策的全过程。在主体的交互过程中，设计主体针对不同的设计情境能够对设计场景、设计风格、设计模式及设计决策有所选择。

（5）城市技术与文化系统的双向关联性作用力，为城市形态发展和演化提供了契机，构成了城市形态的双向组织模式。

本文以由技术与文化形成的双向组织系统的内在关联性作用力及城市形态的双向组织特征作为基础，建构了三种城市形态的双向组织模式：异向复合模式、同向复合模式以及双向否定模式，这三种组织模式分别以城市空间、建筑和环境作为中介，并以三种要素的本体性价值标准作为设计目标，整体性地建构着完整的城市形态。异向复合的组织模式在城市“双极”的物质形态状况之间，建立了相互平衡的关系；同向复合的组织模式为城市形态提供了时空连续而又丰富的表现方式；双向否定的组织模式则提供了一种与城市原生态环境相和谐的存在方式，这种存在方式是反人工建造以及非物质性的。

（6）城市形态的双向组织内涵、结构和机制，是实现整体性的城市形态的重要理论基础。内涵的认知为城市形态的发展和演化提供准则，结构的认知为城市形态的发展和演化提供媒介，机制的认知为城市形态的发展和演化提供动力；而双向组织模式的最终生成则为构成物化或物态化的城市形态设计提供手段和方法，缺一不可。

综上所述，对城市形态的双向组织与设计的研究具有理论和现实的意义，它代表着城市形态研究的新趋向。本文的理论基础有助于在以下方面作进一步的探索：

（1）对于城市与建筑设计实践，技术与文化之间的关联性仍有进一步深入研究的可能。尤其是应对全球气候变化的技术与本土文化之间的联合，是未来城市设计的重要趋向之一。

（2）对于双向组织理论本身，也有继续深入研究的必要。尤其是针对不同地域、不同文化区域，都需要分别进行研究，这将会是本人今后努力的方向。

参考文献

[1] Agnes Heller. The Three Logics of Modernity and the Double Bind of Modern Imagination [M]. London: Blackwell Publishers, 1999.

[2] 于凤威.技术的挽歌——让·鲍德里亚技术哲学思想浅析.[EB/OL] 北大中文论坛: http: //www.pkucn.com/viewthread.php?tid=128889.

[3] [英] Brain Richards. 未来的城市交通 [M]. 潘海啸译.上海: 同济大学出版社, 2006.

[4] Jean–Francois Lyotard. The Postmodern Condition [M]. University of Minnesota Press. 1984.

[5] [美] 斯皮罗·科斯托夫.城市的形成:历史进程中的城市模式和城市意义 [M]. 单皓译.北京: 中国建筑工业出版社, 2005.

[6] 吴良镛.国际建协"北京宪章" [J].建筑学报.1999, (6).

[7] 大师系列丛书编辑部.瑞姆·库哈斯的作品与思想 [M].北京: 中国电力出版社, 2005.

[8] [法] 保罗·利科.历史与真理 [M].姜志辉译.上海: 上海译文出版社, 2004.

[9] 金俊.理想景观 [M].南京: 东南大学出版社, 2003.

[10] [美] 琳达·格鲁特等.建筑学研究方法 [M].王晓梅译.北京:机械工业出版社, 2005.

[11] [法] 贝尔纳·斯蒂格勒.技术与时间 [M].裴程译.南京: 译林出版社, 2000.

[12] 张明国.技术文化论 [M].北京: 同心出版社, 2004.

[13] Manuel, Castells. The Power of Identity [M]. Oxford: Bluckwell Publisher, 1997.

[14] Stuart, Hall. Cultural Identity and Diaspora [M]. //Jonathan Rutherford ed. Identity: Community, Culture, Difference. London: Lawrence and Wishart, 1990.

[15] Mike, Featherstone. Undoing Culture: Globalization, Postmodernism and Identity [M]. London: Sage Publications, 1995.

[16] Agnes Heller. A Theory of Modernity [M]. London: Blackwell Publishers, 1999.

[17] Ashok Malhotra. Alternative modernity [J]. Philosophy East&West. 1997, (10).

[18] 孙施文.城市空间运行机制研究的方法论 [J].城市规划汇刊.1992, (6).

[19] 袁鼎生 . 生态视域中的比较美学 [M] . 北京：人民出版社，2005.
[20] 李晓宁 . 东西方思想方法比较 [EB/OL] . 世纪大讲堂：http：//post.baidu.com/f?kz=86333972.
[21] Carolyn Merchant. The Death of Nature [M] . San Francisco：HarperCollins，1990.
[22] Al Gore. Earth in the Balance：Ecology and the Human Spirit [M] . Rodale Books，2006.
[23] 王秀华 . 技术社会角色理论 [M] . 北京：中国社会科学出版社，2005.
[24] 朱光潜 . 西方美学史 [M] . 北京：人民文学出版社，2001.
[25] [美] 克里斯 · 亚伯 . 建筑与个性：对文化和技术变化的回应 [M] . 张磊等译 . 北京：中国建筑工业出版社，2002.
[26] [美] 阿摩斯 · 拉普卜特 . 文化特性与建筑设计 [M] . 常青等译 . 北京：中国建筑工业出版社，2004.
[27] 王富辰 . 形态完整——城市设计的意义 [M] . 北京：中国建筑工业出版社，2005.
[28] 武进 . 中国城市形态——结构、特征及其演变 [M] . 南京：江苏科学技术出版社，1990.
[29] [美] 凯文 · 林奇 . 城市形态 [M] . 林庆怡译 . 北京：华夏出版社，2001.
[30] [瑞士] 弗朗茨 · 奥斯瓦德等 . 网络城市 [M] . 北京：中国电力出版社，2007.
[31] 霍绍周 . 系统论 [M] . 北京：科学技术文献出版社，1988.
[32] 吴良镛 . 人居环境科学导论 [M] . 北京：中国建筑工业出版社，2001.
[33] 饶会林 . 城市经济学 [M] . 大连：东北财经大学出版社，1999.
[34] A.Ellwood. 文化进化论 [M] . 上海：世界书局，1930.
[35] 秦红岭 . 建筑的伦理意蕴——建筑伦理学引论 [M] . 北京：中国建筑工业出版社 . 2005.
[36] 尼古拉斯 · 巴任 . 透视信息高速公路革命 [M] . 海口：海南出版社，1998.
[37] [美] 威廉 · 麦克高希 . 世界文明史：观察世界的新角度 [M] . 董建中，王大庆译 . 北京：新华出版社，2003.
[38] [英] 戴维 · 史密斯 · 卡彭 . 维特鲁威的谬误——建筑学与哲学的范畴史 [M] . 北京：中国建筑工业出版社，2007.
[39] [德] F · 拉普 . 技术哲学导论 [M] . 刘武等译 . 沈阳：辽宁科学技术出版社，1986.
[40] 汪德华 . 中国城市规划史纲 [M] . 南京：东南大学出版社，2005.
[41] Agnes Heller. Renaissance Man [M] . London：Routledge & K. Paul，1978.
[42] Chris Abel. Architecture and Identity [M] . Boston：Butterworth-Heinemann Architectural Press，2000.
[43] 徐苏宁 . 城市设计美学 [M] . 北京：中国建筑工业出版社，2007.
[44] 张松 . 历史城市保护学导论——文化遗产和历史环境保护的一种整体性方法 [M] . 上海：上海科学技术出版社，2001.

[45][美]刘易斯 · 芒福德．城市发展史［M］．倪文彦，宋峻岭译．北京：中国建筑工业出版社，1989.
[46][日]滕井明．聚落探访［M］．宁晶译．王昀校．北京：中国建筑工业出版社，2003.
[47][美]埃德蒙 ·N· 培根．城市设计[M]．黄富厢等译．北京:中国建筑工业出版社，2003.
[48] Johann Wolfgang von Goethe. Faust［M］.New York：Princeton University Press，1994.
[49][法]郑春顺．混沌与和谐：现实世界的创造［M］．北京：商务印书馆，2004.
[50]张京祥．西方城市规划思想史纲［M］．南京：东南大学出版社，2005.
[51]张斌，杨北帆．城市设计——形式与装饰［M］．天津：天津大学出版社，2003.
[52]沈玉麟．外国城市建设史［M］．北京：中国建筑工业出版社，1989.
[53] J. W. Konivtz.Cities and the Sea［M］. Baltimore and London：Johns Hopkins University Press，1978，(9).
[54] J. Ruskin.The Seven Lamps of Architecture［M］. London：George Alien，1880.
[55][美]W. Lesnikowski.整体设计的艺术——勒 · 诺特与勒 · 柯布西耶[J].张百平译．建筑学报，1987.
[56]张勇强．城市空间发展自组织与城市规划［M］．南京：东南大学出版社．2006.
[57] Gregory Bateson. Mind and Nature and Nature：A necessary unity［M］. Cresskill，NJ.：Hampton Press，2002.
[58][英]克里斯蒂娜等．城市设计方法与技术［M］．杨至德译．北京：中国建筑工业出版社，2006.
[59] I.G. Barbour.Myths，Models and Paradigms：A Comparative Study in Science and Region［M］. New York：Harper and Row，1974.
[60][美]E · 沙里宁．城市——它的发展、衰败与未来［M］．顾启源译．北京：中国建筑工业出版社，1986.
[61]刘宛．城市设计实践论［M］．北京：中国建筑工业出版社，2006.
[62] Horatio Greenough. Form and Function: Remarks on Art，Design and Architecture［M］. Berkeley and Los Angeles：University of California Press. 1958.
[63]狄仁昆．关于现代化的可选择性——从安德鲁 · 芬伯格说起［J］．毛泽东邓小平理论研究，2002，(6).
[64]缪朴．亚太城市的公共空间——当前的问题与对策［M］．司玲等译．北京：中国建筑工业出版社，2007.
[65] C.Norberg-schulz. Genius ci：Towards a Phenomenology of Architecture［M］. New York：Rizzoli，1980.
[66] S.J. Armstrong，R. G. Botzler，ed.Environmental Ethics：Divergence and Convergence［M］. New York：McGraw-Hill Inc，1993.

[67] 李喜先 . 技术系统论 [M] . 北京：科学出版社，2005.
[68] [英] 若弗雷 · H · 巴克 . 建筑设计方略——形式的分析 [M] . 王玮等译 . 北京：中国水利水电出版社，知识产权出版社，2005.
[69] 王建国 . 现代城市设计理论和方法 [M] . 南京：东南大学出版社，2001.
[70] 尹奇德 . 环境文化基础 [M] . 长沙：湖南大学出版社，2004.
[71] Jean Piaget. Principles of Genetic Epistemology [M] . London：Routledge and Kegan Paul，1972.
[72] T.G，McGee.The Southeast Asian City. A Social Geography of the Primate Cities of Southeast Asia [M] . New York：Praeger，1969.
[73] Christian Norberg-Schulz. On the Search for Lost Architecture [M] . Rome：Officina，1975.
[74] [日] 栗原史郎 . 未来的技术哲学（日本版）[M] . 東京：日本ォーム社，1987.
[75] 李博 . 当代中国景观设计学的定位思考: 谈"生存的艺术"[J]. 世界建筑,2007,(3).
[76] 梁鹤年 . 城市理想与理想城市 [J] . 城市规划，1999，(7) .
[77] 胡俊 . 中国城市模式与演进 [M] . 北京：中国建筑工业出版社 . 1995.
[78] 刘先觉 . 现代建筑理论 [M] . 北京：中国建筑工业出版社，1999.
[79] 柯林 · 罗,弗瑞德 · 科特 . 拼贴城市 [M] . 童明译 . 北京: 中国建筑工业出版社，2003.
[80] [美] 詹姆斯 · E · 万斯 . 延伸的城市——西方文明中的城市形态学[M]. 凌霓等译 . 北京：中国建筑工业出版社，2007.
[81] 联合国教科文组织编 . 世界文化报告——文化、创新与市场 [M] . 北京：北京大学出版社，2000.
[82] E. De Oliveira Fernandes. Energy And Buildings For Temperate Climates [M] . New York：Percamon Press，1989.
[83] Gideon S. Golany：Design For Arid Regions-Gideon [M] . New York：Van Nostrand Reinhold Company，1997.
[84] [美] 约翰 · 布里格斯等 . 混沌七鉴 [M] . 陈忠等译 . 上海: 上海科技教育出版社，2003.
[85] 尹国均 . 后现代城市：重组建筑 [M] . 重庆：西南师范大学出版社，2008.
[86] [美] C · 亚历山大 . 建筑的永恒之道 [M] . 赵冰译 . 北京：知识产权出版社，2002.
[87] M. Roseland，Dimensions of the Future：An Eco-City Overview [M] . Canada：New Society Publishers，1997.
[88] Anthony Giddens. Modernity and self-identity [M] .Cambridge，U.K：Polity press in association with Bastil Blackwell，1991.
[89] 段进等 . 空间句法与城市规划 [M] . 南京：东南大学出版社，2007.

［90］赵卓．桢文彦集群形态理论中的城市思考［J］．城市建筑，2006，（7）．
［91］［英］卡莫纳等．城市设计的维度［M］．冯江等译．南京：江苏科学技术出版社，2005.
［92］［德］AG·汉贝尔．关于城市远景的主导思想［C］．1999年北京国际建筑师协会第20届世界建筑师大会论文．
［93］J·巴奈特．都市设计概论［M］．庄建德译．台湾：台湾尚林出版社，1984.
［94］韩德培．环境保护法教程［M］．北京：法律出版社，2005.
［95］齐康．城市环境规划设计与方法［M］．北京：中国建筑工业出版社，1997.
［96］Mario Gandelsonas. X-Urbanism：Architecture and The American City［M］. New York：Princeton Architectural Press cop，1999.
［97］［美］凯文·林奇．城市意象［M］．项秉仁译．北京：中国建筑工业出版社，1990.
［98］A. Smithson，P. Smithson. Urban Structuring［M］. London：Studio Vista，1967.
［99］张鸿雁．侵入与接替——城市社会结构变迁新论［M］．南京：东南大学出版社，2000.
［100］［美］J.O. 西蒙兹．大地景观——环境规划指南［M］．程里尧译．北京：中国建筑工业出版社，1990.
［101］Peter Calthorpe.The Next American Metropolis：Ecology，Community，and the American Dream［M］. Canada：Princeton Architectural Press，1993.
［102］邹兵．"新城市主义"与美国社区设计的新动向［J］．国外城市规划,2000,（2）．
［103］吴必虎．中国景观史［M］．上海：上海人民出版社，2004.
［104］李旭旦．人文地理学导言［M］．北京：科学出版社，1985.
［105］Hildebrand Frey. Designing the city：towards a more sustainable urban form［M］. London：Routledge，1999.
［106］Otto Schlüter. The Geographical Journal［M］. British：Blackwell Publishing，1960.
［107］Robert Cervero. The transitmentropolis：a global inquiry［M］. Washington，D.C.：Island Press. 1998.
［108］Michael，South worth，Eran，Ben-Joseph.Streets and the Shaping of Towns and Cities［M］. New York：McGraw-Hill，1997.
［109］［美］J.H. 克劳福德．步行城市—— 一个可持续发展计划［J］．甘海星译．世界建筑导报，2000，（1）．
［110］Reinhard Koenig and Christian Bauriedel. Computer-Generated Urban Structures［EB/OL］. http：//www.traversln.de/beltraege/2005_Koenig_Stadtstrukturen.pdf.
［111］［荷］根特城市研究小组，城市状态：当代大都市的空间、社区和本质［M］．敬东等译．北京：中国水利水电出版社，2005.
［112］［英］诺曼·穆尔．奇特新世界——世界著名城市规划与建筑［M］．李家坤译．大连：大连理工大学出版社，2002.

[113] 俞孔坚等 . 城市生态基础设施建设的十大景观策略 [J] . 规划师，2001，17（6）.
[114] 顾朝林等 . 集聚与扩散：城市空间结构新论 [M] . 南京：东南大学出版社 . 2000.
[115] 沈克宁 . 城市建筑乌托邦 [EB/OL] . 项目管理网：http：//www.tw103.com.
[116] Henri Lefebvre. The production of Space. D. Nicholson-Smith trans [M] . Oxford：Basil Blackwell，1991.
[117] Kunstverlag Brück & Sohn. Dresden：nach der zerstorung und heute [J] . Meissen，2009，（4）.
[118] 圆明园西区明年开放“九洲清晏”六景再现 [EB / OL] . 圆明园中国网：http：//ganzhi.china.com.cn/culture/txt/2007-11/08/content_9196169.htm.
[119] 潘谷西等 . 历史文化名城中的史迹保护 [M] . 建筑创作，2006，（9）.
[120] 崔岌峰 . 信息技术与城市形态 [J] . 网络与信息，1995，（5）.
[121] 朱其 . VIDEO：20 世纪后期的新媒介艺术 [M] . 北京：中国人民大学出版社，2005.
[122] 许江，吴美纯 . 非线性叙事：新媒体艺术与媒体文化 [M] . 北京：中国美术学院出版社，2003.
[123] 张玉坤，李贺楠 . 原始时代神秘数字中蕴含的时空观念 [J] . 建筑师，2004，（5）.
[124] James Trefil. A Scientist in the City [M] . New York：Bantam Dell Pub Group，1994.
[125] Peter Nouver. Architecture in Transition Between Deconstruction and New Modernism[M]. Munich：Prester，1991.
[126] Yona Friedman. Pro Domo [M] . Barcelona：Actar，2006.
[127] [英] J.M. 汤姆逊 . 城市布局与交通规划 [M] . 倪文彦等译 . 北京：中国建筑工业出版社，1982.
[128] 王晓俊 . 西方现代园林设计 [M] . 南京：东南大学出版社，2000.
[129] 王雅林，董鸿扬 . 构建生活美——中外城市生活方式比较 [M] . 南京：东南大学出版社，2003.
[130] P. Sauders. Social Theory and the Urban Question [M] . Second Edition.London：Hutchinton，1986.
[131] 阳建强等 . 现代城市更新 [M] . 南京：东南大学出版社，1999.
[132] C. Fischer. Toward a Subculture Theory of Urbanism [J] . American Journal of Sociology，1975.
[133] Jeanbau Drillard. Simulation and simulacra [M] . University of Michigan Press，1994.
[134] 陈绍山 . 建筑文化与相关文化艺术的比较及其嬗变 [J] . 华中建筑，1990（1）.
[135] 张英进 . 中国现代文学与电影中的城市 [M] . 南京：江苏人民出版社，2007.
[136] 莫天伟，陆地 . 再生上海里弄形态——开发性保护“新天地” [J] . 时代建筑，2000，（3）.

[137] 杨宏烈 . 城市历史文化保护与发展 [M] . 北京：中国建筑工业出版社，2006.
[138] [美] 朱克英（Zukin，S.）. 城市文化 [M] . 张廷佺等译 . 上海: 上海教育出版社，2006.
[139] 赵光宇 . 轿车与城市——中国城市发展的误区与反思 [EB/OL] . 焦点房地产网：http：//house.focus.cn/showarticle/3794/516356.html.
[140] 孟昭兰 . 普通心理学 [M] . 北京：北京大学出版社，2005.
[141] Herbert A. Simon. Models of Thought Vols.1 and 2 [M] . Yale University Press，1979.
[142] [加拿大] V · 巴特 . 发展中国家如何建筑——自行选择的设计过程（一）[J] . 周劲等译 . 新建筑，1992，（2）.
[143] [英] 阿兰 · 德波顿 . 幸福的建筑 [M] . 上海：上海译文出版社，2007.
[144] 大卫 · 马门 . 规划与公众参与 [J] . 国外城市规划，1995，（1）.
[145] Edward A. Haman. The Complete Partnership Book [M] . Sphinx Publishing：Reprint edition，2004.
[146] 赵成根. 民主与公共决策研究 [M]. 哈尔滨：黑龙江人民出版社，2003.
[147] 奥斯瓦尔德 · 斯宾格勒 . 西方的没落 [M] . 齐世荣等译 . 北京：商务印书馆，1995.
[148] Aldo Rossi. The Architecture of the City [M] . MIT Press，1999.
[149]A-L. Barabasi，E. Bonabeau. Scale-free network[J]. Scientific American. 2003，288(5).
[150] [英] 克利夫 · 芒福汀 . 绿色尺度 [M] . 陈贞等译 . 北京: 中国建筑工业出版社，2004.
[151] Wang X F. Complex networks：topology，dynamics and synchronization [J] . International Journal of Bifurcation and Chaos. 2002，（5）.
[152] R. Pérez de Arce. Urban Transformation [M] . Architectural Association Publications，1980.
[153] [美] 罗杰 · 特兰西克 . 寻找失落的空间 [M] . 朱子瑜等译 . 北京：中国建筑工业出版社，2008.
[154] Riccardo Vio Rizzoli. In the Footsteps of Le Corbusier [M] . the Association of Collegiate Schools of Architecture：Blackwell Publishing. 1984.
[155] 马清运，卜冰 . 都市巨构——宁波中心商业广场 [J] . 时代建筑，2002，（5）.
[156] Oswald Mathias Ungers，Stefan Veiths. The Diatectic City [M] . Milan：Skira editore，1997.
[157] 张险峰等 . 英国伯明翰布林德利地区——城市更新的范例 [J] . 国外城市规划，2003，（2）.
[158] 杨旭 . 城市中“劳动人民”社区的改造及发展 [EB/OL] . 建筑论坛：http：//www.abbs.com.cn/topic/read.php?cate=2&recid=13186.
[159] [西] 米格尔 · 鲁亚诺 . 生态城市 [M] . 吕晓惠译 . 北京：中国电力出版社，

2007.
[160] M. Toy.Hitechniaga Tower [J]. Architectural Design. 1995，65 (7/8).
[161] S.Giedion. Space，Time and Architecture [M]. Harvard Universing Press，1976.
[162] T.A. 马克斯，E.N. 莫里斯 . 建筑物 · 气候 · 能量 [M]. 陈士麟译 . 北京：中国建筑工业出版社，1990.
[163] 董卫，王建国 . 可持续发展的城市设计 [M]. 南京：东南大学出版社，1999.
[164] 吉迪恩 . S. 格兰尼 . 城市设计伦理学 [M]. 张哲译 . 沈阳：辽宁人民出版社，1995.
[165] [比] 伊 · 普里戈金 . 从混沌到有序——人与自然的新对话 [M]. 上海：上海译文出版社，2005.
[166] Charles Jenks. The New Moderns [M]. New York：Rizzoli International Publications Inc，1990.
[167] 李志明 . 从“协调单元”到“城市编织”——约翰 · 波特曼的城市设计理念评析与启示 [M]. 新建筑，2004，(5).
[168] 俞孔坚，李迪华，韩西丽 . 论“反规划”[J]. 城市规划，2005，(9).
[169] Judith Wasserman. Memory Embedded [J]. Landscape Journal. 2002，(1).

后　　记

在本书即将出版之际，难抑心中的感念之情，对师长、朋友和家人的感谢。对我个人来说，从建筑学专业转向城市规划与设计专业，既是一个挑战，也是一个不断学习的过程。从中我获得了专业领域的提升，从一个个专业阶段的历练，到一个个实际项目的体验，一个个惊喜的领悟。多年来，回想起那些，整个过程都凝聚着一种不断进取的精神，让我不曾后悔。

在博士论文写作的过程中，首先感谢我的博士生导师徐苏宁教授，正是他的悉心指导和一次次的鼓励给了我信心和动力、知识和力量。每当我遇到困难的时候，我的老师都以非常肯定的态度来激励我，并给予我指导性的建议和意见。在几年的学习当中，老师给了我很多参与科研工作和工程实践的机会，加深了我对城市规划与设计这个专业的理解，为论文的写作打下了坚实的基础。在此，向老师致以最诚挚的谢意。

感谢刘松茯教授和刘大平教授指引我走上博士的学习之路，你们的教诲和恩情今生难以忘怀。

感谢参加论文开题、预答辩和答辩的张相汉教授、郭恩章教授、赵天宇教授、刘德明教授、刘松茯教授、刘大平教授、邹广天教授、李桂文教授为本论文提出的宝贵意见和建议。

感谢城市设计研究所的吕飞副教授，以及已经毕业的和在读的每一位师兄师姐和师弟师妹，和你们在一起共同生活和学习，为我的人生增添了许多欢乐和色彩，我会记住和你们在一起的点点滴滴。

最后，感谢本书的编辑以及每一位读者！书中的不足之处敬请各位指正。

陈苏柳

2009 年 1 月